电路分析基础答疑解惑与典型题解

北京邮电大学“电路分析基础”教学团队　编写

北京邮电大学出版社
www.buptpress.com

内 容 简 介

“电路分析基础”是电气与电子信息类学科重要的学科基础课，也是学生接触的第一门学科基础课。本课程前后内容联系紧密，系统性和逻辑性强，且概念、定理、定律、分析方法多，学生要想较好地掌握这门课程的知识，必须进行一定量的习题练习。

本书以近十年的期中、期末试题为索引，首先介绍课程的基本内容，然后说明各题涉及的知识点，并给出详细解答，有些题目还给出了不同的求解方法，从而让学习者更好地掌握课程基本内容以及电路的基本分析方法。

本书可作为高校电路教学及课余学习的指导用书。

图书在版编目(CIP)数据

电路分析基础答疑解惑与典型题解 / 北京邮电大学“电路分析基础”教学团队编写. -- 北京 : 北京邮电大学出版社, 2019.5（2020.11 重印）

ISBN 978-7-5635-5723-3

Ⅰ. ①电… Ⅱ. ①北… Ⅲ. ①电路分析—高等学校—题解 Ⅳ. ①TM133-44

中国版本图书馆 CIP 数据核字（2019）第 088511 号

书　　名：电路分析基础答疑解惑与典型题解
作　　者：北京邮电大学“电路分析基础”教学团队
责任编辑：刘春棠
出版发行：北京邮电大学出版社
社　　址：北京市海淀区西土城路 10 号（邮编：100876）
发 行 部：电话：010-62282185　传真：010-62283578
E-mail：publish@bupt.edu.cn
经　　销：各地新华书店
印　　刷：保定市中画美凯印刷有限公司
开　　本：787 mm×1 092 mm　1/16
印　　张：10.75
字　　数：266 千字
版　　次：2019 年 5 月第 1 版　2020 年 11 月第 2 次印刷

ISBN 978-7-5635-5723-3　　定　价：32.00 元

前　言

“电路分析基础”是电气与电子信息类学科重要的学科基础课，也是学生接触的第一门学科基础课，因此对学生来说不太容易掌握。同时，由于该课程概念多，定理、定律多，分析方法多，而且前后内容联系紧密，系统性和逻辑性强，所以对初学者来说有一定的难度。为了帮助学习者更好地掌握课程知识和基本的电路分析方法，同时也考虑一些考研学生的需求，“电路分析基础”教学团队编写了本书。

基于知识学习与能力培养并重的理念，为了培养学习者科学的思维方式和分析问题、解决问题的能力，并遵循先学习后巩固的学习规律，本书先对课程的概要、特点进行了阐述，对章节内容按照知识点进行了梳理，说明了学习过程中的注意事项；然后整理了近十年来的期中和期末考试试题，并逐题进行了解析和解答，某些题目还给出了不同的解题思路和解题方法。

本书主要内容包括：电路模型和电路元件，电阻电路的基本分析方法，电路的基本定理，一阶和二阶动态电路的分析，正弦稳态电路和非正弦周期稳态电路的分析，对称三相电路的分析，电路的频率特性，耦合电感电路的分析，二端口网络。

本书既可以作为“电路分析基础”课程的辅助学习资料，也可以作为考研的复习练习册；既可以作为教师的教学参考书，也可以作为各类培训班的培训材料。此外，本书也可以供自学人员参考阅读。

本书由“电路分析基础”教学团队的俎云霄、李巍海、侯宾、张勇、张金玲、吴帆、李宁、张轶和吴国华编写，全书框架结构由俎云霄拟定，内容由俎云霄审阅。

限于作者水平，书中难免存在不当之处，恳请广大读者批评指正。如有任何批评和建议请发至电子邮箱 zuyx@bupt. edu. cn。

作　者
于北京邮电大学

目 录

第一部分

课程内容概要

一、课程简介

“电路分析基础”是电气与电子信息类、计算机类、机械类、仪器类、自动化类等专业第一门重要的专业基础课，重点讨论线性集总参数电路的基本理论和基本分析方法。

课程的主要内容包括：电路模型和电路元件，直流电阻电路的基本分析方法，电路的基本定律和定理，一阶动态电路的基本分析方法和二阶动态电路的基本特性，正弦量及其相量，电路元件及正弦稳态电路的相量模型，正弦稳态电路的分析，电路的频率特性，耦合电感电路与理想变压器，二端口网络。

“电路分析基础”课程概念多，定理、定律多，分析方法多，而且前后内容联系紧密，系统性和逻辑性强，学习过程中要注意掌握基本概念、基本原理和基本分析方法，做到概念清楚、计算熟练、思路灵活，还要通过适当的练习题巩固所学的知识。此外，该门课程与工程应用相关，所以在学习和解题时还要注意定性分析与理论计算相结合。

通过本课程的学习，应该掌握电路的基本概念、基本理论和基本分析方法，理解并建立“参考方向”“等效”及“分解”的概念，学会用不同的方法分析解决简单电路的基本问题，同时还要注意培养分析问题、解决问题的能力，抽象思维能力以及初步的理论联系实际的能力。

该课程还是“电子电路基础”“信号与系统”课程的前导课，所以学习好此门课程能为后续课程的学习打下良好的基础。

二、主要知识点

（一）电路模型和电路元件

1. 电路和电路模型

集总参数元件：当实际电路的尺寸远小于其使用时最高工作频率所对应的波长时抽象出的理想元件。

集总参数电路：由集总参数元件组成的电路。

注意:集总参数电路对应的是分布参数电路。分布参数电路是当实际电路的尺寸大于其最高工作频率所对应的波长或两者属于同一数量级时所对应的一种电路。在这种电路中,每一种器件不能用一种理想元件去表示,如电阻还存在电感,晶体管有结电容,导线与导线之间存在电容与电感,将这些元件的参数考虑进去即为分布参数电路。

2. 电路变量

最常用的电路基本物理量有:电流、电压和功率。

参考方向:任意选定的方向(正方向)。参考方向是为分析问题的方便而引入的。

关联参考方向:对一个元件或支路来说,电流的参考方向由电压的参考"+"极性端指向"-"极性端,如图1所示;否则即为非关联参考方向。

图1　关联参考方向

注意:判断参考方向是否关联一定是针对某一元件或者某条支路的。

功率:单位时间内电荷获得或失去的能量。计算某元件或网络消耗的功率计算式为

$$p=\pm ui$$

电压、电流为关联参考方向时,取正号;否则,取负号。根据计算的功率正负可以判断元件或网络是消耗功率(能量)还是产生功率(能量)。大于零,则表示消耗(吸收)能量;否则,则表示提供(发出)能量。

3. 基尔霍夫定律

基尔霍夫电流定律(KCL):在集总参数电路中,任一瞬间,流入(或流出)电路中任一节点的电流代数和恒等于零。

KCL反映了电路在节点上的电流约束关系——电荷守恒。KCL也适用于广义节点(封闭面)。

基尔霍夫电压定律(KVL):在集总参数电路中,任一瞬间沿任一回路各支路电压的代数和等于零。

KVL反映了电路在回路中的电压约束关系——能量守恒。

注意:KCL、KVL适用于集总参数电路,二者是电路的拓扑约束。运用KCL、KVL时需要清楚两套符号:一是方程中各项前的正、负号;二是电流或电压本身数值的正、负号。

4. 电阻元件

电阻元件的定义:任意时刻,二端元件的电压 u 与电流 i 之间存在代数关系 $f(u,i)=0$,即为 u-i 平面上的一条曲线,则称此二端元件为电阻元件(resistor)。

线性电阻元件的VCR遵循欧姆定律,即

$$u=\pm Ri$$

伏安特性曲线:在 u-i 平面(或 i-u 平面)上绘出元件的VCR,即为该元件的伏安特性曲线。线性电阻元件的伏安特性曲线是一条经过坐标原点的直线,电阻值决定了直线的斜率。

电阻元件的功率:　$$p=\pm ui=Ri^2=\frac{u^2}{R}$$

实际电阻元件是一种耗能元件。

5. 电压源

电压源分理想电压源和实际电压源。

理想电压源具有两个特点:(1)端电压是定值或是固定的时间函数,与流过的电流无关;(2)流过电压源的电流由与之相连接的外电路决定。

实际电压源:可以看作是理想电压源和电阻的串联组合,其输出特性曲线是由短路电流和开路电压决定的一条直线;随着供出的负载电流加大,其输出电压降低。

6. 电流源

电流源分理想电流源和实际电流源。

理想电流源具有两个特点:(1)供出的电流是定值或是固定的时间函数,与其两端的电压无关;(2)电流源两端的电压由与之相连接的外电路决定。

实际电流源:可以看作是理想电流源和一个电导或电阻的并联组合。

7. 受控源

受控源是由某些电子器件抽象而来的一种电源模型,这些电子器件都具有输出端的电压或电流受输入端的电压或电流控制的特点。晶体管、变压器、运算放大器等电子器件都可以用受控源作为其电路模型。

受控源与独立源有本质的区别。独立源的电压或电流是独立存在的,而受控源的电压或电流受电路中某些量的控制,控制量消失,则受控源也不存在。

在分析电路时,通常先把受控源看作独立源对待,并将控制量代入。

受控源的功率是受控支路的功率,即

$$p = \pm u_2 i_2$$

8. 电阻的等效变换及输入电阻

等效的概念:如果一个单口网络 N 和另一个单口网络 N_1 端口处的电压电流关系完全相同,即它们在平面上的伏安特性曲线完全重合,则称这两个单口网络是等效的。

注意:等效是指对任意外电路等效。

电阻的等效:串联等效,并联等效,星-三角等效。

输入电阻的概念:对不含独立电源(可以含有受控源)的单口网络,定义端口的电压和电流之比为该单口网络的输入电阻(入端电阻)。用公式表示为

$$R_i \overset{\text{def}}{=} \pm \frac{u}{i}$$

对于同一单口网络,等效电阻和输入电阻相等,但概念不同。等效电阻可以通过输入电阻计算。

9. 电源的等效变换

电压源的串联:多个串联连接的电压源可以等效为一个电压源,其值为相串联的各电压源电压的代数和。

注意:任何元件与电压源并联,对外电路的作用与一个电压源的作用等效。

电流源的并联:多个并联连接的电流源可以等效为一个电流源,其值为相并联的各电流源电流的代数和。

注意:任何元件与电流源串联,对外电路的作用与一个电流源的作用等效。

实际电压源模型(如图 2(a)所示)与实际电流源模型(如图 2(b)所示)可以进行等效变换。

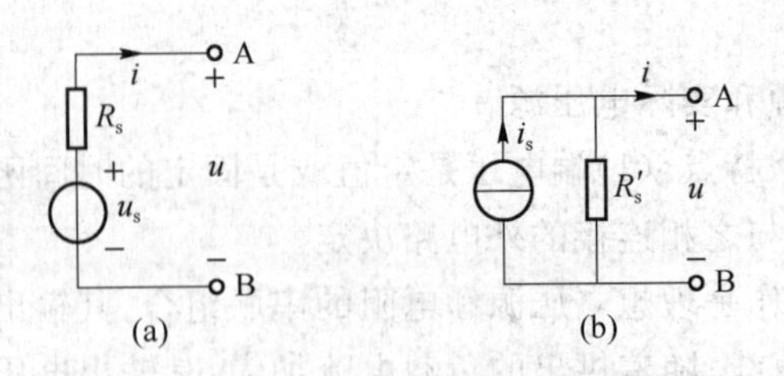

图 2　实际电源模型间的等效变换

参数间的关系为

$$R_s = R_s', \quad i_s = \frac{u_s}{R_s}, \quad u_s = R_s' i_s$$

变换后电源的参考方向：等效电流源电流的参考方向由电压源的参考方向的负极端指向正极端。等效电压源电压的参考正极性端为电流源电流流出的一端。

注意：两种电源模型对于外电路可以等效替代，但电源内部不一定等效。

（二）电阻电路的基本分析方法

1. 图论的初步知识

树(tree-T)：树是连通图 G 的一个连通子图；包含图 G 所有的节点；不包含任何回路。

树支：组成树的支路，树支数 $n_t = n-1$。

连支：其余的支路，连支数 $l = b - n_t = b - n + 1$。

基本回路：只含有一条连支的回路(单连支回路)。

注意：基本回路数等于连支数，一般以连支的方向为基本回路的绕行方向。

割集 (cutset)：图 G 的割集是 G 的一些支路集合，把这些支路移去将使 G 分离为两个部分，而如果少移去其中一条支路，图仍将是连通的。所以，割集是使图分为两部分的最少边集。

基本割集：由一条树支和若干条连支构成的割集，即单树支割集，是一组独立的割集。

注意：基本割集的方向一般选为树支支路的方向。

2. 支路电流法和支路电压法

KCL、KVL 的独立方程数：对于节点数为 n、支路数为 b 的电路，其独立的 KCL 方程数为 $n-1$ 个；独立的 KVL 方程数为 $b-n+1$ 个。

支路电流法：以各支路电流为未知量列写方程求解的方法。

注意：方程个数等于支路数。

支路电压法：以各支路电压为未知量列写方程求解的方法。

支路法说明：根据支路电流法(支路电压法)求得各支路的电流(电压)后，则各支路的电压(电流)就可由相应支路的 VCR 求得，进而求得电路的响应(支路电流和支路电压)。

3. 完备的独立电路变量

完备：是指利用 KCL 或 KVL 以及元件的 VCR 能够由该组变量求出电路中其他支路的电压和电流。

独立：是指该组变量中的任意一个变量不能用该组中其他变量表示，即这些变量线性无关、相互独立。

完备的独立电流变量:连支电流和网孔电流。

注意:完备的独立电流变量个数=连支数=网孔数$=b-n+1$

完备的独立电压变量:树支电压和节点电压。

注意:完备的独立电压变量个数=树支数=节点电压数$=n-1$

4. 节点电压法

节点电压法:以节点电压为电路变量列写方程求解电路响应的一种分析方法。

参考节点:在电路中选定任一节点,令其电位为零,即表明与“大地”相连,并用符号“⊥”或数字“0”表示,称此节点为电路的参考节点(零电位点)。

节点电压:电路中其他节点与参考节点之间的电压。通常参考节点被认为是节点电压的“—”端,即节点电压的方向是由其他节点指向参考节点。

节点电压法的实质:节点的KCL方程。

具有n个节点的电路的节点电压方程的一般形式为

$$\begin{cases} G_{11}u_{n1}+G_{12}u_{n2}+\cdots+G_{1(n-1)}u_{n(n-1)}=i_{s11} \\ G_{21}u_{n1}+G_{22}u_{n2}+\cdots+G_{2(n-1)}u_{n(n-1)}=i_{s22} \\ \vdots \\ G_{(n-1)1}u_{n1}+G_{(n-1)2}u_{n2}+\cdots+G_{(n-1)(n-1)}u_{n(n-1)}=i_{s(n-1)(n-1)} \end{cases}$$

注意:自电导恒为正,互电导恒为负。电流源的电流流向节点为正;否则为负。

列写节点电压法方程时的注意事项如下。

(1) 若支路为电压源与电阻串联,则等效为电流源与电阻并联。

(2) 电路中含有理想电压源(没有与之串联的电阻)支路时分两种情况:

① 电压源接在两个非参考节点之间,则设电压源所在支路电流i为未知量,并将此电流当作电流源处理,同时增列一个电压源支路电压与相关节点电压的方程;

② 电压源接在参考节点和非参考节点之间,则该节点电压可用电压源电压直接表示。

(3) 电路中含有电流源与电阻串联:在列节点方程时不考虑此电阻。

(4) 电路中含有受控源:把受控源当作独立源对待,并把控制量用节点电压表示。

5. 网孔电流法

网孔电流法:以网孔电流作为电路变量列写方程求解电路响应的一种方法。

网孔电流:一种假想的、沿着网孔边界流动的电流。

注意:网孔电流是“假想”的沿着网孔流动的电流。

网孔分析法的实质:网孔的KVL方程。

具有n个网孔的电路的网孔电流方程的一般形式为

$$\begin{cases} R_{11}i_{m1}+R_{12}i_{m2}+\cdots+R_{1n}i_{mn}=u_{s11} \\ R_{21}i_{m1}+R_{22}i_{m2}+\cdots+R_{2n}i_{mn}=u_{s22} \\ \vdots \\ R_{n1}i_{m1}+R_{n2}i_{m2}+\cdots+G_{nn}i_{mn}=u_{snn} \end{cases}$$

注意:自电阻恒为正。互电阻的正负与两网孔通过公共支路电阻时的方向有关,如果方向一致,则互电阻为正;否则为负。如果将各网孔电流的方向设为同一绕行方向,则互电阻恒为负。计算网孔i中各电压源电压的代数和时,若沿网孔绕行方向为电压源电位升的方向,则为正;否则为负。

列写网孔电流方程时需注意以下几点。

(1) 若支路为电流源与电阻的并联,则先变成电压源与电阻的串联。

(2) 如果电路中有理想电流源(没有与之并联的电阻)支路,则有两种情况:

① 如果电流源支路是两个网孔的公共支路,则假设电流源所在支路电压为一个未知量,并在列方程时当作电压源电压对待,同时增列一个电流源支路电流与相关网孔电流的方程;

② 如果只有一个网孔电流通过该理想电流源支路,此时该网孔电流可由电流源电流表示。

(3) 若电路中含有电压源与电阻并联的支路,则在列网孔方程时不考虑此电阻。

(4) 若电路中含有受控电源,则把受控源当作独立源对待,并把控制量用网孔电流表示。

6. 回路电流法

回路电流法:以基本回路电流作为电路变量列写方程求解电路响应的一种方法。

基本回路电流:一种假想的、沿着基本回路边界流动的电流。回路电流方程的列写方法与网孔电流方程的列写方法类似。

网孔电流法和回路电流法的区别在于:

(1) 列写回路电流方程时要先选一棵树,进而确定基本回路,然后对基本回路列写方程;

(2) 网孔电流法只适用于平面电路,回路电流法适用于任何电路,网孔电流法是回路电流法的特例;

(3) 选择树时,尽量选择电压源支路为树支,电流源支路为连支,这样可使方程数减少。

(三) 电路的基本定理

1. 齐性定理

齐性定理的内容:在单一激励的线性电路中,如果激励增加 K 倍或减小为原来的 $1/K$,则响应也同样增加 K 倍或减小为原来的 $1/K$。

注意:齐性定理只适用于线性电路,表明线性电路中响应与激励之间存在线性关系。

2. 叠加定理

叠加定理的内容:在由线性电阻、线性受控源及独立源组成的电路中,每一元件的电流或电压可以看成是每一个独立源单独作用于电路时,在该元件上产生的电流或电压的代数和。

单独作用的含义:当某一独立源单独作用时,其他独立源应为零值,即独立电压源短路,独立电流源开路。

注意:

(1) 受控源不能单独作用,即独立源单独作用时,受控源必须保留在电路中,而且要注意控制量的变化;

(2) 叠加时注意电压、电流的方向;

(3) 叠加定理只适用于线性电路;

(4) 叠加定理不适用于功率的计算;

(5) 也可以让独立源分组作用，一组独立源同时作用求响应，然后将各组独立源作用时的响应进行叠加。

3. 替代定理

替代定理的内容：若某网络中的所有支路电压和支路电流都有唯一解，且已知某支路 k 的电流 i_k 或电压 u_k，则可以用一个电流为 i_k 的电流源或电压为 u_k 的电压源等效替代这条支路，替代后网络其他部分的电压和电流值保持不变。

注意：

(1) 只有当替代前后的网络具有唯一解时，才可以应用替代定理；

(2) 替代定理不仅适用于线性网络，也适用于非线性网络；

(3) 替代后，只能求解电路各部分的电压、电流等，不能进行等效转换求等效电阻等，因为电路已经改变；

(4) 如果某支路有控制量，而替代后该控制量将不复存在，则该支路不能被替代。

4. 戴维南定理和诺顿定理

戴维南定理的内容：任何含有独立源、线性电阻及线性受控源的线性单口网络，不论其结构如何复杂，就其端口特性而言，都可用电压源与电阻的串联支路等效替代。等效电压源的电压等于端口的开路电压，等效电阻为单口网络内所有独立源置零后端口的等效电阻。

戴维南等效电阻的确定方法如下。

(1) 外加电源法：基于单口网络输入电阻的概念。应用此方法时需将网络中的独立源置零。

(2) 短路电流法：基于单口网络的伏安特性。应用此方法时单口网络中的独立源要保留。注意开路电压与短路电流的参考方向。

(3) 如果电路中没有受控源，则直接用电阻串并联、星-三角变换的方法。

说明：戴维南等效电路还可以应用 VCR 确定法求得，此法基于单口网络的端口 VCR。

诺顿定理的内容：任何含源线性单口网络都可以用一个电流源与一个电阻的并联支路等效替代。等效电流源的电流等于该网络的短路电流，等效电阻等于该网络除源后所得网络的等效电阻。

等效电阻的求解方法与戴维南等效电阻求解方法相同。

应用戴维南定理和诺顿定理需要注意以下问题。

(1) 对同一个单口网络，戴维南等效电阻与诺顿等效电阻相等。

(2) 一个单口网络的戴维南等效电路和诺顿等效电路之间可以等效变换。

(3) 利用戴维南定理和诺顿定理求电压、电流时，将待求支路与电路其他部分分开(即将电路进行分解)，求其他部分的戴维南等效电路或诺顿等效电路，然后再与待求支路连接进行求解。但注意：分解电路时一定要把受控源及其控制量放在同一部分，即单口网络中不能含有控制量在外部电路的受控源，但控制量可以是端口电压或电流。

5. 最大功率传输定理

最大功率传输定理的内容：由含源线性单口网络传递给可变负载的功率为最大的条件是负载电阻等于单口网络的戴维南等效电阻，获得的最大功率为

$$P_{\mathrm{Lmax}}=\frac{u_{\mathrm{oc}}^2}{4R_{\mathrm{eq}}}$$

6. 特勒根定理

定理1 设某网络 N 有 b 条支路、n 个节点，各支路电流和支路电压分别为 $i_1, i_2, \cdots, i_b$ 和 $u_1, u_2, \cdots, u_b$，如果同一支路的电压、电流取关联参考方向，则有如下关系：

$$\sum_{k=1}^{b} u_k i_k = 0$$

此定理表明，任一电路的所有支路吸收的功率之和恒等于零，因此也将其称为功率平衡定理。

定理2 如果有两个具有 b 条支路、n 个节点的网络 N 和 $\hat{N}$，它们由不同的二端元件组成，但其有向图完全相同。设网络 N 的各支路电流和电压分别为 $i_1, i_2, \cdots, i_b$ 和 $u_1, u_2, \cdots, u_b$，且同一支路的电压、电流取关联参考方向；网络 $\hat{N}$ 的各支路电流和电压分别为 $\hat{i}_1, \hat{i}_2, \cdots, \hat{i}_b$ 和 $\hat{u}_1, \hat{u}_2, \cdots, \hat{u}_b$，且同一支路的电压、电流也取关联参考方向，则有如下关系：

$$\sum_{k=1}^{b} u_k \hat{i}_k = 0, \quad \sum_{k=1}^{b} \hat{u}_k i_k = 0$$

定理2虽然也是电压和电流乘积项之和，但不能用功率平衡解释，因为它是不同网络的对应支路电压与电流的乘积，所以将其称为似功率平衡定理。

7. 对偶原理

电路中的一些对偶元素和对偶关系。

（四）一阶动态电路

1. 电容元件

电容元件的定义：若在任意时刻 t，一个二端元件的端电压 $u(t)$ 与其储存的电荷 $q(t)$ 之间的关系可以用 q-u 平面上的一条曲线确定，则称此二端元件为电容元件。其中，线性电容元件满足关系：$q=Cu$。

VCR：在电压、电流为关联参考方向下，$i=C\dfrac{\mathrm{d}u}{\mathrm{d}t}$。

电容元件的基本性质：动态性，电容电压的记忆性和连续性，无源性。

电容的储能：某一时刻的储能 $w_C(t)=\dfrac{1}{2}Cu_C^2(t)$；某一时间段内，电容储存或释放的能量 $w_C(t_1, t_2)=w_C(t_2)-w_C(t_1)$。

电容元件的串联：　$\dfrac{1}{C_s}=\dfrac{1}{C_1}+\dfrac{1}{C_2}+\cdots+\dfrac{1}{C_n}$

电容元件的并联：　$C_p=C_1+C_2+\cdots+C_n$

2. 电感元件

电感元件的定义：若在任意时刻 t，一个二端元件的端电流 $i(t)$ 与其磁链 $\Psi(t)$ 之间的关系可以用 Ψ-i 平面上的一条曲线确定，则称此二端元件为电感元件。其中，线性电感元件满足关系：$\Psi=Li$。

VCR：在电压、电流为关联参考方向下，$u=L\dfrac{\mathrm{d}i}{\mathrm{d}t}$。

电感元件的基本性质：动态性，电感电流的记忆性和连续性，无源性。

电感的储能：某一时刻的储能 $w_L(t)=\frac{1}{2}Li_L^2(t)$；某一时间段内，电感储存或释放的能量 $w_L(t_1,t_2)=w_L(t_2)-w_L(t_1)$。

电容元件的串联：　$L_s=L_1+L_2+\cdots+L_n$

电容元件的并联：　$\frac{1}{L_p}=\frac{1}{L_1}+\frac{1}{L_2}+\cdots+\frac{1}{L_n}$

3. 换路定则及初始值的确定

换路：由于某种原因，电路由一种工作状态变化到另一种工作状态，这种工作状态的改变称为换路。

换路定则：在电容电流和电感电压为有界值的情况下，电容电压不能跃变，电感电流不能跃变，即

$$\begin{cases}u_C(0^+)=u_C(0^-)\\ i_L(0^+)=i_L(0^-)\end{cases}$$

过渡过程：电路由一种工作状态变化到另一种工作状态的过程。

初始值：换路后瞬间（通常如果 0 时刻换路，则用 0^+ 表示）各电量的值。

初始值的确定：

(1) 由 0^- 等效电路（直流激励下，电容开路，电感短路）计算 $u_C(0^-)$ 和 $i_L(0^-)$，根据换路定则求 $u_C(0^+)$ 和 $i_L(0^+)$；

(2) 画出 0^+ 等效电路，此时电容用电压等于 $u_C(0^+)$ 的电压源等效替代，电感用电流等于 $i_L(0^+)$ 的电流源等效替代，激励取其在 0^+ 时的值；

(3) 用分析直流电路的方法计算其他量的初始值。

4. 一阶电路的零输入响应

动态电路：至少含有一个动态元件的电路，用一阶微分方程描述。用二阶微分方程描述的动态电路称为二阶动态电路。

状态变量：如果已知某量在初始时刻的值，则根据该时刻的输入就能确定电路中任何变量在随后的值，具有这种性质的物理量称为状态变量。在动态电路中，通常都以状态变量作为未知量来列写方程。

电容电压和电感电流是状态变量。

零输入响应：外加激励为零，仅由动态元件的初始储能产生的响应。

零状态响应：动态元件的初始储能为零，仅由外加激励产生的响应。

全响应：电路中的动态元件处于非零初始状态且在外加激励作用下的响应。

一阶电路的零输入响应：$y(t)=y(0^+)e^{-\frac{1}{\tau}t}, t\geqslant 0^+$。零输入响应是放电过程。

时间常数：表征过渡过程快慢的参数。时间常数越小，过渡过程越快；时间常数越大，过渡过程越慢。同一电路中各响应量的时间常数相同。

RC 电路：　$\tau=R_{eq}C$

RL 电路：　$\tau=\frac{L}{R_{eq}}$

5. 一阶电路的零状态响应

稳态值：换路后电路再达到新的稳定工作状态（通常用∞表示）时的值。

状态变量的零状态响应：$y(t)=y(\infty)(1-e^{-\frac{1}{\tau}t})$，$t\geqslant 0^{+}$，零状态响应是充电过程。

非状态变量的零状态响应根据电路的拓扑结构和电压电流关系求出。

6. 一阶电路的全响应

全响应＝零输入响应＋零状态响应。

全响应可分解为稳态响应和暂态响应，以及强制分量和自由分量。

根据初始值和稳态值的大小，可以判断过渡过程是充电还是放电。

7. 一阶电路的三要素法

三要素法：已知待求量的初始值、稳定值和电路的时间常数，就可根据三要素公式求出该量的响应。三要素法适用于求直流激励的一阶动态电路的任何待求量的任何响应。

三要素公式：

$$y(t)=y(\infty)+[y(0^{+})-y(\infty)]e^{-\frac{t}{\tau}},\quad t\geqslant 0^{+}$$

（五）二阶动态电路

1. 二阶动态电路的微分方程

根据所给电路，应用 KCL、KVL 和元件的 VCR 列写以状态变量为未知量的微分方程。

2. *RLC* 并联电路的零输入响应

基本分析方法：以电感电流为未知量，列写微分方程→特征方程→特征根→响应表达式→根据初始条件确定待定系数。

阻尼系数的概念及计算公式。

特征根的 4 种可能情况与电路元件参数、电路状态和过渡过程的关系如下。

(1) 不相等的负实数根：$R<\frac{1}{2}\sqrt{\frac{L}{C}}$，过阻尼状态，非振荡的过渡过程。

(2) 共轭复根(实部不为零)：$R>\frac{1}{2}\sqrt{\frac{L}{C}}$，欠阻尼状态，衰减振荡的过渡过程。

(3) 相等的实数根：$R=\frac{1}{2}\sqrt{\frac{L}{C}}$，临界阻尼状态，非振荡的过渡过程。

(4) 共轭虚根：电导 $G=0$，无阻尼状态，等幅振荡的过渡过程。

3. *RLC* 并联电路的零状态响应和全响应

零状态响应：动态元件的初始状态为零，即 $u_C(0^-)=0$，$i_L(0^-)=0$，仅由外加激励引起的响应。分析方法与零输入响应相同。

全响应：动态元件的初始状态不为零，且有外加激励作用时电路的响应。

求电路全响应的两种方法如下。

(1) 零输入、零状态方法：全响应＝零输入响应＋零状态响应。

(2) 求解微分方程的经典方法：全响应＝通解＋特解。

4. *RLC* 串联电路

基本分析方法：以电容电压为未知量，列写微分方程→特征方程→特征根→响应表达式→根据初始条件确定待定系数。

阻尼系数的概念及计算公式。

特征根的 4 种可能情况与电路元件参数、电路状态和过渡过程的关系如下。

(1) 不相等的负实数根：$R>\frac{1}{2}\sqrt{\frac{L}{C}}$，过阻尼状态，非振荡的过渡过程。

(2) 共轭复根(实部不为零)：$R<\frac{1}{2}\sqrt{\frac{L}{C}}$，欠阻尼状态，衰减振荡的过渡过程。

(3) 相等的实数根：$R=\frac{1}{2}\sqrt{\frac{L}{C}}$，临界阻尼状态，非振荡的过渡过程。

(4) 共轭虚根：电阻 $R=0$，无阻尼状态，等幅振荡的过渡过程。

学习指导：掌握二阶常系数线性微分方程的求解方法及不同特征根对应的电路状态和过渡过程。

(六) 正弦稳态电路

1. 正弦量

正弦量的三要素：频率、振幅、相位。

同频率正弦量的比较如下。

(1) 超前关系：两个同频信号的相位差大于零，则被减数表示的信号超前减数表示的信号。

(2) 滞后关系：两个同频信号的相位差小于零，则被减数表示的信号滞后减数表示的信号。

(3) 同相：两个同频信号的相位差等于零，则被减数表示的信号与减数表示的信号同相。

(4) 正交：两个同频信号的相位差等于正负 90°，则被减数表示的信号与减数表示的信号正交。

(5) 反相：两个同频信号的相位差等于正负 180°，则被减数表示的信号与减数表示的信号反相。

同频率正弦量的运算：加、减、微分和积分运算结果仍为同频率的正弦量。

周期信号的有效值：有效值的定义及物理意义，与幅值的关系，符号表示。

2. 正弦量的相量、相量图

正弦量的相量：借助于复数的形式，用正弦信号的模和初相位组成一个复数，采用复数的运算规则，简化同频率的正弦函数的运算。该运算符合矢量的平行四边形法则或三角形法则。

相量的线性性质和微分性质。

相量图：在复平面上表示的各相量之间的关系。

注意：相量是用复数表示的正弦量，相量与正弦量之间存在一一对应的关系，二者之间不能画等号，因为二者在不同的域。相量运算是针对同频信号的运算。

3. 基尔霍夫定律和 *R*、*L*、*C* 元件的相量形式

基尔霍夫电流定律(KCL)的相量形式：在集总参数电路中，任一瞬间，流入(或流出)电路中任一节点的电流相量代数和恒等于零。

基尔霍夫电压定律(KVL)的相量形式：在集总参数电路中，任一瞬间，沿任一回路各支路电压相量的代数和等于零。

注意：电流和电压的有效值、幅值之和不为零。

电阻元件 VCR 的相量表示：

$$\dot{U}=R\dot{I}\text{（电压电流为关联参考方向）}$$

特点：电压与电流同相位。

电感元件 VCR 的相量表示：

$$\dot{U}=\mathrm{j}\omega L\dot{I}\text{（电压电流为关联参考方向）}$$

特点：电压超前电流 90°。

电容元件的相量表示：

$$\dot{U}=\frac{1}{\mathrm{j}\omega C}\dot{I}\text{（电压电流为关联参考方向）}$$

特点：电流超前电压 90°。

4. 阻抗和导纳

电阻、电感、电容元件的阻抗：

$$Z_R=R,\quad Z_L=\mathrm{j}\omega L,\quad Z_C=\frac{1}{\mathrm{j}\omega C}$$

电阻、电感、电容元件的导纳：

$$Y_R=\frac{1}{R}=G,\quad Y_L=\frac{1}{\mathrm{j}\omega L},\quad Y_C=\mathrm{j}\omega C$$

无源单口网络的阻抗：

$$Z=R+\mathrm{j}X=|Z|\angle\varphi_z=z\angle\varphi_z$$

其中，$|Z|=z$，为阻抗的模；φ_z 为阻抗角。$\varphi_z>0$，电路为电感性；$\varphi_z<0$，电路为电容性；$\varphi_z=0$，电路为电阻性。

无源单口网络的导纳：

$$Y=G+\mathrm{j}B=|Y|\angle\varphi_y=y\angle\varphi_y$$

其中，$|Y|=y$，为导纳的模；φ_y 为导纳角。$\varphi_y>0$，电路为电容性；$\varphi_y<0$，电路为电感性；$\varphi_y=0$，电路为电阻性。

同一无源单口网络的阻抗与导纳成倒数关系：

$$Z=\frac{1}{Y}=\frac{1}{G+\mathrm{j}B}=R+\mathrm{j}X$$

5. 正弦稳态电路的相量分析

相量分析法的步骤：

(1) 写出正弦量的相量；

(2) 画出原电路的相量模型；

(3) 应用适当的分析方法或定理求出待求量的相量形式；

(4) 由相量写出对应的正弦量。

6. 正弦稳态电路的等效

含源单口网络的等效：根据戴维南定理，含源的正弦稳态电路同样可以用阻抗与电压源的串联模型或导纳与电流源的并联模型等效。其中等效电压源、等效电流源和等效内阻的求解方法同直流电源电路。

无源单口网络的等效：可等效为一个阻抗或一个导纳，进一步又可以用电阻、电感和电容元件的串联、并联组合表示。实部用电阻元件等效，虚部则根据电抗或电纳的正负决定用电感元件还是电容元件等效。阻抗通常用串联模型，导纳通常用并联模型。

两种等效模型间的转换：对于同一个无源单口网络，两种模型之间可以等效转换，但应注意，

$$G\neq\frac{1}{R},\quad B\neq\frac{1}{X}$$

7. 正弦稳态电路的功率

平均功率的定义和物理意义：电路实际消耗的功率，又称为有功功率。

无功功率的定义和物理意义：电路与电源进行能量交换的规模。

视在功率的定义和物理意义：表示设备的容量。

单口网络的平均功率：$P=UI\cos\varphi$，单位：瓦特(W)。

单口网络的无功功率：$Q=UI\sin\varphi$，单位：乏(Var)。

单口网络的视在功率：$S=UI$，单位：伏安(VA)。

功率因数：$\lambda=\cos\varphi$，反映了设备容量的利用率，工程中希望功率因数越大越好。

特殊性质电路中的功率和能量：纯电阻、纯电感和纯电容电路。

注意：

(1) P、Q、S 满足功率三角形关系；

(2) 功率因数角就是电压电流的相位差，也是无源单口网络的阻抗角。

8. 复功率

单口网络的复功率：$\tilde{S}=\dot{U}\dot{I}^*=P+jQ$，单位：伏安(VA)。

功率守恒：网络的总瞬时功率、有功功率、无功功率及复功率都满足功率守恒定律，但视在功率不满足。

9. 正弦稳态电路的最大功率传输定理

负载的电阻分量与电抗分量可独立变化：当负载阻抗与等效电源的内阻抗共轭时(共轭匹配)，负载获得最大功率。

最大功率为

$$P=\frac{U_{oc}^2}{4R_{eq}}$$

其中，U_{oc} 为等效电压源的电压有效值，R_{eq} 为戴维南等效阻抗的电阻分量。

负载的阻抗角固定而模可变：当负载阻抗的模与电源内阻抗的模相等时(模匹配)，负载获得最大功率。

注意：当负载为纯电阻时，不可能实现共轭匹配获得最大功率，只能按照模匹配考虑；同理，如果电源内阻为纯电阻，也只能按照模匹配考虑。

(七) 三相电路

1. 三相电源

对称三相电源：由 3 个同频率、等振幅、初相位依次相差 120°的正弦电压源按一定的方式连接而成的电源。可分别用 u_A、u_B、u_C 表示。

对称三相电源的特性：$u_A+u_B+u_C=0$ 或 $\dot{U}_A+\dot{U}_B+\dot{U}_C=0$。

对称三相电源的连接方式有以下几种。

(1) 星形连接:将3个电源的负极性端接在一起,从各电源的正极性端向外引线,这种连接方式为星形连接或Y形连接。

从电源正极性端引出的线称为相线,从3个负极性端连接点(称为中点)处引出的线称为中线。

(2) 三角形连接:将3个电源的正负极顺序连接,从3个连接端向外引线,这种连接方式为三角形连接或△形连接。

从3个连接端向外引出的线称为相线。

相电压和线电压:每相电源的电压称为相电压,相线之间的电压称为线电压。

线电压与相电压之间的关系:对于Y形连接,线电压是相电压的$\sqrt{3}$倍,相位超前对应相30°;对于△形连接,线电压与相电压相等,相位与对应相相同。

2. 对称三相电路的计算

三相电路的基本连接形式:Y-Y连接,Y-△连接,△-Y连接、△-△连接。无中线的称为三相三线制系统,有中线(Y-Y连接中)的称为三相四线制系统。

对称三相负载:如果与三相电源相接的三相负载模相等、辐角相同,则称为对称三相负载;否则为不对称三相负载。

对称三相电路:三相电源和三相负载都对称的电路。

对称三相电路的计算:一相计算方法。

相电流和线电流:每相负载中通过的电流称为相电流,相线中的电流称为线电流。

线电流与相电流之间的关系:对于Y形连接,线电流与相电流相等,相位与对应相相同;对于△形连接,线电流是相电流的$\sqrt{3}$倍,相位滞后对应相30°。

注意:Y-Y连接的三相四线制系统中,负载中点与电源中点之间的连线称为中线。中线上电压为零,电流也为零。

3. 三相电路的功率

三相电路的功率:三相电路的总功率=各相电路的功率之和。

对称三相电路的平均功率:$P=3P_{\mathrm{p}}=3U_{\mathrm{p}}I_{\mathrm{p}}\cos\varphi=\sqrt{3}U_{\mathrm{l}}I_{\mathrm{l}}\cos\varphi$。

对称三相电路的无功功率:$Q=3U_{\mathrm{p}}I_{\mathrm{p}}\sin\varphi=\sqrt{3}U_{\mathrm{l}}I_{\mathrm{l}}\sin\varphi$。

对称三相电路的视在功率:$S=3U_{\mathrm{p}}I_{\mathrm{p}}=\sqrt{3}U_{\mathrm{l}}I_{\mathrm{l}}=\sqrt{P^2+Q^2}$。

对称三相电路的复功率:$\tilde{S}=P+\mathrm{j}Q$。

说明:φ为各相负载的阻抗角,也是各相负载电压与电流的相位差。

注意:三相电路的总瞬时功率是恒定的,等于三相电路的总平均功率。

(八) 非正弦周期稳态电路

1. 非正弦周期信号、有效值、平均值

非正弦周期信号的分解:非正弦周期信号在满足狄利赫里条件时可利用傅里叶级数展开法分解为恒定分量和一系列不同频率(为周期信号频率的整数倍)的正弦分量(谐波)之和。

非正弦周期信号有效值:等于恒定分量的平方与各谐波分量有效值的平方和的平方根。

以电流为例，

$$I=\sqrt{I_0^2+I_1^2+I_2^2+\cdots}=\sqrt{\sum_{k=0}^{\infty}I_k^2}$$

非正弦周期信号的平均值：等于其绝对值的平均值。

以电流为例，

$$I_{av}=\sqrt{\frac{1}{T}\int_0^T|i(t)|\mathrm{d}t}$$

2. 非正弦周期稳态电路的分析

基本分析方法：应用叠加的思想，即利用相量法分别计算非正弦周期信号的直流分量和各谐波分量作用于电路时的响应，然后进行时域相加。

注意：

(1) 一定是时域形式进行叠加，因为不同频率的信号不能进行相量的叠加；

(2) 感抗和容抗随频率变化，所以不同谐波分量作用于电路时，要重新计算电路的阻抗或导纳；

(3) 具体计算时通常根据精度要求取有限项进行计算。

3. 非正弦周期稳态电路的功率

非正弦周期稳态电路的平均功率：等于直流分量和各次谐波分量分别作用时的平均功率之和。

如果某单口网络的端口电压和电流为关联参考方向，则该单口网络吸收的平均功率为

$$P=\sum_{k=0}^{\infty}U_kI_k\cos\varphi_k$$

注意：φ_k 为各谐波电压和电流的相位差。

(九) 电路的频率特性

1. 网络函数及频率特性

网络函数：单一激励的正弦稳态电路中，响应相量与激励相量之比，也称为系统函数。网络函数反映了系统自身的固有特性，是分析系统的重要函数。

网络函数类型：6 种，又分为两大类，即策动点函数和转移函数。

(1) 策动点函数：响应与激励在同一端口。

(2) 转移函数：响应与激励不在同一端口。

频率特性：网络函数的幅度和相位随频率的变化关系。

(1) 幅频特性曲线：幅度随频率变化的关系曲线。

(2) 相频特性曲线：相位随频率变化的关系曲线。

2. *RC* 电路的频率特性

一阶 RC 低通电路：由电阻和电容构成的 RC 电路，且以电容电压作为输出。电路具有通低频阻高频的作用。

截止频率：幅度下降为最大值的 $1/\sqrt{2}$ 时的频率点，又称为半功率点频率、-3 dB 截止频率。

通频带：信号能通过的频率范围。对于低通滤波电路就是 0 到截止频率点的频率范围。

一阶 RC 高通电路：由电阻和电容构成的 RC 电路，且以电阻电压作为输出。电路具有通高频阻低频的作用。

说明：电路的滤波特性是根据其幅频特性确定的。

RC 选频电路：由电阻和电容构成的 RC 电路，以电容电阻并联支路的电压作为输出。具有带通特性。

说明：电路具有两个截止频率（上、下限截止频率）。

3. RLC 串联电路的谐振

谐振：如果无源单口网络的端口电压与电流同相位，这种现象称为谐振。

串联谐振条件：单口网络呈现纯电阻性，即其阻抗的电抗 $X=0$。

谐振频率：

$$\omega_0=\sqrt{\frac{1}{LC}} \quad 或 \quad f_0=\frac{1}{2\pi\sqrt{LC}}$$

谐振时电路的特点：(1)阻抗最小；(2)电流最大；(3)感抗与容抗相等；(4)电感电压与电容电压大小相等，方向相反，互相抵消。

特性阻抗：谐振时的感抗或容抗。

说明：谐振时电阻上的电压等于外加电源的电压，电容电压和电感电压远大于外部电源电压，因此串联谐振又称为电压谐振。

品质因数：谐振时特性阻抗与电阻之比，用 Q（注意不是无功功率）表示。

说明：品质因数原始定义为电路中存储的最大能量与电路在一个周期内消耗的总能量之比。该比值越大，电路的“品质”越好。电路的品质因数是表征其谐振性质的固有参数，由电路本身的参数决定。

谐振曲线：用任意频率时的电流与谐振时的电流之比可以分析电路的谐振特性，该比值与电路的网络函数形式相同。其幅频特性曲线称为谐振曲线。

说明：谐振曲线随 Q 值的不同而变化，所以谐振曲线是一组曲线。

选择性：表示对偏离谐振频率的信号的衰减抑制能力。Q 值越大，谐振曲线越尖锐，通频带越窄，选择性越好。

注意：通频带和选择性是一对矛盾的两个方面，要合理设计。

4. RLC 并联电路的谐振

并联谐振条件：单口网络呈现纯电阻性，即其导纳的电纳 $B=0$。

谐振频率：

$$\omega_0=\sqrt{\frac{1}{LC}} \quad 或 \quad f_0=\frac{1}{2\pi\sqrt{LC}}$$

谐振时电路的特点：(1)导纳最小；(2)电压最大；(3)感抗与容抗相等；(4)电感电流与电容电流大小相等，方向相反，互相抵消。

特性阻抗：谐振时的感抗或容抗。

说明：谐振时电阻中的电流等于外加电源的电流，电容电流和电感电流远大于外部电源电流，因此并联谐振又称为电流谐振。

品质因数：谐振时的电阻与特性阻抗之比。

说明：并联谐振电路的特点可以根据对偶关系由串联谐振电路的特点得到。

（十）耦合电感电路

1. 互感及互感电压

自感电压和互感电压：在线圈之间有耦合的情况下，每个线圈中的电压由两部分组成，一部分是本身电流产生的自感电压，另一部分是耦合线圈中的电流产生的互感电压。

同名端：给有耦合的两个线圈的某一端子分别通以电流（流入），如果这两个电流在两个线圈中产生的磁通相互加强，则定义此两线圈的这两个端子为同名端。

掌握：自感电压与互感电压的概念；根据同名端正确判断互感电压的极性。

2. 耦合电感的电压电流关系

耦合电感元件的电压电流关系：自感电压的正负号由线圈上电压与电流的参考方向决定，互感电压的正负号由承受互感的线圈的电压参考方向与产生互感的线圈的电流参考方向共同决定（与同名端有关）；受控源模型。

耦合系数：表征耦合线圈之间耦合程度的参数。

耦合电感元件的功率和储能：考虑互感的影响。

掌握：有耦合的电感线圈中电压的计算；耦合系数与自感系数和互感系数的关系；耦合电感元件的功率和储能的关系式及含义。

3. 耦合电感的去耦

串联：分顺接和反接两种情况。

并联：分同名端相接和异名端相接两种情况。

T 形连接：分同名端相连和异名端相连两种情况。

掌握：耦合电感的串联、并联连接的等效电感的计算以及 T 形连接的去耦等效电路及等效电感参数。

4. 含耦合电感电路的分析

两种分析方法：(1)对耦合元件进行去耦后，利用正弦稳态电路的分析方法分析求解稳态响应，利用三要素法求解瞬态响应；(2)直接列写 KVL 方程求解，但要考虑互感电压。

说明：进行瞬态分析时用去耦方法更方便。

5. 线性变压器电路的分析

变压器的构成：通常由两个线圈构成。与电源相连的称为原边或初级线圈，与负载相连的称为副边或次级线圈。

线性变压器：线圈内无铁心，耦合系数较小，则可用线性变压器作为其电路模型。

反映阻抗：副边回路阻抗在原边的反映。

掌握：线性变压器的定义和特点，线性变压器的模型；反映阻抗的计算公式和物理意义；应用反映阻抗分析有耦合的电感电路——原边等效电路和副边等效电路。

6. 全耦合变压器

全耦合变压器：线圈内有铁心，耦合系数等于 1，不考虑原、副边的绕线电阻。

全耦合变压器的电压电流关系。

7. 理想变压器的 VCR 及其特性

理想变压器的条件：(1)全耦合；(2)不消耗能量；(3)初、次级线圈的自感系数及两线圈之间的互感系数无穷大，但两个线圈自感系数的比值为一常数，且等于两个线圈的匝数之比

(称为理想变压器的变比)。

理想变压器的符号及电压电流关系:原边电压与副边电压之比等于它们的匝数比,即原、副边电压与其匝数成正比;原边电流与副边电流之比等于其匝数比的倒数,即原、副边电流与其匝数成反比。如果原、副边电压的参考方向与同名端相同,则电压关系式前取正号,否则取负号;如果原、副边电流都从同名端流入,则电流关系式前取负号,否则取正号。

理想变压器的阻抗变换性质:折合阻抗的计算公式。

掌握:理想变压器的定义及特性,理想变压器的变电压、变电流、变阻抗的特性。

(十一) 二端口网络

1. 二端口网络

二端口网络:具有两个端口的网络。

注意:与四端网络的区别。

2. 二端口网络的 VCR 及参数

Z 参数方程及 Z 参数:将端口电压表示为端口电流的函数。Z 参数具有阻抗的量纲,是一组开路参数。

Y 参数方程及 Y 参数:将端口电流表示为端口电压的函数。Y 参数具有导纳的量纲,是一组短路参数。

H 参数方程及 H 参数:将一个端口电压和另一个端口电流表示为该端口电流和另一个端口电压的函数。H 参数是一组混合参数。

A 参数方程及 A 参数:将输入端口的电压、电流表示为输出端口的电压、电流的函数。A 参数是传输参数。

掌握:二端口网络的 Z 参数、Y 参数的求解方法和物理意义。

了解:二端口网络的 H 参数、A 参数的求解方法和物理意义。

3. 互易二端口和对称二端口

互易二端口:满足互易定理的二端口网络。通常不含受控源,仅由线性电阻、电容、电感(互感)元件组成的二端口网络是互易二端口网络。

对称二端口:互易二端口网络的两个端口可以交换,且交换后端口电压和端口电流的数值不变的二端口网络。

掌握:互易二端口网络和对称二端口网络的定义和参数特征。

注意:结构上对称的二端口网络一定是对称二端口网络,但对称二端口网络结构上不一定对称。

4. 二端口网络的等效电路

T 形等效电路:互易二端口网络的 T 形等效电路用三个连接为 T 形的阻抗等效,非互易二端口网络的 T 形等效电路用三个连接为 T 形的阻抗和一个流控压源等效。

Π形等效电路:互易二端口网络的Π形等效电路用三个连接为Π形的导纳等效,非互易二端口网络的Π形等效电路用三个连接为Π形的导纳和一个压控流源等效。

掌握:T 形等效电路和Π形等效电路的等效参数与 Z 参数和 Y 参数的关系,重点掌握互易二端口网络的等效电路。

注意:二端口网络的等效电路和单口网络等效电路的区别。

5. 有端接的二端口网络

有端接的二端口网络：在端口有其他电路与之相接的二端口网络。通常在输入端连接电源，输出端连接负载。如果考虑电源的内阻抗，则称为双端接的二端口网络；如果不考虑电源的内阻抗，则称为单端接的二端口网络。

有端接的二端口网络的基本分析方法：利用二端口网络的参数方程以及端接电路的端口 VCR 联立求解；或者将二端口网络用其等效电路替代，然后再按照电路分析的常规方法求解。

掌握：有端接二端口网络的分析方法。

第二部分

往年考试试题、答案和解析

2010年考试试题、答案和解析

期中试题

一、判断题：请在题前的括号内填写"对"或"错"(本大题共5个小题，每小题2分，共10分)

1.(　　)图1所示电路中电压 u 和电流 i 为关联参考方向。

2.(　　)图2中元件A的吸收功率为10 W。

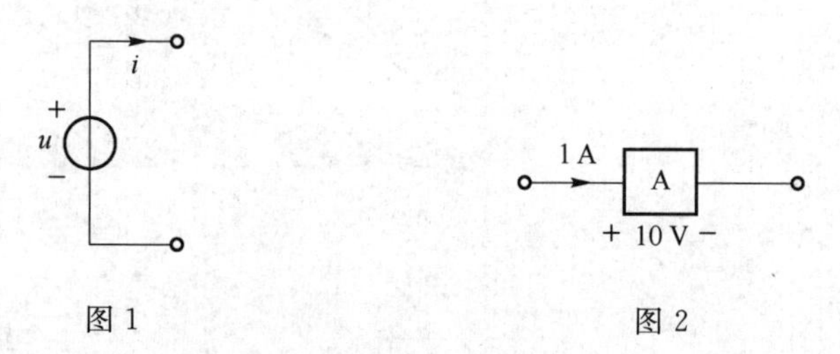

图1　　　　图2

3.(　　)图3中，集合(i_3,i_4,i_6)的电流是线性无关的。

4.(　　)如图4所示，当 $U_{s1}=1$ V，$U_{s2}=0$ V时，R_1 的平均功率 $P_1=1$ W；当 $U_{s1}=0$ V，$U_{s2}=1$ V时，R_1 的平均功率 $P_1=1$ W；当 $U_{s1}=1$ V，$U_{s2}=1$ V时，R_1 的平均功率 $P_1=2$ W。

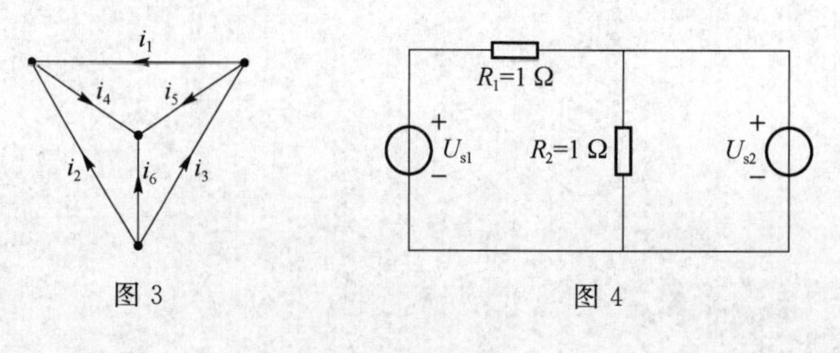

图3　　　　图4

5. (　　)图 5(a)和图 5(b)两个电路中 a、b 端以左的电路互为等效电路。

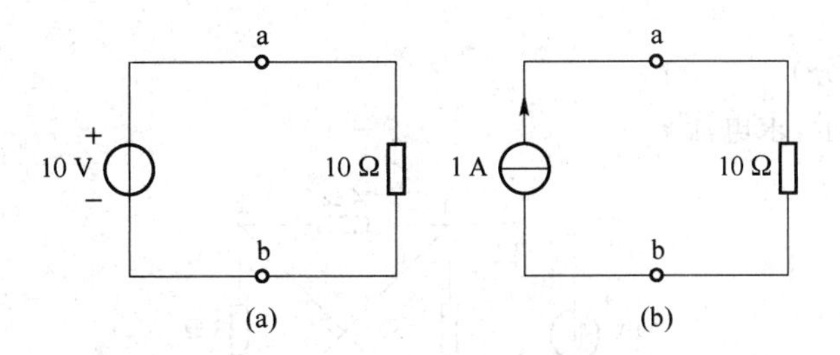

图 5

二、填空题:把答案填写在题中空格处(本大题共 10 个空格,每空 2 分,共 20 分)

1. 汽车中 12 V 蓄电池用来供 60 W 车灯照明,若蓄电池的额定值为 100 A・h(安时)(注:安时是蓄电池的容量单位,A 是安培,h 是小时。1 A・h 代表蓄电池在 x 安培的电流下可以放电 $1/x$ 小时,假定电流为恒定值),则蓄电池储存的能量为________。

2. KCL 的实质反映了电路遵从________守恒原理。

3. 图 6 所示电路的输入电阻 R_i=________。

4. 电路如图 7 所示,当负载电阻 R_L=________时,其可获得的最大功率为________。

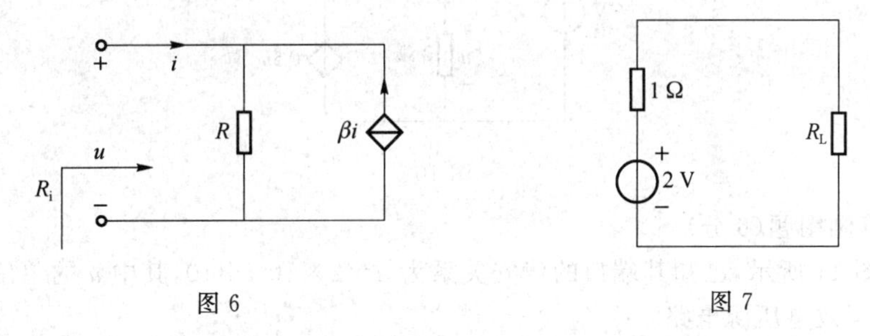

图 6　　　　图 7

5. 对于有 n 个节点、b 条支路的电路,可以列出________个独立的 KVL 方程。

6. 特勒根定理 1 也称为________定理,表明任一电路的所有支路吸收的功率之和恒等于零。

7. 电容元件是储存________能量的元件。若一个电容值为 C 的电容元件流过的电流为 $i_C(t)$,其两端的电压为 $u_C(t)$且 $u_C(-\infty)=0$,则在时刻 t 其储存的能量为________。

8. 图 8 所示电路中,a、b 端右侧的总电容为________。

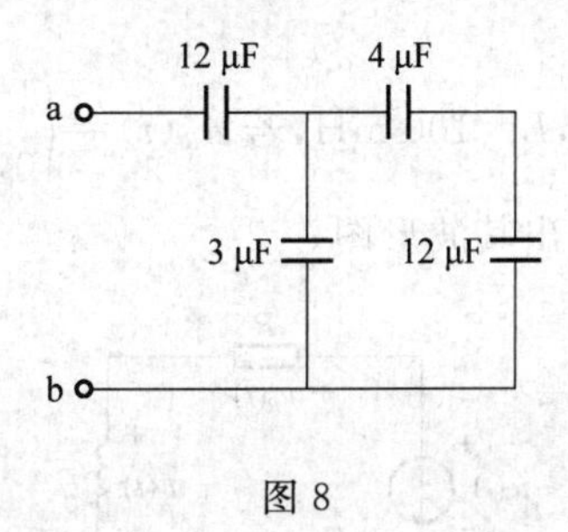

图 8

三、计算题(6 分)

某线性非时变电路中含有两个独立电源 u_{s1} 和 u_{s2},已知当 $u_{s1}=2$ V,$u_{s2}=5$ V 时,某条支

路电流 $i=2.5$ A；当 $u_{s2}=1$ V 单独作用时，$i=0.3$ A。求当 $u_{s1}=25$ V，$u_{s2}=10$ V 时该支路的电流。

四、计算题(6 分)

电路如图 9 所示，求电流 i。

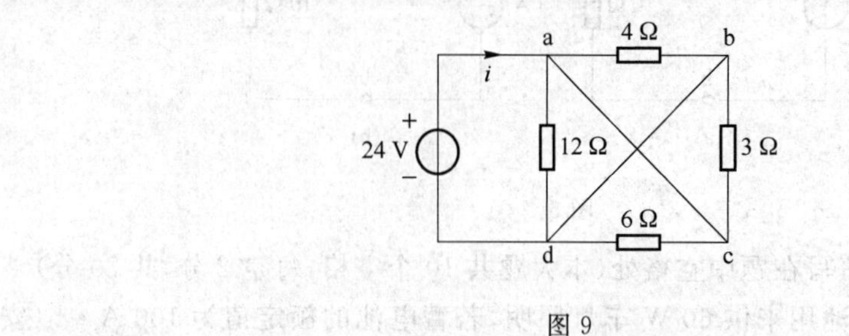

图 9

五、计算题(6 分)

电路如图 10 所示，求电流 i 和受控电压源发出的功率。

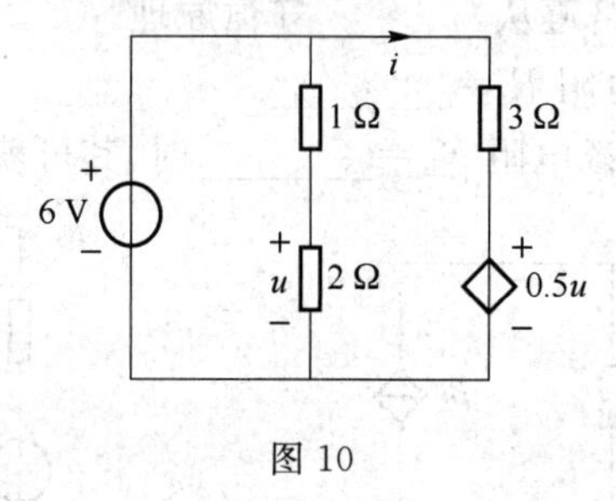

图 10

六、计算画图题(6 分)

电路如图 11 所示，已知其端口的伏安关系为 $u=2\times10^3 i+10$，其中 u 的单位为 V，请画出电路 N 的等效电压源电路。

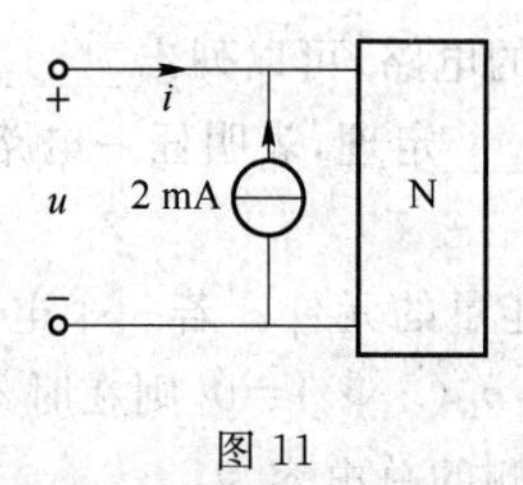

图 11

七、计算画图题(6 分)

图 12 所示电路中，$R=10\ \Omega$，$L=100$ mH，若 $u_R(t)=\begin{cases}1-e^{-100t}, & t\geqslant0\\0, & t<0\end{cases}$，其中 u_R 的单位为 V，t 的单位为 s，求 $u_L(t)$ 并画出其波形图。

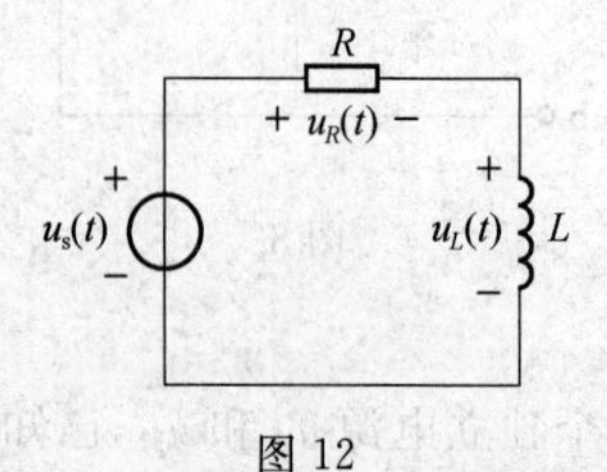

图 12

八、计算题(8 分)

电路如图 13 所示，请列出用 u_1、u_2 和 u_3 表示节点电压的节点电压方程，并求出各独立节点的电位。

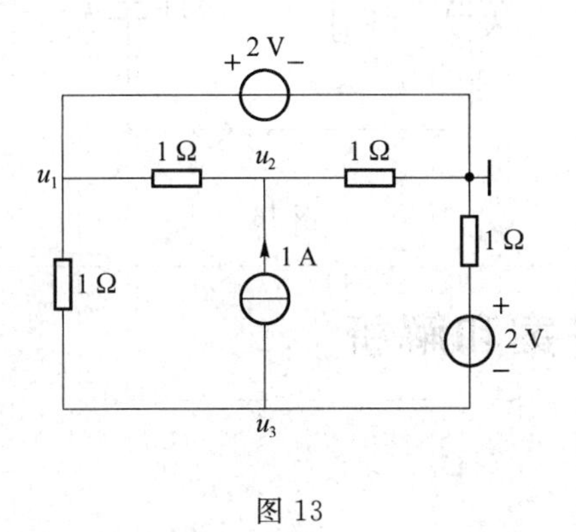

图 13

九、列写方程题(8 分)

含 VCVS 的电路如图 14 所示，请列出以 i_{m1}、i_{m2} 和 i_{m3} 为网孔电流变量的网孔电流方程。

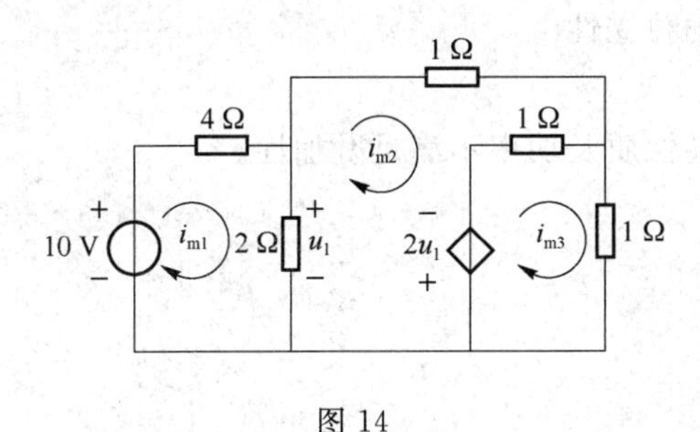

图 14

十、计算题(12 分)

已知具有 a、b 和 c、d 两个端口的含源电路如图 15 所示，设负载电阻 $R_L = 2\ \Omega$，则 R_L 应接于 a、b 端还是 c、d 端才能获得最大功率?

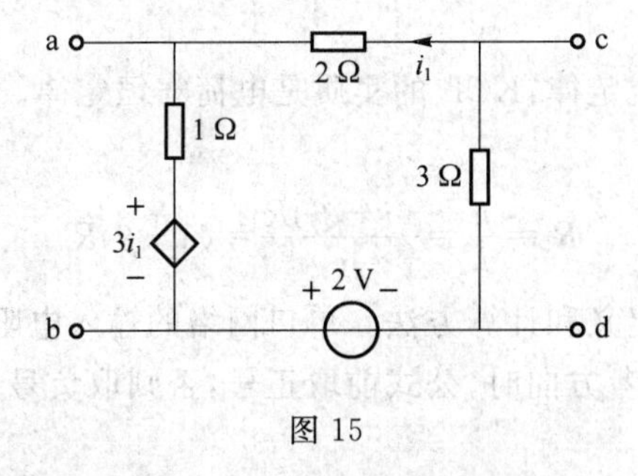

图 15

十一、计算画图题(12 分)

电路如图 16 所示，已知 $u_C(0^-)=0$，$t=0$ 时开关闭合，求：(1) $t\geqslant 0$ 时的 $u_C(t)$，并画出其波形图；(2) $t\geqslant 0$ 时的 $i_1(t)$。

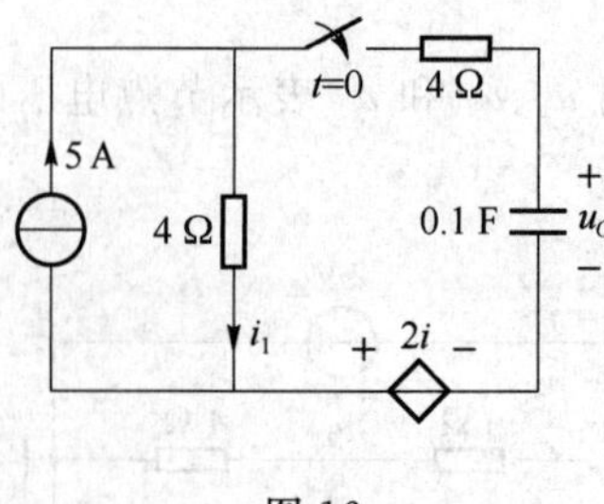

图 16

期中试题答案和解析

一、判断题

1. 错

此题考查关联参考方向的定义。

2. 对

此题考查元件的功率及其物理含义。

3. 对

此题考查电路变量的独立性。

4. 错

此题考查电路的线性性质及功率不满足叠加性。

5. 错

此题考查等效电路。

二、填空题

1. 4.32×10^{6} J

$$I=\frac{60}{12}=5\ \text{A}\qquad T=\frac{100}{5}=20\ \text{h}$$

$$W=\text{功率}\times\text{时间}=12\times5\times20\times60\times60=4.32\times10^{6}\ \text{J}$$

此题考查电路元件的功率、能量以及额定容量的概念。

2. 电荷

此题考查基尔霍夫电流定律，KCL的实质是电荷守恒定律。

3. $(1+\beta)R$

$$R_{\mathrm{i}}=\frac{u}{i}=\frac{(i+\beta i)R}{i}=(1+\beta)R$$

此题考查输入电阻的定义和计算方法。单口网络的输入电阻等于端口电压与电流的比值。当电压、电流为关联参考方向时，公式前取正号，否则取负号。

4. 1 Ω，1 W

负载电阻等于电源内阻时获得最大功率，最大功率为$\frac{u_s^2}{4R_s}=\frac{2^2}{4\times1}=1$ W。

此题考查最大功率传输定理。

5. $b-n+1$

此题考查电路的独立变量和独立方程数。

6. 功率平衡

此题考查特勒根定理。

7. 电场，$\frac{1}{2}Cu_C^2(t)$

此题考查电容元件的储能。

8. 4 μF

$$C_{ab}=12\,/\!/\,(3+4\,/\!/\,12)=12\,/\!/\left(3+\frac{4\times12}{4+12}\right)=12\,/\!/\,6=\frac{12\times6}{12+6}=4\ \mu\text{F}$$

此题考查电容元件的串并联等效。

三、计算题

此题考查线性电路的叠加性和齐次性。

解答：根据线性电路的齐次性和叠加性可知

$$i=K_1u_{s1}+K_2u_{s2}$$

将已知数据带入可得

$$\begin{cases}2.5=2K_1+5K_2\\0.3=0\cdot K_1+1\cdot K_2\end{cases}\Rightarrow\begin{cases}K_1=0.5\\K_2=0.3\end{cases}$$

所以 $$i=25K_1+10K_2=15.5\ \text{A}$$

四、计算题

此题考查电阻电路的等效变换。

解答：电路可等效为题解图 1 所示。

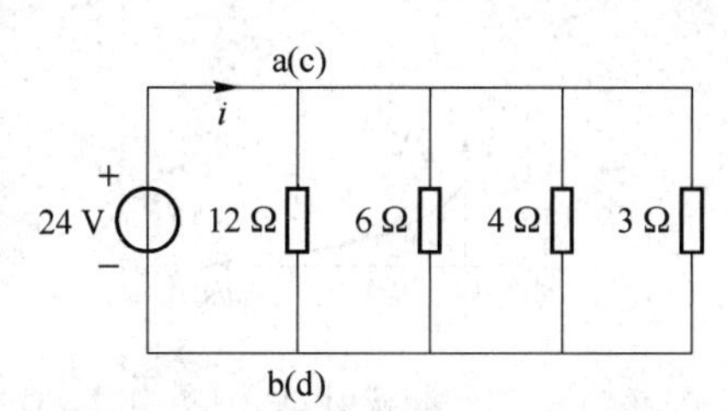

题解图 1

$$i=24\left(\frac{1}{3}+\frac{1}{4}+\frac{1}{6}+\frac{1}{12}\right)=20\ \text{A}$$

五、计算题

此题考查电阻电路的支路电流和元件功率的求解方法，注意本题是求解受控源的发出功率。

解答：

$$u=\frac{2}{1+2}\times6=4\ \text{V}$$

$$6=3i+0.5u=3i+0.5\times4=3i+2\Rightarrow i=\frac{4}{3}\ \text{A}$$

受控源发出的功率为 $$P=-0.5ui=-\frac{8}{3}\ \text{W}$$

六、计算画图题

此题考查单口网络的戴维南等效电路。

解答： 设 N 的等效电压源电路如题解图 2 虚线框所示。

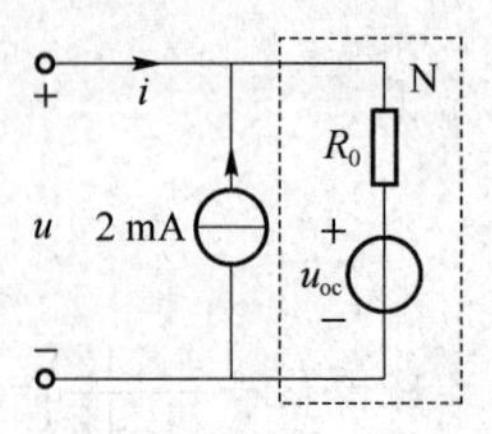

题解图 2

根据电路可得

$$u=(i+2\times10^{-3})R_0+u_{oc}=2\times10^3 i+10$$

所以

$$\begin{cases}R_0=2\ \text{k}\Omega\\ u_{oc}=6\ \text{V}\end{cases}$$

七、计算画图题

此题考查元件的电压和电流的约束关系。

解答：

$$i_L(t)=\frac{u_R(t)}{R}=0.1(1-e^{-100t})\ \text{A},\quad t>0$$

$$u_L(t)=L\,\frac{di_L(t)}{dt}=e^{-100t}\ \text{V},\quad t>0$$

波形如题解图 3 所示。

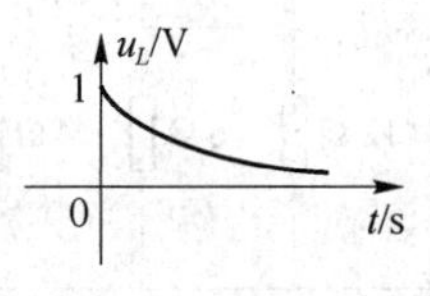

题解图 3

八、计算题

此题考查电路的节点电压方程，需要注意本题含有独立电压源支路。

解答：

$$\begin{cases}u_1=2\ \text{V}\\ -u_1+(1+1)u_2=1\\ -u_1+(1+1)u_3=-1-2\end{cases}$$

解得

$$\begin{cases}u_1=2\ \text{V}\\ u_2=1.5\ \text{V}\\ u_3=-0.5\ \text{V}\end{cases}$$

九、列写方程题

此题考查电路的网孔电流方程，在列写网孔电流方程时要注意受控源的控制量与网孔电流之间的约束关系。

解答：

$$\begin{cases}(4+2)i_{m1}-2i_{m2}=10\\-2i_{m1}+(1+1+2)i_{m2}-i_{m3}=2u_1\\-i_{m2}+(1+1)i_{m3}=-2u_1\end{cases}$$

受控源控制量与求解量的关系：

$$u_1=2(i_{m1}-i_{m2})$$

十、计算题

此题考查戴维南定理在最大功率传输问题中的应用。

解答：从 a、b 端看的戴维南等效电路：

$$u_{oc}=-\frac{8}{9}\ \text{V},\quad R_o=\frac{5}{9}\ \Omega$$

从 c、d 端看的戴维南等效电路：

$$u_{oc}=\frac{6}{9}\ \text{V},\quad R_o=2\ \Omega$$

由此可知，a、b 端的电源电压更大，内阻更小，所以应选择将负载电阻接在 a、b 端。

十一、计算画图题

此题考查一阶动态电路零状态响应的求解方法。

解答：(1) 先求稳态值 $u_C(\infty)$。

电路达稳态时，电容开路，所以 $i_1=5$ A。

$$u_C(\infty)=4i_1+2i_1=6i_1=6\times5=30\ \text{V}$$

再求时间常数 τ。除源，然后利用外加电源法求与电容连接的等效电阻 R_{eq}，如题解图 4 所示。

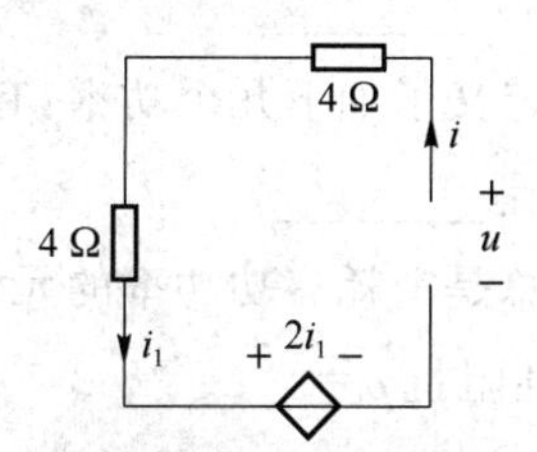

题解图 4

$$R_{eq}=\frac{u}{i}=\frac{8i_1+2i_1}{i_1}=10\ \Omega$$

$$\tau=R_{eq}C=10\times0.1=1\ \text{s}$$

$$u_C(t)=u_C(\infty)(1-e^{-\frac{t}{\tau}})=30(1-e^{-t})\ \text{V},\quad t\geqslant0$$

波形如题解图 5 所示。

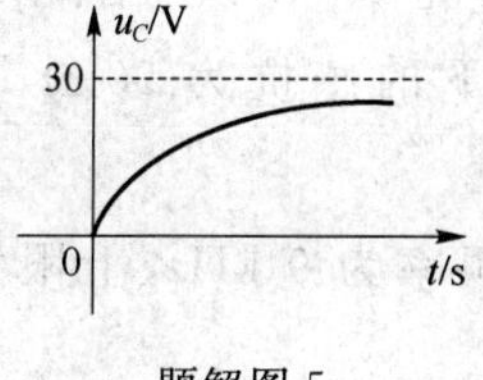

题解图 5

（2）由电路结构可知

$$i_1(t)=5-C\frac{\mathrm{d}u_C(t)}{\mathrm{d}t}=(5-3\mathrm{e}^{-t})\,\mathrm{A},\quad t\geqslant 0$$

期末试题

一、填空题：把答案填在题中空格处（本大题共 15 个空格，每空 1 分，共 15 分）

1. 电路的理想化是有条件的，这个条件与所分析电路的工作特点有关。集总参数电路假设实际电路的尺寸远________（大/小）于电路工作时的电磁波波长。

2. 对于理想电压源而言，不允许________（短/断）路。

3. 对于具有 n 个节点、b 条支路的平面电路，可列出________个独立的 KCL 方程。

4. 互易性表示一个网络的激励和响应互换位置时，相同激励下的响应________。

5. 在电路中有许多电路元件成对偶关系，例如电阻 R 与电导 G，那么电容 C 的对偶元件是________。

6. 所有储能元件初始状态为零的电路对激励的响应称为________响应。

7. 当二阶电路无外加激励，仅有初始储能时，若特征根为两个不等负实根，电路过渡过程处于________状态。

8. 二阶 RLC 串联电路，当 $R=$________时，电路发生等幅振荡。

9. 在正弦稳态电路中，若设某电感元件两端的电压 $u_L(t)$ 与流过该电感的电流 $i_L(t)$ 为非关联参考方向，则 $i_L(t)$ 超前 $u_L(t)$________。

10. 在正弦交流稳态电路中，定义了如下几个功率：有功功率、无功功率、复功率和视在功率，其中不满足功率守恒定律的是________。

11. 在正弦交流稳态电路中，总是消耗有功功率的元件是________。

12. RLC 串联谐振电路的特性阻抗 $\rho=$________。

13. 理想变压器吸收的瞬时功率为________。

14. 若正序对称三相电源电压 $u_A=U_m\cos\left(\omega t+\frac{\pi}{2}\right)$，则 $u_B=$________。

15. 信号 $i_s=(1+\sqrt{2}\sin 1\,000t)\,\mathrm{A}$ 的平均值为________。

二、填空题：把答案填在题中空格处（本大题共 10 个空格，每空 2 分，共 20 分）

1. 已知 $R=10\ \Omega$，$L=2\ \mathrm{H}$ 的一阶电路，其时间常数 $\tau=$________。

2. 已知某电容 $C=4\ \mathrm{F}$，端电压 $u_C=3\ \mathrm{V}$，该电容此刻所储存的电场能为________。

3. 已知某电感在 3 次谐波下的感抗为 90 Ω，则该电感在 5 次谐波下的感抗为________。

4. 某谐振电路的下限截止频率为 9 kHz，上限截止频率为 11 kHz，则品质因数 $Q\approx$________。

5. 图 1 所示电路中，放大器的输出电阻为 800 Ω，为了给一个 8 Ω 的扬声器提供最大功率，匹配的理想变压器的匝数比应为________：1。

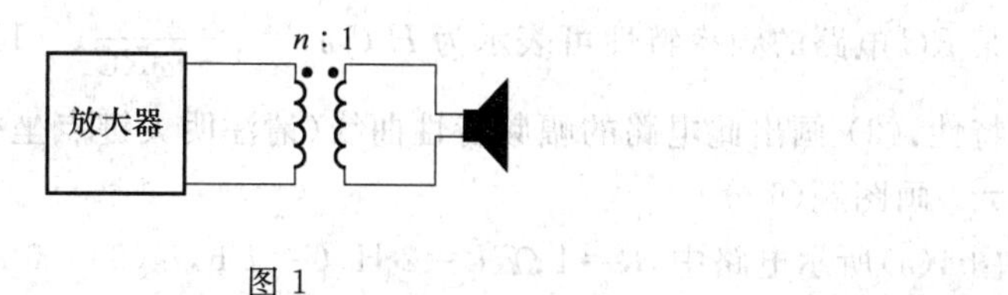

图 1

6. 已知某星形连接的对称三相负载，每相电阻为 11 Ω，电流为 20 A，三相负载的线电压为________。

7. 已知交流电路的电源频率为 50 Hz，$R=30\ \Omega$，$L=0.127$ H 的 RL 串联电路的功率因数为________。

8. 已知 $i_s=(1+\sqrt{2}\sin 1\,000t)$ A，则该电流的有效值为________。

9. 两个互感线圈顺、反向串联时的等效电感分别为 $L_{顺}$ 和 $L_{反}$，则互感可以用 $L_{顺}$、$L_{反}$ 表示为 $M=$________。

10. 已知 RC 并联电路在 $f_1=50$ Hz 时，等效导纳 $Y_1=(2+\mathrm{j}4)$ S，那么当外加输入电源频率变为 $f_2=150$ Hz 时，该 RC 并联电路的等效导纳 $Y_2=$________。

三、计算题(5 分)

电路如图 2 所示，请将下列节点电压方程和辅助方程补充完整。

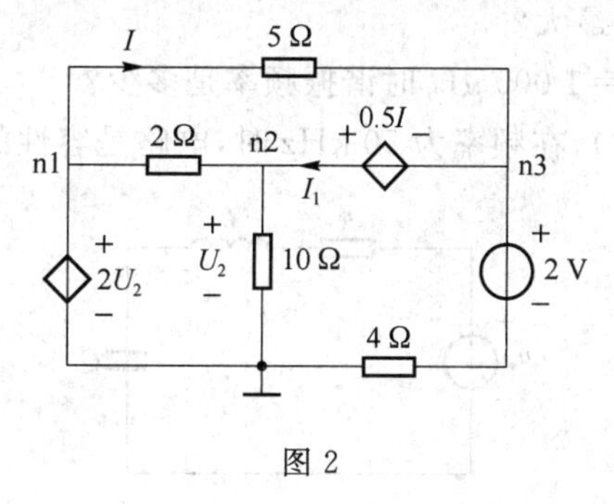

图 2

节点电压方程：

$$\begin{cases} u_{n1}=2U_2 \\ (\qquad)u_{n1}+(\qquad)u_{n2}=I_1 \\ (\qquad)u_{n1}+(\qquad)u_{n3}=-I_1+0.5 \end{cases}$$

辅助方程：

$$\begin{cases} U_2=u_{n2} \\ I=(\qquad) \\ u_{n2}-u_{n3}=0.5I \end{cases}$$

四、画图题(6 分)

已知某单口网络的端口 u-i 特性曲线如图 3 所示，请画出该单口网络的等效电路。

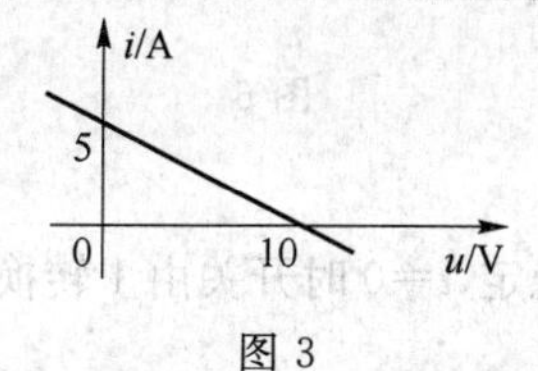

图 3

五、计算画图题（6 分）

某 RC 电路的频率特性可表示为 $H(\mathrm{j}\omega)=\dfrac{1}{1+\mathrm{j}\omega RC}$。(1) 请写出此电路的幅频特性和相频特性；(2) 画出此电路的幅频特性曲线（请注明关键点坐标）。

六、画图题（6 分）

图 4(a)所示电路中，$R=1\ \Omega$，$L=2\ \mathrm{H}$，$C=1\ \mathrm{F}$，$i_L(0)=0\ \mathrm{A}$，若电路的输入电压波形如图 4(b)所示，试画出 $0\ \mathrm{s}\leqslant t<2\ \mathrm{s}$ 的 $i_R(t)$、$i_L(t)$ 和 $i_C(t)$ 波形（请注明关键点坐标值）。

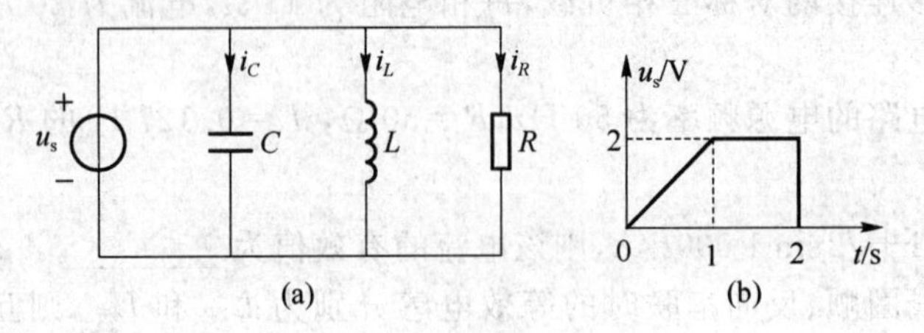

图 4

七、问答题（8 分）

RLC 串联电路如图 5 所示，请解答如下问题：

(1) 串联谐振的条件是什么？

(2) 为什么谐振时电流最大？

(3) 当 $C=1\ 000\ \mathrm{pF}$，$L=1\ 000\ \mu\mathrm{H}$ 时谐振频率是多少？

(4) C 和 L 的参数同(3)，在频率为 50 kHz 时，电路是容性的还是感性的？

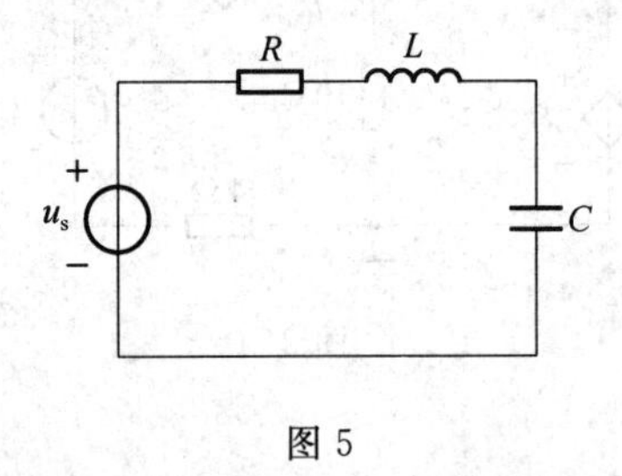

图 5

八、计算题（8 分）

在图 6 所示电路中，利用叠加定理求电流 I。

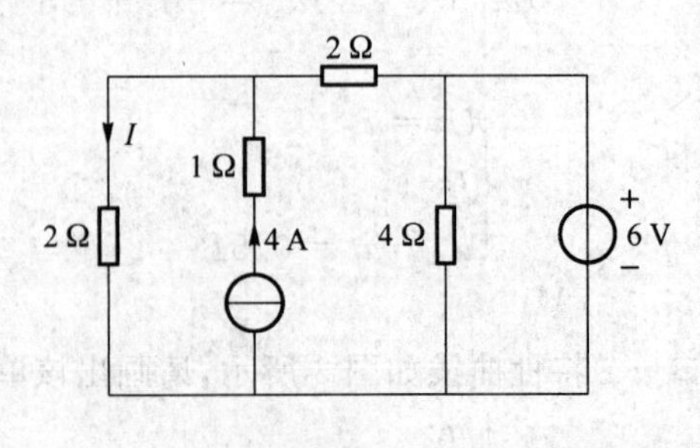

图 6

九、计算题（10 分）

电路如图 7 所示，$t<0$ 时已经稳定，$t=0$ 时开关由 1 转换到 2，求 $t>0$ 时的电容电压 $u_C(t)$。

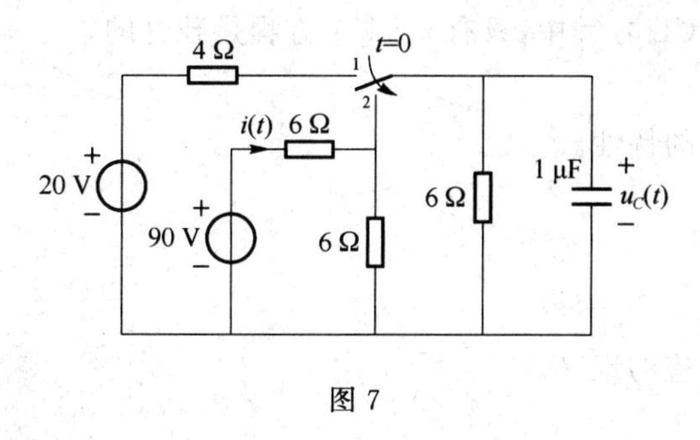

图 7

十、计算题(10 分)

图 8 所示正弦稳态电路中,已知$\dot{U}_s=24\angle 0^\circ$ V,$R=10$ kΩ,$X_C=-5$ kΩ,$X_L=20$ kΩ,求负载 Z_L 获得最大功率的条件及最大功率值 P_{max}。

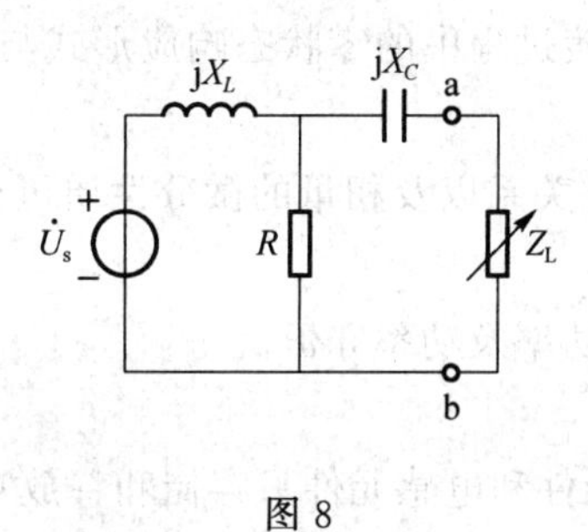

图 8

十一、计算题(6 分)

求图 9 所示电路的 Y 参数。

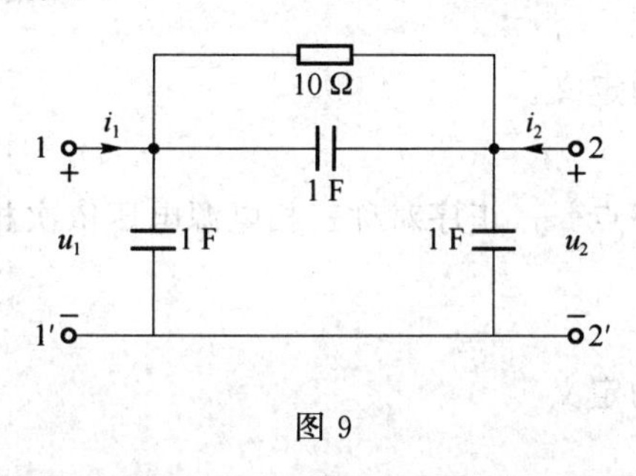

图 9

期末试题答案和解析

一、填空题

1. 小

当实际电路的尺寸远小于电路最高工作频率所对应的波长时,可以用集总参数理论对电路进行近似分析。

2. 短

理想电压源两端的电压是确定的值,短路时流过电压源的电流将为无穷大,电压源会被烧坏。

3. $n-1$

具有 n 个节点的 KCL 方程中，只有 $n-1$ 个方程是独立的。

4. 不变

此题考查互易网络的特性。

5. 电感 L

此题考查对偶关系。

6. 零状态

此题考查零状态响应的定义。

7. 过阻尼

此题考查二阶动态电路的零状态响应形式(过阻尼、欠阻尼、无阻尼、临界阻尼)与特征根的关系。

8. 0

此题考查二阶动态电路过渡过程中的零状态响应形式与特征根(电路参数)的关系。

9. 90°

根据电感元件的时域 VCR 关系以及相量的微分性质可得结果。

10. 视在功率

此题考查正弦稳态电路的功率及功率守恒。

11. 电阻元件

电阻元件消耗功率，电容元件和电感元件只存储和释放功率。

12. $\sqrt{L/C}$

此题考查 RLC 串联谐振电路特性阻抗的定义。

13. 0

此题考查理想变压器的定义。

14. $U_{\mathrm{m}}\cos(\omega t-\pi/6)$

此题考查三相电路的特点——正序对称三相电源电压依次相差 120°。

15. 1 A 或 $\left(\frac{1}{2}+\frac{2}{\pi}\right)$ A

此题考查信号平均值的定义。

二、填空题

1. 0.2 s

此题考查一阶电路时间常数的计算。对于 RL 电路，$\tau=\frac{L}{R}$。

2. 18 J

此题考查电容元件的储能。$w_C(t)=\frac{1}{2}Cu_C^2(t)$。

3. 150 Ω

此题考查电感元件的阻抗和频率的关系。

4. 5

此题考查二阶动态电路品质因数和带宽的关系。

5. 10

此题考查最大功率传输定理以及理想变压器的阻抗变换性质。

6. 381 V

此题考查星形对称三相电路中相电压与线电压的关系。

7. 0.6

此题考查电路功率因数的概念。

8. $\sqrt{2}$ A

此题考查有效值的概念。

9. $(L_{顺}-L_{反})/4$

此题考查电感的连接关系和电感的等效。

10. (2+j12) S

此题考查导纳的电导分量和电纳分量与频率的关系。

三、计算题

此题考查电路的节点电压方程，注意此题包括受控源和受控源接在非参考节点之间的支路情况。

解答：节点电压方程：

$$\begin{cases} u_{n1}=2U_2 \\ \left(-\frac{1}{2}\right)u_{n1}+\left(\frac{1}{2}+\frac{1}{10}\right)u_{n2}=I_1 \\ \left(-\frac{1}{5}\right)u_{n1}+\left(\frac{1}{5}+\frac{1}{4}\right)u_{n3}=-I_1+0.5 \end{cases}$$

辅助方程：

$$\begin{cases} U_2=u_{n2} \\ I=\frac{u_{n1}-u_{n3}}{5} \\ u_{n2}-u_{n3}=0.5I \end{cases}$$

四、画图题

此题考查单口网络的电压电流关系与其等效电路的对应，注意含源单口网络戴维南等效电路和诺顿等效电路的应用。

解答：由题图可知 $u_{oc}=10$ V， $i_{sc}=5$ A

端口的电压电流关系为 $i=5-\frac{u}{2}$ 或者 $u=10-2i$

对应的等效电路分别如题解图 1(a)、(b)所示。

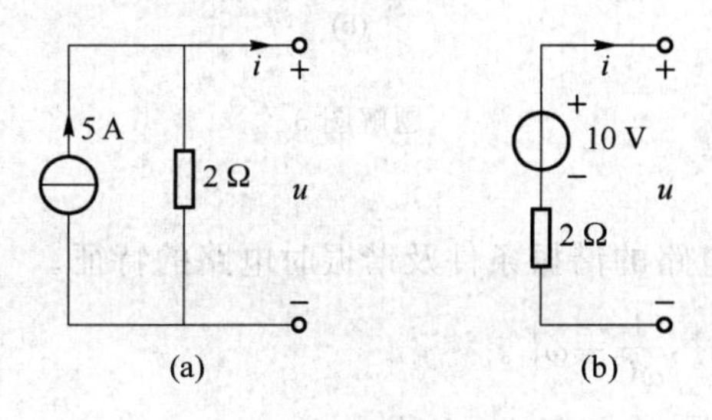

题解图 1

五、计算画图题

此题考查电路的网络函数，其模随频率的变化关系是幅频特性(曲线)，其辐角随频率的变化关系是相频特性(曲线)。

解答：(1) 幅频特性：$\dfrac{1}{\sqrt{1+(\omega RC)^2}}$

相频特性：$-\arctan \omega RC$

(2) 幅频特性曲线如题解图 2 所示。

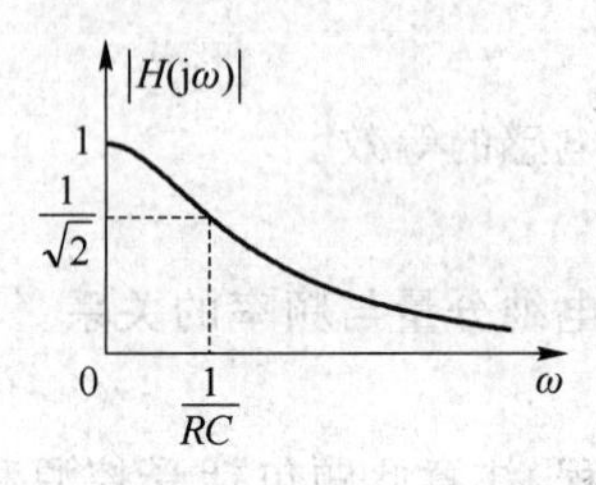

题解图 2

六、画图题

此题考查电路元件的伏安特性关系，注意动态元件电压电流的微积分关系。

解答：

电阻元件：
$$i_R=\frac{u_s}{R}=\begin{cases}2t\ \text{A}, & 0\ \text{s}<t\leqslant 1\ \text{s}\\ 2\ \text{A}, & 1\ \text{s}<t\leqslant 2\ \text{s}\\ 0\ \text{A}, & t>2\ \text{s}\end{cases}$$

电容元件：
$$i_C=C\frac{\mathrm{d}u_s}{\mathrm{d}t}=\begin{cases}2\ \text{A}, & 0\ \text{s}<t\leqslant 1\ \text{s}\\ 0\ \text{A}, & 1\ \text{s}<t\leqslant 2\ \text{s}\\ 0\ \text{A}, & t>2\ \text{s}\end{cases}$$

电感元件：
$$i_L=\frac{1}{L}\int_{-\infty}^{t}u_s(\tau)\mathrm{d}\tau=\begin{cases}0.5t^2\ \text{A}, & 0\ \text{s}<t\leqslant 1\ \text{s}\\ [0.5+(t-1)]\ \text{A}, & 1\ \text{s}<t\leqslant 2\ \text{s}\\ 1.5\ \text{A}, & t>2\ \text{s}\end{cases}$$

波形分别如题解图 3(a)、(b)、(c)所示。

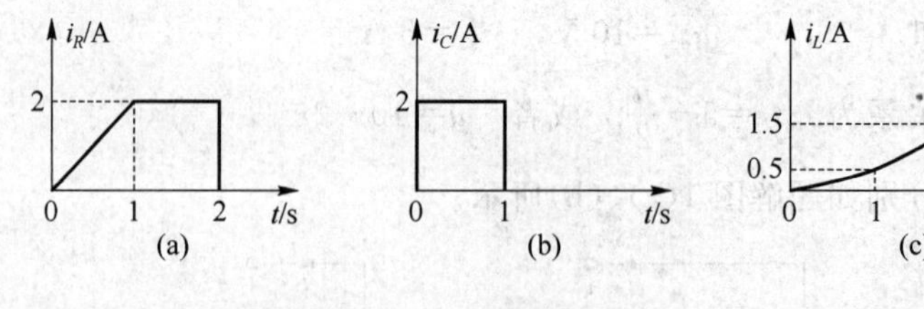

题解图 3

七、问答题

此题考查 RLC 串联电路的谐振条件及谐振时电路的特征。

解答：(1) 串联谐振时，$\dfrac{1}{\omega C}=\omega L$。

(2) 由于阻抗最小，所以电流最大。

(3) $\omega_0=\dfrac{1}{\sqrt{LC}}=10^6$ rad/s，或者 $f_0=\dfrac{1}{2\pi\sqrt{LC}}=159$ kHz。

(4) 当频率为 50 kHz 时，$\dfrac{1}{\omega C}>\omega L$，所以电路是容性的。

八、计算题

此题考查叠加定理及其在求解电路响应中的应用。

解答：电压源和电流源分别单独作用时的电路如题解图 4(a)、(b)所示。

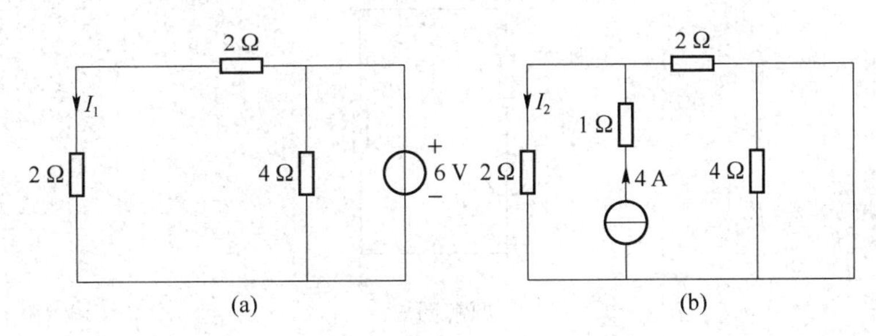

题解图 4

由图(a)可得

$$I_1=\frac{6}{2+2}=1.5\ \text{A}$$

由图(b)可得

$$I_2=4\times\frac{1/2}{1/2+1/2}=2\ \text{A}$$

利用叠加定理可得总电流

$$I=I_1+I_2=3.5\ \text{A}$$

九、计算题

此题考查求解一阶动态电路响应的三要素法。

解答：(1) 求初始值

$t<0$ 时，电路处于稳态，电容开路，所以

$$u_C(0^-)=\frac{20}{4+6}\times 6=12\ \text{V}$$

根据换路定则，得

$$u_C(0^+)=u_C(0^-)=12\ \text{V}$$

(2) 求稳态值

$t\to\infty$，电路再达稳态，电容开路，所以

$$u_C(\infty)=\frac{90}{6+6/\!/6}\times(6/\!/6)=30\ \text{V}$$

(3) 求时间常数

从电容两端看的等效电阻为

$$R_{eq}=6/\!/6/\!/6=2\ \Omega$$

时间常数为

$$\tau=R_{eq}C=2\ \mu\text{s}$$

(4) 将上述所求值带入三要素公式即可得电路的响应。

$$u_C(t)=u_C(\infty)-[u_C(0^+)-u_C(\infty)]\mathrm{e}^{-\frac{t}{\tau}}=(30-18\mathrm{e}^{-5\times10^5t})\ \mathrm{V}$$

十、计算题

此题考查正弦稳态电路的最大功率传输定理。注意戴维南等效电路模型、等效参数求解方法以及在最大功率传输定理中的应用。

解答: (1) 求 a、b 左端单口网络的戴维南等效电路,如题解图 5 所示。

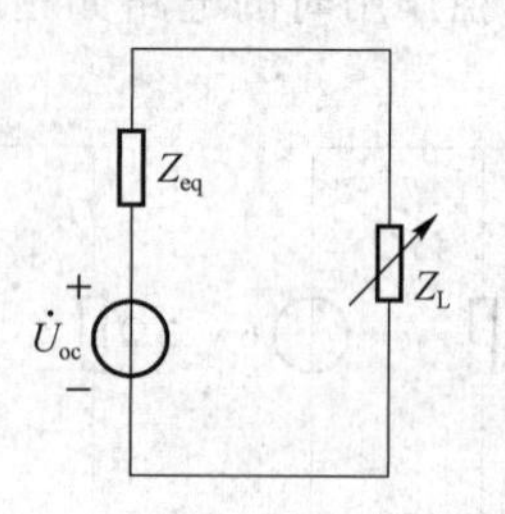

题解图 5

其中,$\dot{U}_{oc}=\frac{\dot{U}_s R}{R+\mathrm{j}X_L}=\frac{24}{1+\mathrm{j}2}=\frac{24}{\sqrt{5}}\angle-63.43°\ \mathrm{V}$,$Z_{eq}=\mathrm{j}X_C+\frac{R\cdot\mathrm{j}X_L}{R+\mathrm{j}X_L}=(8-\mathrm{j}1)\ \mathrm{k\Omega}$

当 $Z_L=Z_{eq}^*$ 时,Z_L 获得最大功率。

(2) 最大功率为 $P_{max}=\frac{U_{oc}^2}{4R_{eq}}=3.6\ \mathrm{mW}$。

进一步讨论:若将电路中的电容和电感位置互换,则戴维南等效电路的参数为

$$\dot{U}_{oc}=\frac{\dot{U}_s R}{R+\mathrm{j}X_C}=\frac{48}{2-\mathrm{j}}=\frac{48}{\sqrt{5}}\angle26.57°\ \mathrm{V},\quad Z_{eq}=\mathrm{j}X_L+\frac{R\cdot\mathrm{j}X_C}{R+\mathrm{j}X_C}=(2+\mathrm{j}16)\ \mathrm{k\Omega}$$

此时负载获得的最大功率为

$$P_{max}=\frac{U_{oc}^2}{4R_{eq}}=\frac{288}{5}\ \mathrm{mW}=57.6\ \mathrm{mW}$$

十一、计算题

此题考查二端口网络 Y 参数的定义和求解方法。由于此电路是互易电路,且其结构具有对称性,所以根据互易二端口网络和对称二端口网络各参数的性质,可以简化求解过程。

解答: 解法一:利用公式计算。画出电路的相量模型,如题解图 6 所示。

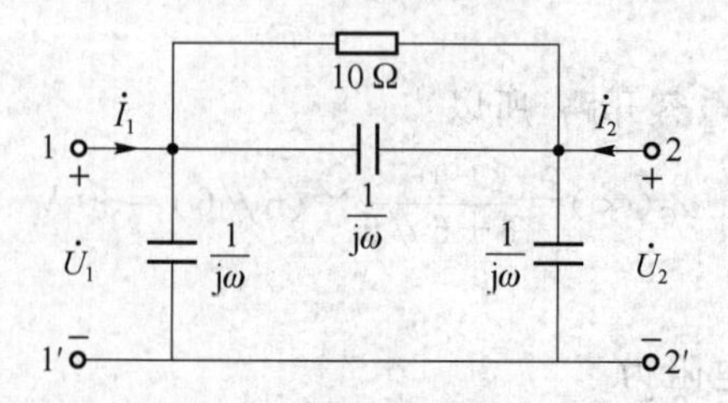

题解图 6

根据各个 Y 参数的计算公式可求得

$$Y_{11}=\left.\frac{\dot{I}_1}{\dot{U}_1}\right|_{\dot{U}_2=0}=\frac{1}{10}+\mathrm{j}2\omega,\qquad Y_{21}=\left.\frac{\dot{I}_2}{\dot{U}_1}\right|_{\dot{U}_2=0}=-\left(\frac{1}{10}+\mathrm{j}\omega\right)$$

$$Y_{12}=\left.\frac{\dot{I}_1}{\dot{U}_2}\right|_{\dot{U}_1=0}=-\left(\frac{1}{10}+\mathrm{j}\omega\right),\quad Y_{22}=\left.\frac{\dot{I}_2}{\dot{U}_2}\right|_{\dot{U}_1=0}=\frac{1}{10}+\mathrm{j}2\omega$$

注意:如果题中没有给出激励的频率,则以 ω 表示。

解法二:此题也可以通过列写两个端口的电压电流关系求得 Y 参数。由题解图 6 知

$$\dot{I}_1=\mathrm{j}\omega\dot{U}_1+\left(\frac{1}{10}+\mathrm{j}\omega\right)(\dot{U}_1-\dot{U}_2)=\left(\frac{1}{10}+\mathrm{j}2\omega\right)\dot{U}_1-\left(\frac{1}{10}+\mathrm{j}\omega\right)\dot{U}_2$$

$$\dot{I}_2=\mathrm{j}\omega\dot{U}_2+\left(\frac{1}{10}+\mathrm{j}\omega\right)(\dot{U}_2-\dot{U}_1)=\left(\frac{1}{10}+\mathrm{j}2\omega\right)\dot{U}_2-\left(\frac{1}{10}+\mathrm{j}\omega\right)\dot{U}_1$$

将上述二式与 Y 参数方程对比即可得 4 个 Y 参数。

2011年考试试题、答案和解析

期中试题

一、填空题(每空2分,共32分)

1. 具有n个节点、b条支路的集总参数电路,可以列写出________个独立的KCL方程,可以列写出________个独立的KVL方程。

2. 如果磁链单位为韦伯,电流单位为安培,则电感的单位为________(中文名)。

3. 对理想元件来说,电阻元件只反映________的性质,电感元件只反映________________的性质。

(提示:a. 储存磁场能量,b. 储存电场能量,c. 消耗电能)

4. 在进行电路分析时,首先要选定电压、电流的参考方向,理论上电压、电流的参考方向可以任意选定,但为了分析问题的方便,通常将电压、电流的参考方向选为关联参考方向,即电流从电压的________端流到电压的________端。(提示:正、负极性)

5. 图1所示电路中的电流$i=$________,电压$u_s=$________。

6. 图2所示电路中,当$t>0$时,若电感电流$i_L(t)=5e^{-4t}$ A,则当$t>0$时,端口电压$u(t)=$________,电阻电流$i_R(t)=$________。

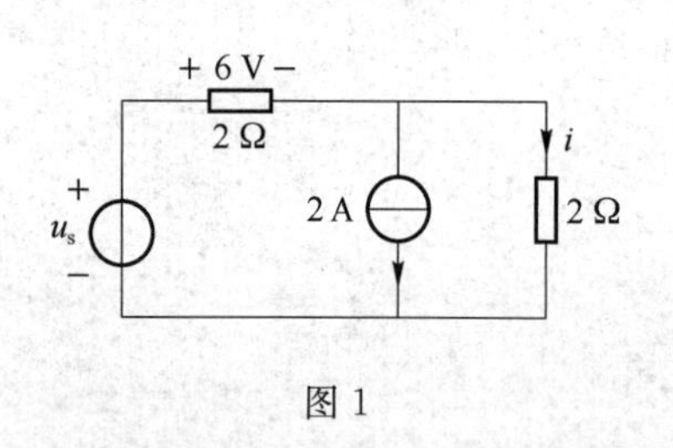

图1

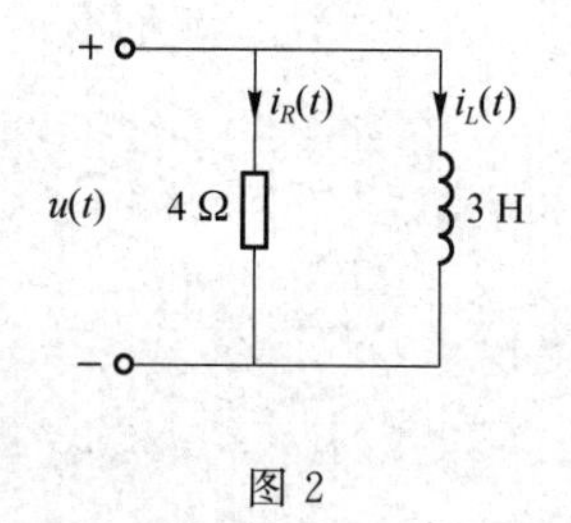

图2

7. 电路如图3所示,a、b端的等效电阻R_{ab}等于________。

8. 图4所示电路中,电压u等于________。

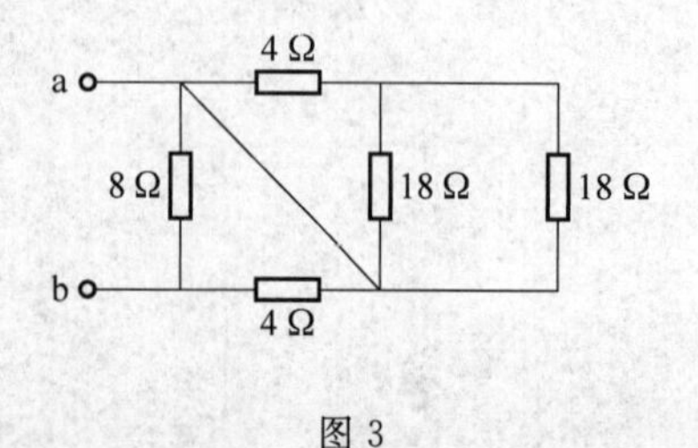

图3

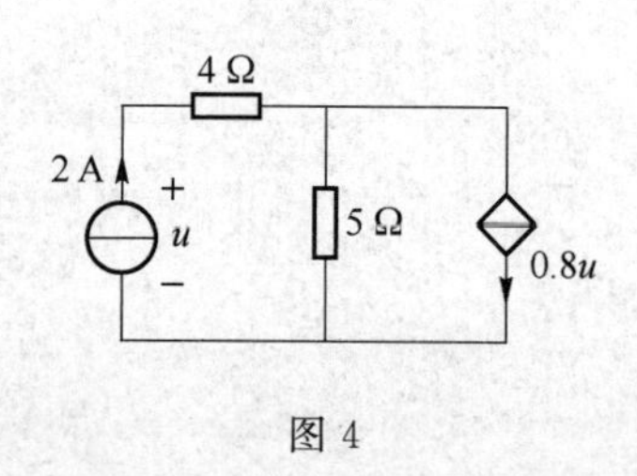

图4

9. 图5所示电路已达稳定状态,此时电容支路电流$i=$________,电容元件内储存的电

场能量 $w_C=$________。

10. 图 6 所示是某电路中的一段电路，这段电路的 VCR 关系(即电压 u 和电流 i 的约束关系)为________________。

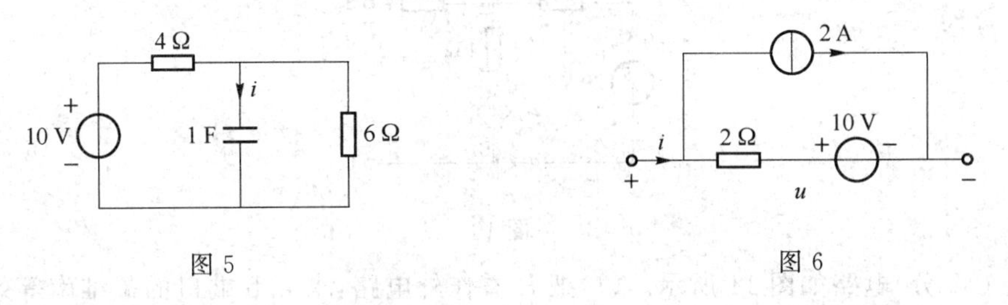

图 5　　　　　　　　　　　图 6

二、(6 分)电路如图 7 所示，求电流 i。(要求采用电源等效变换及列写 KCL 和 KVL 方程的方法。)

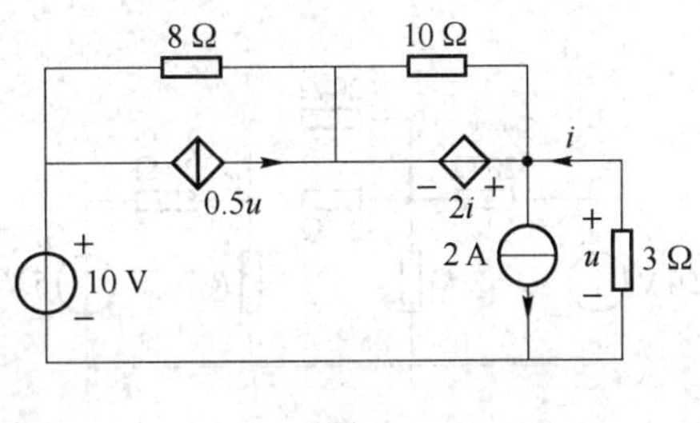

图 7

三、(6 分)电路如图 8 所示，N(指方框内部)仅由电阻组成，对于不同的输入直流电压 u_s 及不同的 R_1、R_2 值进行了两次测量，得到下列数据：(1) $R_1=R_2=2\ \Omega$，$u_s=8$ V 时，$i_1=2$ A，$u_2=2$ V；(2) $R_1=1.4\ \Omega$，$R_2=0.8\ \Omega$，$\hat{u}_s=9$ V 时，$\hat{i}_1=3$ A。求 $\hat{u}_2$ 的值。

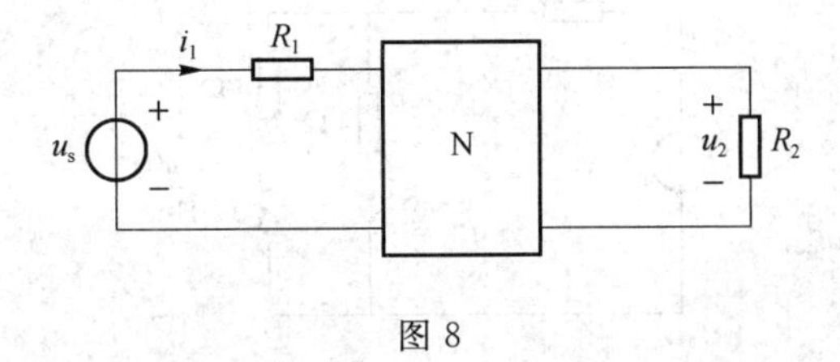

图 8

四、(6 分)电路如图 9 所示，b 端电位为 −160 V，c 端电位为 20 V，用节点电压法求 a 点电位 u_a 和电流 i。

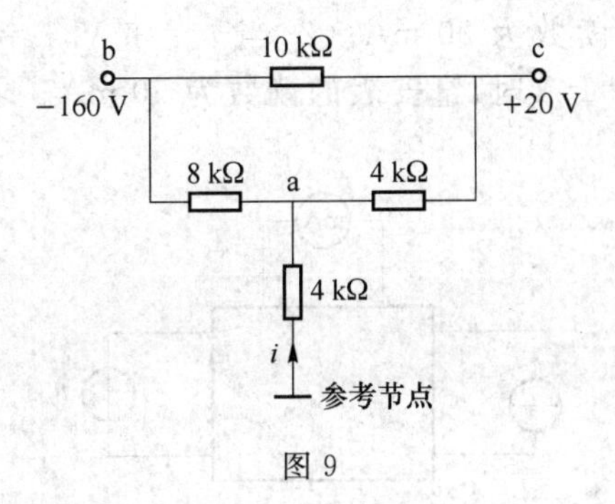

图 9

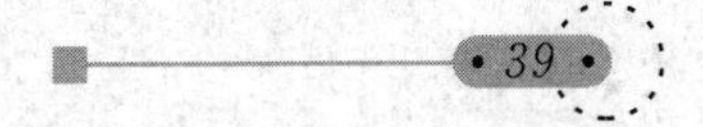

五、(10分)电路如图10所示。(1)求单口网络的诺顿等效电路参数 i_{sc} 和 R_{eq}；(2)画出此单口网络的诺顿等效电路。

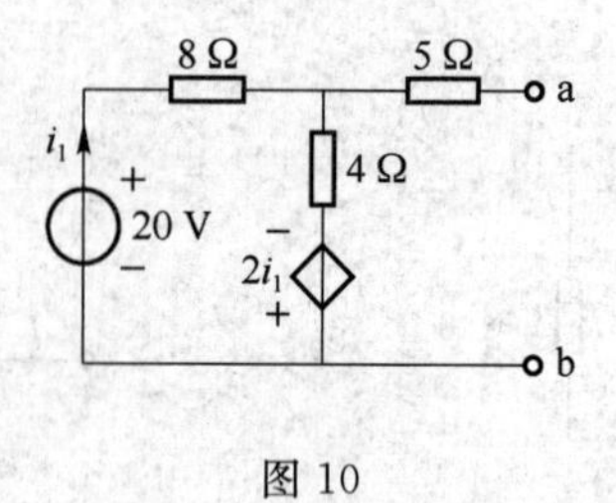

图10

六、(12分)电路如图11所示。(1)把 R 看作外电路，求a、b端口的戴维南等效电路参数并画出等效电路；(2)求当 R 为多大时吸收功率最大，并求最大功率 P_{max}；(3)若 $R=80\ \Omega$，欲使 R 中电流为零，则a、b间应该并联一个什么理想元件(非动态元件)？其参数多大？画出接上理想元件的电路图。

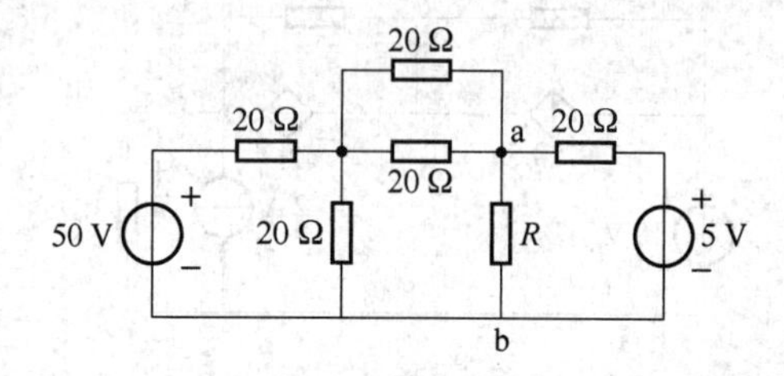

图11

七、(12分)电路如图12所示，$t=0$ 时开关S闭合，闭合前电路已达稳态。(1)求 $t \geqslant 0^+$ 时的 $u(t)$(用三要素法)；(2)画出 $u(t)$ 的波形。

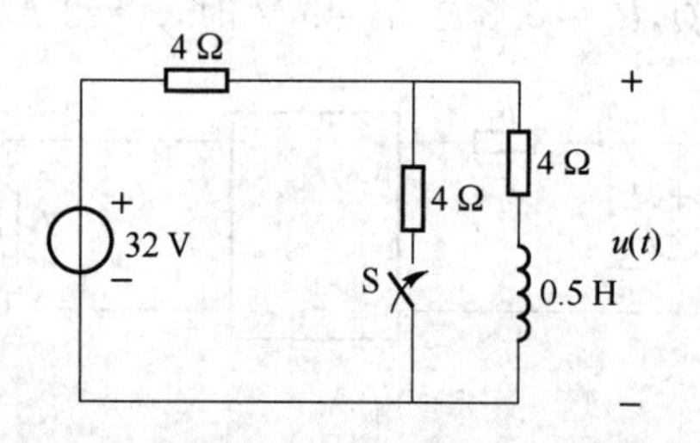

图12

八、(10分)图13所示电路中，N_s 是一个含独立电源的线性电阻电路，已知：(1)当 u_s、i_s 均为零时，毫安表的读数为20 mA；(2)当 $u_s=5\ V$，$i_s=0\ A$ 时，毫安表的读数为70 mA；(3)当 $u_s=0\ V$，$i_s=1\ A$ 时，毫安表的读数为50 mA。求当 $u_s=3\ V$，$i_s=-2\ A$ 时毫安表的读数。

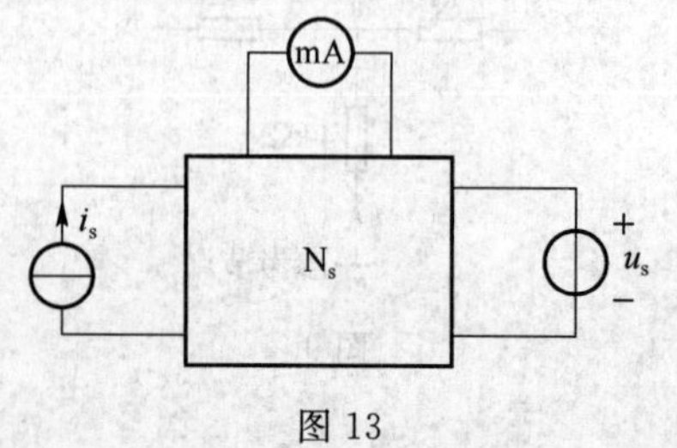

图13

九、(6分)电路如图14所示，已知 $i_R(t)$ 的波形如图15所示，求 $i_C(t)$ 并画出其波形。

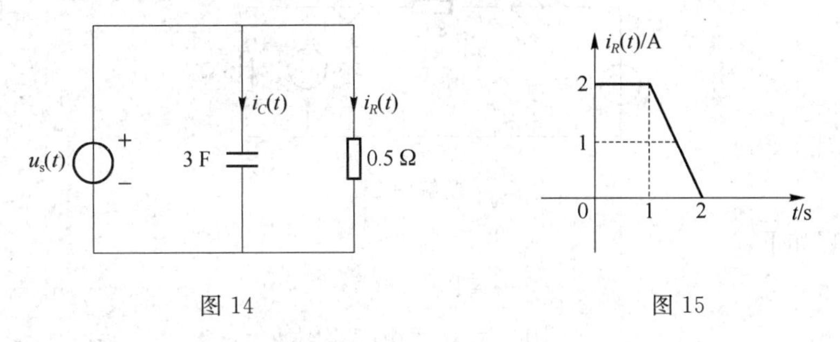

图14　　　　图15

期中试题答案和解析

一、填空题

1. $n-1, b-n+1$

此题考查电路的拓扑结构与独立方程数的关系。

2. 亨利

此题考查有关电感的基本知识。

3. 消耗电能，储存磁场能量

此题考查电阻元件和电感元件的基本性质。

4. 正极性，负极性

此题考查关联参考方向的概念。

5. 1 A，8 V

此题考查应用KCL、KVL、VCR对简单电路进行分析计算。

6. $-60e^{-40t}$ V，$-15e^{-40t}$ A

此题考查电阻、电感元件的VCR。

7. $\frac{8}{3}$ Ω

此题考查电阻电路的串并联等效变换。

8. 3.6 V

此题考查含受控源电路的分析计算。

9. 0 A，18 J

此题考查电容元件的基本特性及在直流稳态情况下的处理。

10. $u=6+2i$

此题考查支路的电压电流关系。

二、此题考查利用电源等效变换进行简单电路分析计算的能力。首先利用电源等效变换简化电路，再根据简化后的电路列写KCL和KVL方程。列写方程时注意电压和电流的方向。

解答： 将受控电流源与电阻并联的支路等效变换为受控电压源与电阻串联的支路，而与受控源并联的电阻则忽略，由此得等效变换后的电路如题解图1所示。

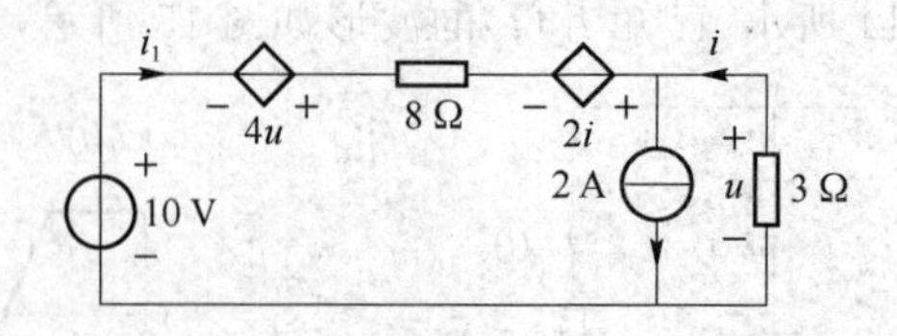

题解图 1

列写方程如下：

$$\begin{cases} i_1+i=2 \\ 10=-4u+8i_1-2i+u \\ u=-3i \end{cases}$$

联立求解可得 $$i=6\ \text{A}$$

三、此题考查特勒根定理 2 的应用。先确定端口电压、电流的参考方向，然后利用特勒根定理 2 列写端口电压电流方程对电路进行求解。

解答：u_1 和 i_2 的参考方向如题解图 2 所示。

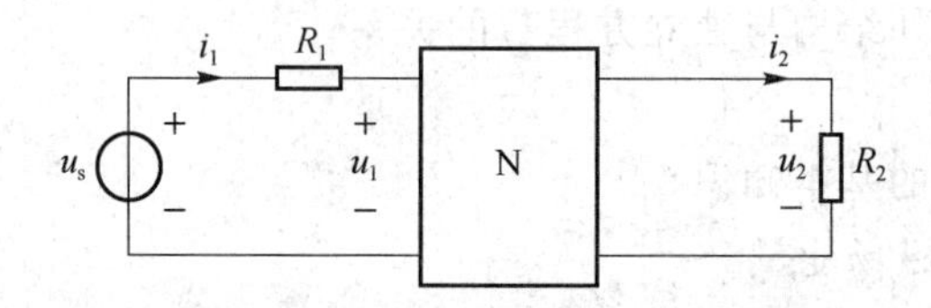

题解图 2

$$u_1=u_s-R_1i_1=8-2\times2=4\ \text{V}$$

$$\hat{u}_1=\hat{u}_s-\hat{R}_1\hat{i}_1=9-1.4\times3=4.8\ \text{V}$$

根据特勒根定理 2，列方程如下：

$$-u_1\hat{i}_1+u_2\hat{i}_2=-\hat{u}_1i_1+\hat{u}_2i_2$$

代入数据得

$$-4\times3+2\times\frac{\hat{u}_2}{0.8}=-4.8\times2+\hat{u}_2\times\frac{u_2}{R_2}$$

解得

$$\hat{u}_2=1.6\ \text{V}$$

四、此题考查节点电压法、电位的概念及其在电路分析中的处理方法。b、c 点的电位可转换为电压源，即在 b、c 点与参考点之间各有一个 −160 V 和 20 V 的电压源。

解答：对 a 节点列写电压方程：

$$\left(\frac{1}{8}+\frac{1}{4}+\frac{1}{4}\right)u_a-\frac{1}{4}\times20-\frac{1}{8}\times(-160)=0$$

解得

$$u_a=-24\ \text{V}$$

$$i=-\frac{u_a}{4\times10^3}=6\ \text{m}A$$

五、此题考查诺顿定理的相关知识。可先利用 KCL、KVL、VCR 等列写方程求出短路电流，利用短路电流法求等效电阻，然后画出诺顿等效电路。也可以用外加电源法求等效电阻，或者先求出开路电压，再通过电源等效变换求短路电流。

解答：解法一：先求短路电流，电路如题解图3(a)所示。

列方程如下：

$$\begin{cases} i_1=i_2+i_{sc} \\ 4i_2-2i_1=5i_{sc} \\ 20=8i_1+5i_{sc} \end{cases}$$

联立求解得

$$i_{sc}=\frac{20}{41}\text{ A}$$

再求开路电压。对左边回路列写KVL方程：

$$8i_1+4i_1-2i_1=20$$

解得

$$i_1=2\text{ A}$$

$$u_{oc}=4i_1-2i_1=4\text{ V}$$

根据开路电压和短路电流的方向可得等效电阻为

$$R_{eq}=\frac{u_{oc}}{i_{sc}}=\frac{41}{5}\ \Omega$$

诺顿等效电路如题解图3(b)所示。

解法二：利用外加电源法求等效电阻，此时应将内部独立源置零。电路如题解图3(c)所示。

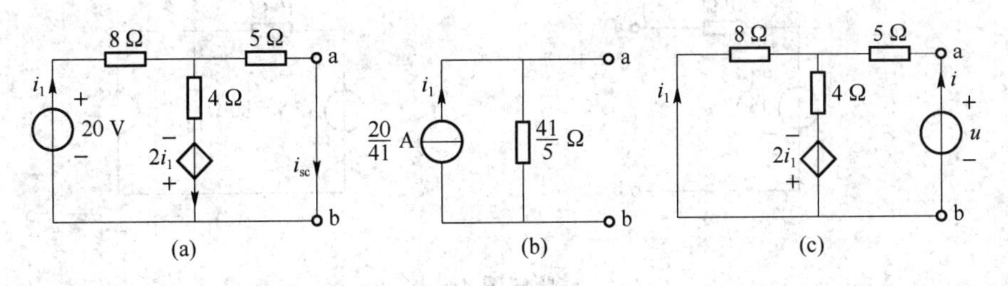

题解图3

列方程如下：

$$\begin{cases} u=5i+4(i+i_1)-2i_1 \\ 8i_1+4(i+i_1)-2i_1=0 \end{cases}$$

消去 i_1，得

$$u=\frac{41}{5}i$$

所以

$$R_{eq}=\frac{u}{i}=\frac{41}{5}\ \Omega$$

根据已求出的开路电压，可以求得短路电流为

$$i_{sc}=\frac{u_{oc}}{R_{eq}}=\frac{20}{41}\text{ A}$$

六、此题为综合题，考查戴维南定理、最大功率传输定理。

解答：(1)求开路电压。先将左边50 V电压源与两个20 Ω电阻构成的部分电路等效变换为 25 V 与 10 Ω 串联的电路，由此得到如题解图 4(a)所示电路。

$$i=\frac{25-5}{10+10+20}=0.5\ \text{A}$$

$$u_{oc}=u_{ab}=20i+5=15\ \text{V}$$

求等效电阻。除源后的电路如题解图 4(b)所示。

$$R_{eq}=(20/\!/20+10)/\!/20=10\ \Omega$$

戴维南等效电路如题解图 4(c)所示。

(2) 当 $R=R_{eq}=10\ \Omega$ 时，吸收功率最大。

最大功率为

$$P_{max}=\frac{u_{oc}^2}{4R_{eq}}=\frac{15^2}{4\times10}=5.625\ \text{W}$$

(3) 因为电阻 R 中电流为零，所以电阻 R 上的电压为零，理想电流源可以满足电流为定值、电压为零的特性，所以应在 a、b 间并联一个电流源。由于 $i_{sc}=\frac{u_{oc}}{R_{eq}}=\frac{15}{10}=1.5\ \text{A}$，所以应并联 1.5 A 的理想电流源，电流方向由 a 指向 b，电路如题解图 4(d)所示。

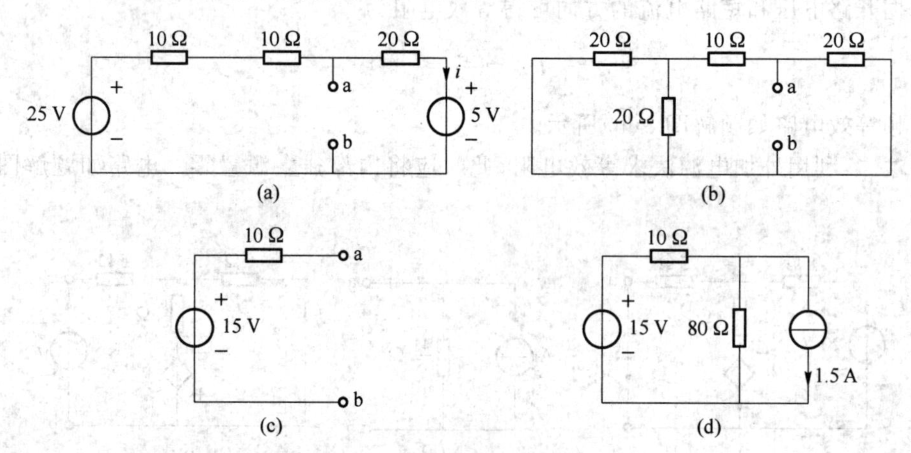

题解图 4

七、此题考查应用三要素法分析一阶动态电路。有两种求解方法，一种方法是直接求解 $u(t)$，另一种方法是先求电感电流 $i_L(t)$，再根据电路结构关系求 $u(t)$。

解答：解法一：直接求 $u(t)$。

先求 $i_L(0^+)$，然后由 0^+ 时刻的等效电路求 $u(0^+)$。

根据换路前的电路和换路定则可得

$$i_L(0^+)=i_L(0^-)=\frac{32}{4+4}=4\ \text{A}$$

0^+ 时刻的等效电路如题解图 5(a)所示。

列方程如下：

$$\begin{cases}i(0^+)=i_1(0^+)+4\\32-4i(0^+)=4i_1(0^+)\end{cases}$$

解得

$$i_1(0^+)=2\ \text{A}$$

$$u(0^+)=4\times i(0^+)=8\ \text{V}$$

再求与电感连接的等效电阻，进而求时间常数。

$$R_{eq}=4+4/\!/4=4+2=6\ \Omega,\quad \tau=\frac{L}{R_{eq}}=\frac{1}{12}\ \text{s}$$

求稳态值 $u(\infty)$。换路后电路再达稳态时的等效电路如题解图5(b)所示。

$$u(\infty)=\frac{4/\!/4}{4+4/\!/4}\times 32=\frac{2}{4+2}\times 32=\frac{32}{3}\ \text{V}$$

根据三要素公式可得

$$u(t)=u(\infty)+[u(0^+)-u(\infty)]e^{-\frac{1}{\tau}t}=\frac{32}{3}+\left(8-\frac{32}{3}\right)e^{-12t}$$

$$=\left(\frac{32}{3}-\frac{8}{3}e^{-12t}\right)\ \text{V},\quad t\geqslant 0^+$$

$u(t)$的波形如题解图5(c)所示。

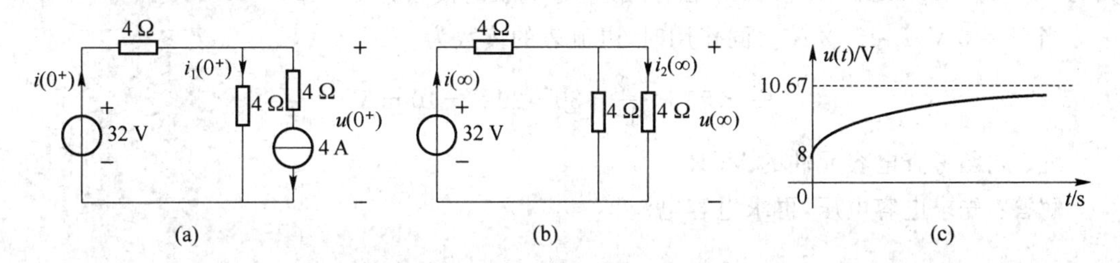

题解图5

解法二：求 $i_L(t)$，然后通过电路结构关系求 $u(t)$。

根据换路前的电路和换路定则可得

$$i_L(0^+)=i_L(0^-)=\frac{32}{4+4}=4\ \text{A}$$

再求与电感连接的等效电阻，进而求时间常数。

$$R_{eq}=4+4/\!/4=4+2=6\ \Omega,\quad \tau=\frac{L}{R_{eq}}=\frac{1}{12}\ \text{s}$$

由换路后电路再达稳态时的等效电路求稳态值 $i_L(\infty)$，如题解图5(b)所示。

$$i_L(\infty)=i_2(\infty)=\frac{4/\!/4}{4+4/\!/4}\times 32\times\frac{1}{4}=\frac{2}{4+2}\times 8=\frac{8}{3}\ \text{A}$$

根据三要素公式可得

$$i_L(t)=i_L(\infty)+[i_L(0^+)-i_L(\infty)]e^{-\frac{1}{\tau}t}$$

$$=\frac{8}{3}+(4-\frac{8}{3})e^{-12t}=\left(\frac{8}{3}+\frac{4}{3}e^{-12t}\right)\ \text{A},\quad t\geqslant 0^+$$

根据电路结构关系可得

$$u(t)=L\frac{di_L(t)}{dt}+4i_L(t)=\left(\frac{32}{3}-\frac{8}{3}e^{-12t}\right)\ \text{V},\quad t\geqslant 0^+$$

八、此题考查齐性定理和叠加定理的应用。

解答： 解法一：设 N_s 中独立源的电压或电流为 f_s，则根据齐性定理和叠加定理有

$$i=K_1 i_s+K_2 u_s+K_3 f_s$$

将已知数据代入上式可得如下方程组：

$$\begin{cases}20\times10^{-3}=K_3f_s\\70\times10^{-3}=K_2\times5+K_3f_s\\50\times10^{-3}=K_1+K_3f_s\end{cases}$$

解得
$$\begin{cases}K_1=30\times10^{-3}\\K_2=10\times10^{-3}\end{cases}$$

所以,所求电流为

$$\begin{aligned}i&=-2K_1+3K_2+K_3f_s=-2\times30\times10^{-3}+3\times10\times10^{-3}+20\times10^{-3}\\&=-10\text{ mA}\end{aligned}$$

解法二:也可以根据齐性定理和叠加定理分别求各电源单独作用下的电流表读数。

N_s 内的电源单独作用时,电流表的读数为 20 mA。$U_s=5$ V 单独作用时,电流表的读数为 $70-20=50$ mA。$I_s=1$ A 单独作用时,电流表的读数为 $50-20=30$ mA。

当 $U_s=3$ V,$I_s=-2$ A 共同作用时,电流表的读数为

$$\frac{3}{5}\times50+\frac{-2}{1}\times30+20=-10\text{ mA}$$

九、此题考查电容元件的 VCR。

解答:先求电容电压,再求电容电流。

$$u_C(t)=u_R(t)=Ri_R(t)=\frac{1}{2}i_R(t)$$

$$i_C(t)=C\frac{\mathrm{d}u_C(t)}{\mathrm{d}t}=C\frac{\mathrm{d}u_R(t)}{\mathrm{d}t}=\begin{cases}0, & t<1\text{ s}\\-3\text{ A}, & 1\text{ s}\leqslant t<2\text{ s}\\0, & t\geqslant2\text{s}\end{cases}$$

$i_C(t)$的图形如题解图 6 所示。

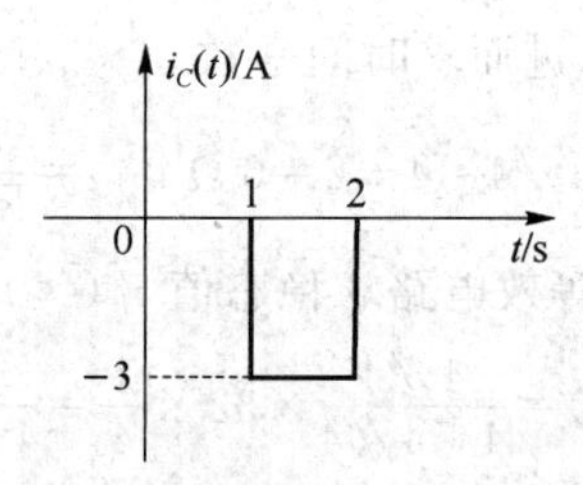

题解图 6

期末试题

一、填空题(每空 2 分,共 30 分)

1. 叠加定理的内容是:由线性元件、线性受控源和独立源组成的线性电路中,每一元件的电流或者电压可以看成每一个________(独立源/受控源)单独作用于电路时,在该元件上产生的电流或者电压的代数和。

2. 电源频率为 ω,电路中电容为 C 的电容元件的阻抗 $Z_C=$________,当 $\omega=0$(直流)时,容抗的绝对值$|X_C|=$________,这说明电容元件对直流相当于________(短路/开路),

称其为________性质(隔直/导直)。

3. 电压 $u(t)=[100+20\sqrt{2}\cos 314t+10\sqrt{2}\cos(942t+60^\circ)]$ V 作用在一个 10 Ω 电阻上,电压 $u(t)$ 的有效值 $U=$________,电阻消耗的功率 $P=$________。

4. 电路如图 1 所示,电流 $i=$________,电流的真实方向是由电压源的________极性端流向________极性端。

5. 电路如图 2 所示,已知 $i_L(0^-)=-1$ A,$t=0$ 时闭合开关 S,则 $t\geqslant 0$ 时电感电流 $i_L(t)$ 的零输入响应为______________。

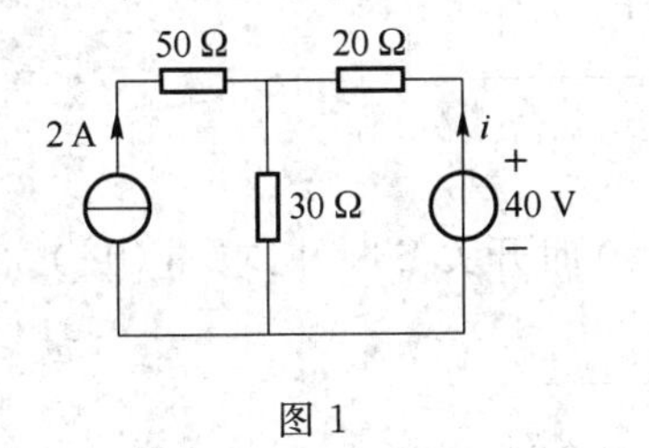

图 1

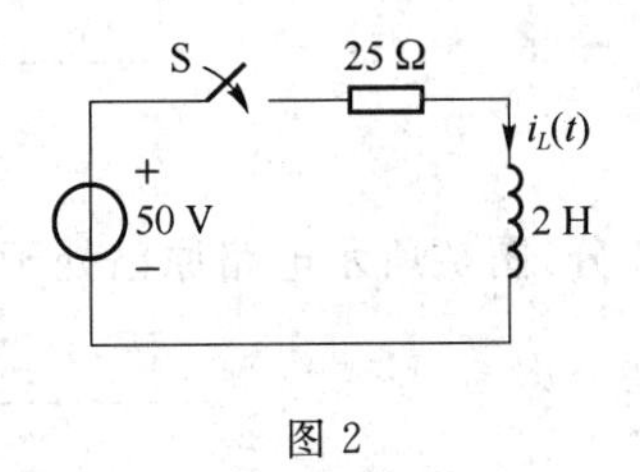

图 2

6. 如图 3 所示,电路工作频率 $\omega=1\,000$ rad/s,电感 $L=1$ mH,若电感电流相量为 $\dot{I}=2\angle 30^\circ$ A,在图 4 中画出电感电压相量 $\dot{U}$。

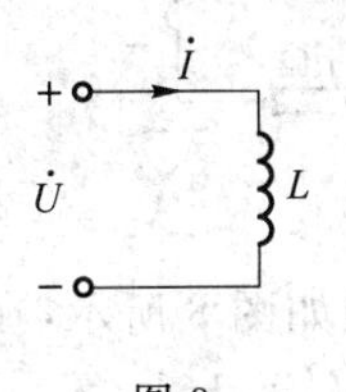

图 3

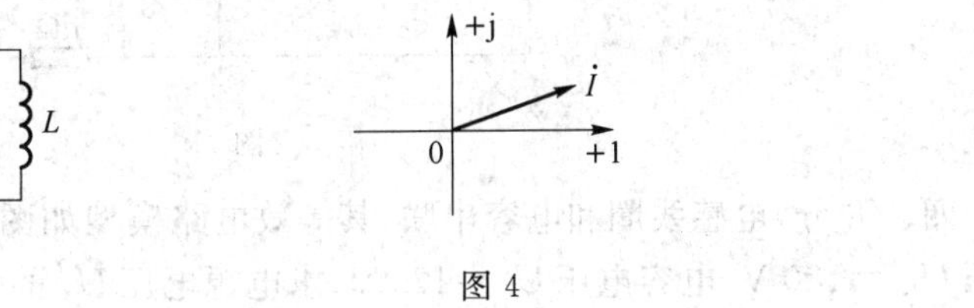

图 4

7. 对称三相电路如图 5 所示,已知线电压 $\dot{U}_{AB}=380\angle 0^\circ$ V,相电流 $\dot{I}_A=2\angle -30^\circ$ A,则三相有功功率为________。

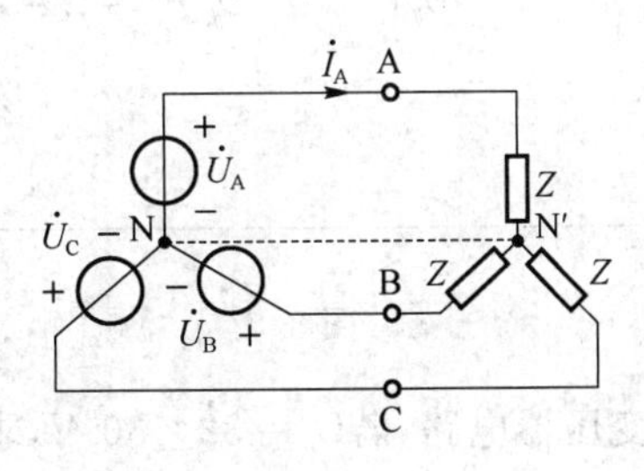

图 5

8. 某二阶动态电路的微分方程为 $\frac{di^2(t)}{dt^2}+10\frac{di(t)}{dt}+16i(t)=0$,此电路的固有频率是________(不相等的负实数/共轭复数/相等的实数/共轭虚数),此电路的过渡过程为________(振荡/非振荡)过程。

计算题:只有答案没有计算过程不得分。

二、(8 分) 电路如图 6 所示,按图示的网孔电流方向,列写网孔 1、2、3 的网孔电流方程,并求支路电流 i。

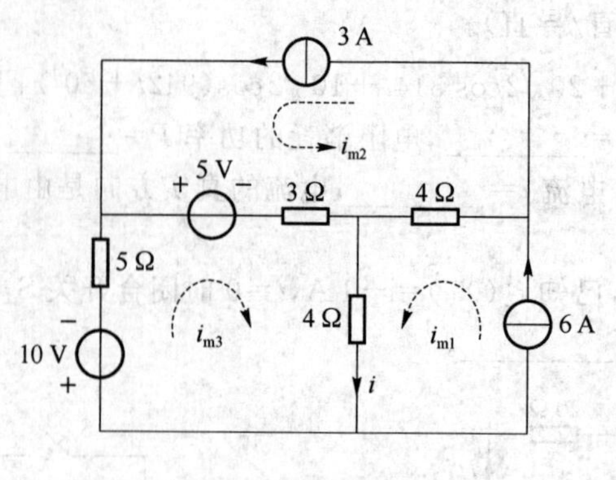

图 6

三、(8 分)图 7 所示电路原已处于稳态,在 $t=0$ 时开关 S 断开,求 $u_L(0^+)$。

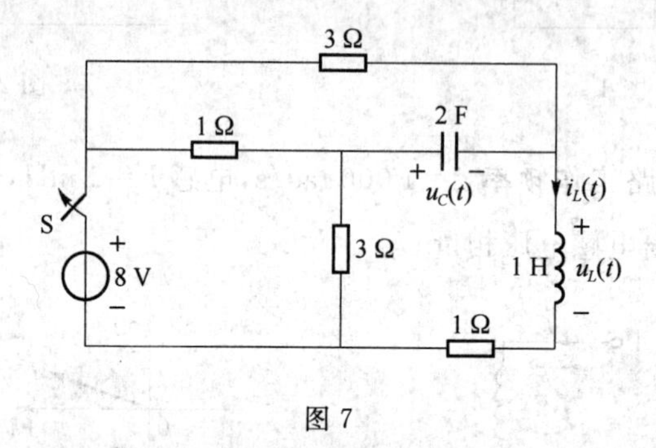

图 7

四、(8 分)电感线圈和电容串联,其等效电路模型如图 8 所示,在谐振时测得线圈两端电压 $U_{LR}=130$ V,电容电压 $U_C=120$ V,求电源电压 U_s 的大小。

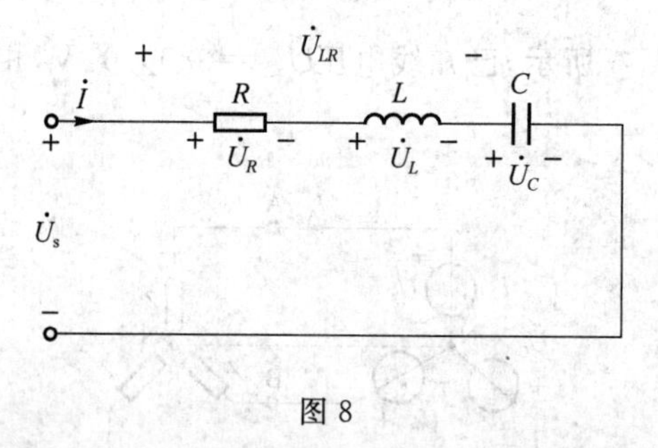

图 8

五、(8 分)图 9 所示理想变压器电路,若$\dot{U}_s=32\angle 30°$V,求电流 $\dot{I}$。

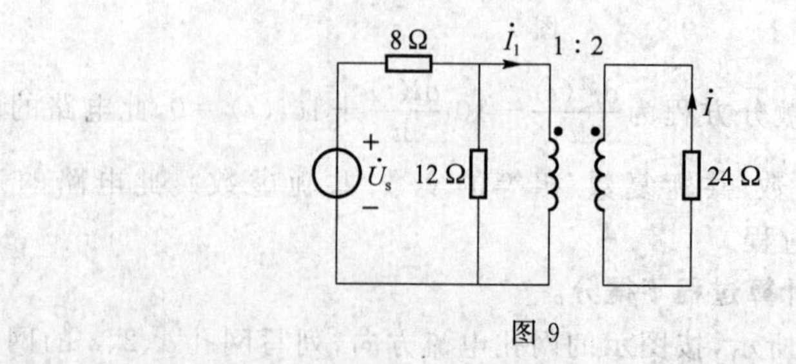

图 9

六、(8 分)求图 10 所示二端口网络的 Z 参数。

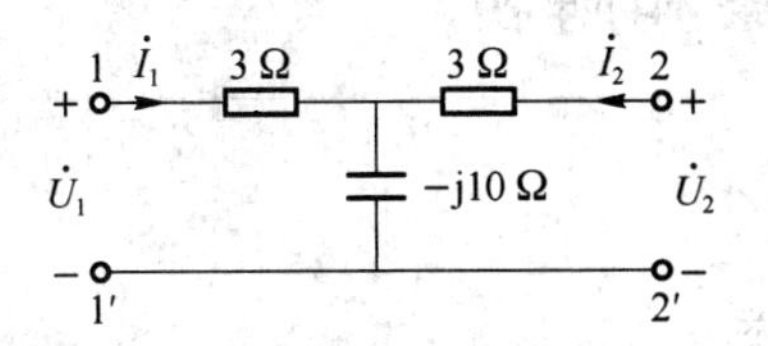

图 10

七、(6 分)电路如图 11 所示,当 $t=0$ 时电流源 i_s 接入电路。(1)求端口 a、b 以右部分的等效电容,并画出端口 a、b 以右部分的等效电路;(2)求 $t\geqslant0$ 时电路的时间常数 τ。

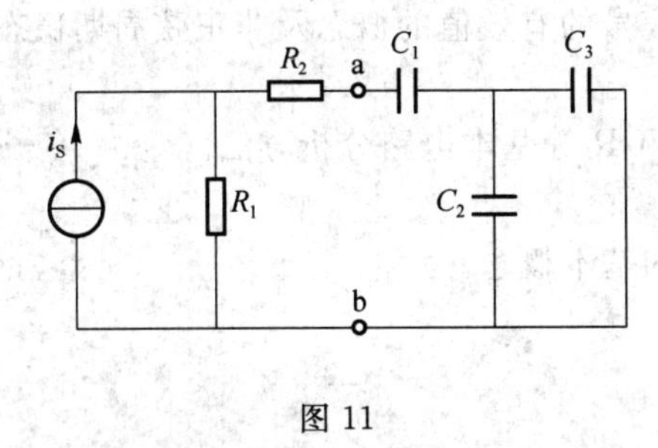

图 11

八、(10 分)电路如图 12 所示,求电流 $\dot{I}$。

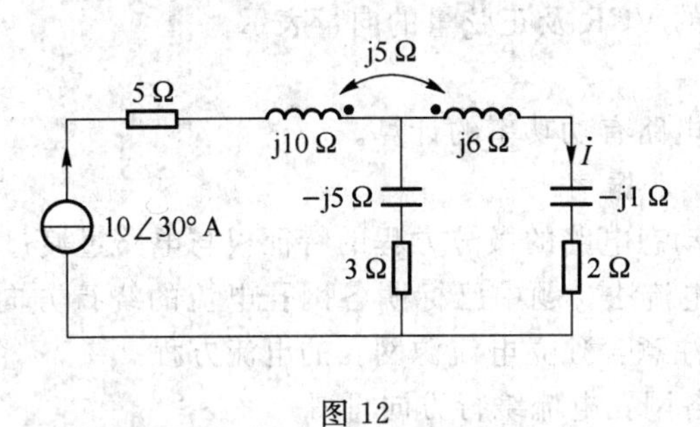

图 12

九、(14 分)电路如图 13 所示。(1)求端口 a、b 以左部分的戴维南等效电路的开路电压和等效电阻;(2)若要使电阻 R_3 上的电流 i_0 与电流源 i_s 无关,则受控源的系数 r 应为多少?

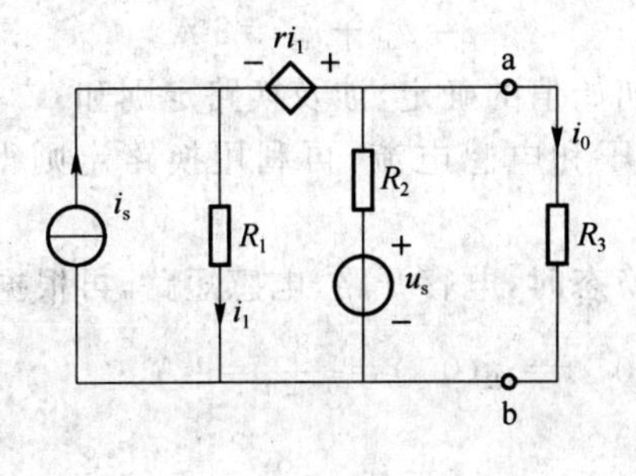

图 13

期末试题答案和解析

一、填空题

1. 独立源

此题考查叠加定理的内容。

2. $-\mathrm{j}\dfrac{1}{\omega C}$,$\infty$,开路,隔直

此题考查电容元件的阻抗的概念及其基本特性。

3. $10\sqrt{105}$ V,1 050 W

此题考查非正弦周期信号的有效值的概念及非正弦周期稳态电路的分析。

4. -0.4 A,正,负

此题考查 KCL、支路 VCR 等基本电路分析方法。

5. $-\mathrm{e}^{-12.5t}$ A

此题考查零输入响应的基本概念。

6.

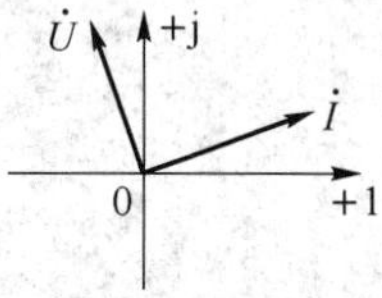

此题考查电感元件的 VCR 及正弦量的向量表示。

7. 1 320 W

此题考查对称三相电路有功功率的计算。

8. 不相等的负实数,非振荡

此题考查描述二阶动态电路的微分方程的特征根与电路过渡过程的关系。

二、此题考查网孔电流法。题中已标明各网孔电流的绕行方向,按顺序列写网孔电流方程进行求解即可。要注意含独立电流源网孔的电流方程。

解答: 根据给定的各网孔电流绕行方向可得

$$\begin{cases} i_{\mathrm{m1}}=6 \\ i_{\mathrm{m2}}=3 \\ 4i_{\mathrm{m1}}+3i_{\mathrm{m2}}+12i_{\mathrm{m3}}=-15 \end{cases}$$

解得
$$i_{\mathrm{m3}}=-4\ \mathrm{A}$$

所以
$$i=i_{\mathrm{m1}}+i_{\mathrm{m3}}=2\ \mathrm{A}$$

三、此题考查电路变量初始值的确定,涉及换路定则和 0^+ 等效电路的相关知识。先由换路前的稳态电路求电容电压和电感电流,再利用换路定则得到 0^+ 等效电路,然后进行求解。

解答: 换路前电路达到稳态时,电容开路,电感短路,再根据换路定则,有

$$i_L(0^+)=i_L(0^-)=\frac{8}{3+1}=2\ \mathrm{A}$$

$$u_C(0^+)=u_C(0^-)=\frac{8}{1+3}\times 3-\frac{8}{3+1}\times 1=4\ \mathrm{V}$$

0^+ 等效电路如题解图 1 所示。

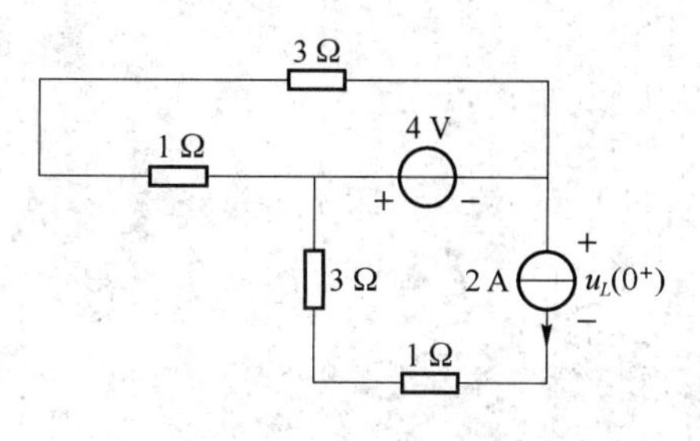

题解图 1

$$u_L(0^+)=-4-(3+1)\times 2=-12\ \text{V}$$

四、此题考查串联谐振的相关知识。利用 KVL 和谐振的特点进行分析。

解答：由图知

$$\dot{U}_s=\dot{U}_R+\dot{U}_L+\dot{U}_C,\quad \dot{U}_{LR}=\dot{U}_R+\dot{U}_L$$

谐振时

$$\dot{U}_L=-\dot{U}_C,\quad \dot{U}_s=\dot{U}_R$$

所以

$$U_s=U_R=\sqrt{U_{LR}^2-U_C^2}=\sqrt{130^2-120^2}=50\ \text{V}$$

五、此题考查含理想变压器电路的分析。可以有两种解法：一种是利用折合阻抗得到原边等效电路，求出 $\dot{I}_1$，再利用理想变压器的 VCR 求 $\dot{I}$；另一种是不进行阻抗变换，直接对原、副边列写 KCL、KVL 方程求解。

解答：解法一：副边对原边的折合阻抗为

$$Z_{in}=\left(\frac{1}{2}\right)^2\times 24=6\ \Omega$$

由原边等效电路，再利用分压公式可求得

$$\dot{I}_1=\frac{12/\!/6}{8+12/\!/6}\times\dot{U}_s\times\frac{1}{6}=\frac{4}{8+4}\times 32\angle 30^\circ\times\frac{1}{6}=\frac{16}{9}\angle 30^\circ\ \text{A}$$

根据理想变压器的 VCR：

$$\frac{\dot{I}_1}{\dot{I}}=-\frac{2}{1}=-2$$

可得
$$\dot{I}=-\frac{1}{2}\dot{I}_1=-\frac{8}{9}\angle 30^\circ\ \text{A}$$

解法二：对原、副边列写 KCL、KVL 方程。

假设理想变压器原、副边的电压分别为$\dot{U}_1$ 和$\dot{U}_2$，原边中 8 Ω 和 12 Ω 电阻中的电流分别为 $\dot{I}_2$ 和 $\dot{I}_3$，如题解图 2 所示。

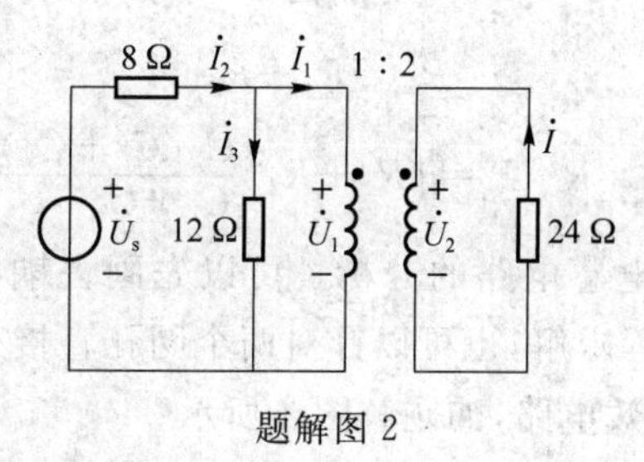

题解图 2

对原边有

$$\dot{U}_s=8\dot{I}_2+\dot{U}_1$$

$$\dot{U}_1=12\dot{I}_3$$

$$\dot{I}_2=\dot{I}_1+\dot{I}_3$$

对副边有 $$\dot{U}_2=-24\dot{I}$$

再根据理想变压器的 VCR： $$\begin{cases}\dfrac{\dot{U}_1}{\dot{U}_2}=0.5\\ \dfrac{\dot{I}_1}{\dot{I}}=-2\end{cases}$$

由以上方程可解得 $$\begin{cases}\dot{U}_1=\dfrac{32}{3}\ \text{V}\\ \dot{U}_2=\dfrac{64}{3}\ \text{V}\\ \dot{I}=-\dfrac{8}{9}\angle 30^\circ\ \text{A}\end{cases}$$

六、此题考查二端口网络 Z 参数的求解方法。可以按照标准计算公式直接求出四个 Z 参数，也可以列写二端口网络端口的 VCR，再对照 Z 参数方程的标准形式求得。

解答：根据 Z 参数的计算公式且考虑该二端口网络是对称的，可得

$$Z_{11}=\frac{\dot{U}_1}{\dot{I}_1}\Big|_{\dot{I}_2=0}=(3-\text{j}10)\ \Omega=Z_{22}\qquad Z_{21}=\frac{\dot{U}_2}{\dot{I}_1}\Big|_{\dot{I}_2=0}=-\text{j}10\ \Omega=Z_{12}$$

七、此题考查电容元件的串并联等效变换及动态电路时间常数的计算。

解答：(1) $$\frac{1}{C_{eq}}=\frac{1}{C_1}+\frac{1}{C_2+C_3}$$

$$C_{eq}=\frac{C_1(C_2+C_3)}{C_1+C_2+C_3}$$

a、b 以右部分的等效电路如题解图 3 所示。

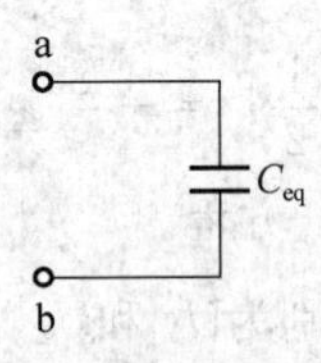

题解图 3

(2) $$R_{eq}=R_1+R_2$$

$$\tau=R_{eq}C_{eq}=(R_1+R_2)\frac{C_1(C_2+C_3)}{C_1+C_2+C_3}$$

八、此题考查含有耦合电感电路的分析。可以先画去耦电路，再用 KCL、KVL、VCR 等基本电路分析方法列写方程求解，也可以针对两个网孔直接列写 KVL 方程求解。

解答：解法一：画去耦等效电路，如题解图 4 所示。

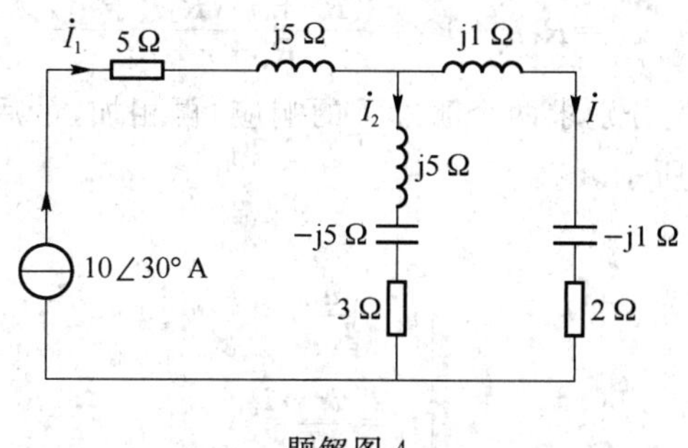

题解图 4

列写方程如下：

$$\begin{cases}\dot{I}_1=\dot{I}+\dot{I}_2\\(\mathrm{j}1-\mathrm{j}1+2)\dot{I}=(\mathrm{j}5-\mathrm{j}5+3)\dot{I}_2\\\dot{I}_1=10\angle 30^\circ\end{cases}$$

解得
$$\dot{I}=6\angle 30^\circ\ \mathrm{A}$$

解法二：对原电路的右边网孔列写KVL方程，注意考虑互感电压。

$$(\mathrm{j}6-\mathrm{j}1+2)\dot{I}+(-\mathrm{j}5+3)(\dot{I}-10\angle 30^\circ)-\mathrm{j}5\times 10\angle 30^\circ=0$$

解得
$$\dot{I}=6\angle 30^\circ\ \mathrm{A}$$

九、此题考查戴维南定理的分析及特定条件下的电路参数确定方法。

解答：(1)先求开路电压，电路如题解图5(a)所示。

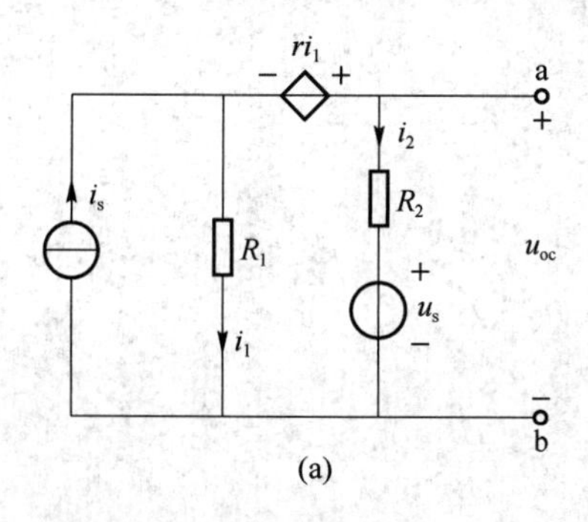

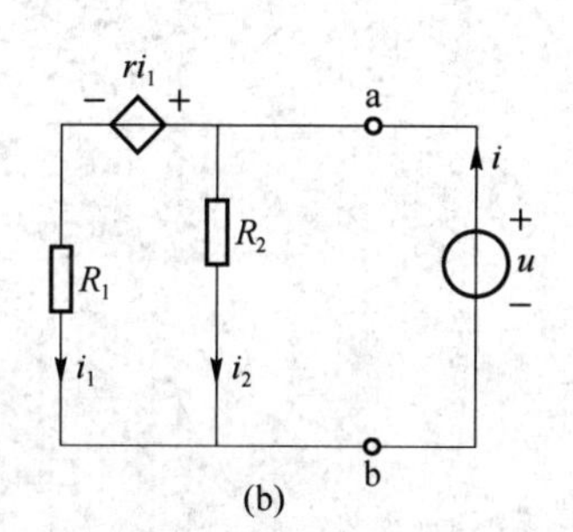

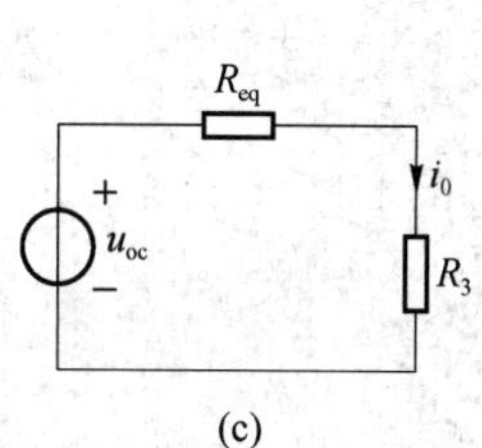

题解图 5

列写方程如下：

$$\begin{cases}i_s=i_1+i_2\\R_1i_1+ri_1=R_2i_2+u_s\end{cases}$$

解得
$$i_2=\frac{(R_1+r)i_s-u_s}{R_1+r+R_2}$$

$$u_{oc}=R_2i_2+u_s=\frac{(R_1+r)i_s-u_s}{R_1+r+R_2}R_2+u_s$$

或
$$i_1=\frac{i_sR_2+u_s}{R_1+r+R_2}$$

$$u_{oc}=R_1i_1+ri_1=\frac{(R_1+r)(R_2i_s+u_s)}{R_1+r+R_2}$$

也可以用叠加定理，先分别求两个激励下的响应，再相加，最后利用外加电源法求等效电阻，电路如题解图 5(b)所示。

列写方程如下：

$$\begin{cases}i_2=\dfrac{u}{R_2}\\ i_1=\dfrac{u-ri_1}{R_1}\\ i=i_1+i_2\end{cases}$$

整理可得

$$R_{eq}=\frac{u}{i}=\frac{(R_1+r)R_2}{R_1+r+R_2}$$

也可用短路电流法，先求 i_{sc}，再求 R_{eq}，最后画出等效电路，如题解图 5(c)所示。

(2) 由题解图 5(c)可得

$$i_0=\frac{u_{oc}}{R_{eq}+R_3}=\frac{u_s+\dfrac{(R_1+r)i_s-u_s}{R_1+r+R_2}R_2}{\dfrac{(R_1+r)R_2}{R_1+r+R_2}+R_3}$$

若要使电阻 R_3 上的电流 i_0 与电流源 i_s 无关，则应使 i_0 表达式中 i_s 项的系数为零。由 i_0 表达式可知受控源的系数 r 应为：$r=-R_1$。

2012年考试试题、答案和解析

期中试题

一、选择题(把正确答案填在【 】中。每题2分,共8分)

1. 假设一个元件的两端电压为 u,通过此元件的电流为 i,如图1所示,则对此元件的功率描述正确的是【　　】。

A. 该元件在 0～2 s 内一直吸收功率

B. 该元件在 0～2 s 内一直提供功率

C. 该元件在 0～2 s 内先吸收功率后提供功率

D. 该元件在 0～2 s 内先提供功率后吸收功率

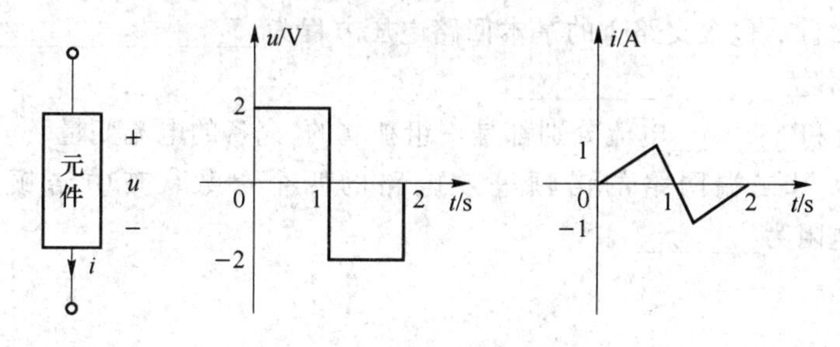

图1

2. 图2所示两个电路中,已知 $R_L=5\ \Omega$。试确定两图中 a、b 左边的部分是否等效,两图中 R_L 上的电流、电压是否相等。【　　】。

A. 等效;电流、电压相等

B. 不等效;电流、电压相等

C. 等效;电流、电压不相等

D. 等效;电流、电压不相等

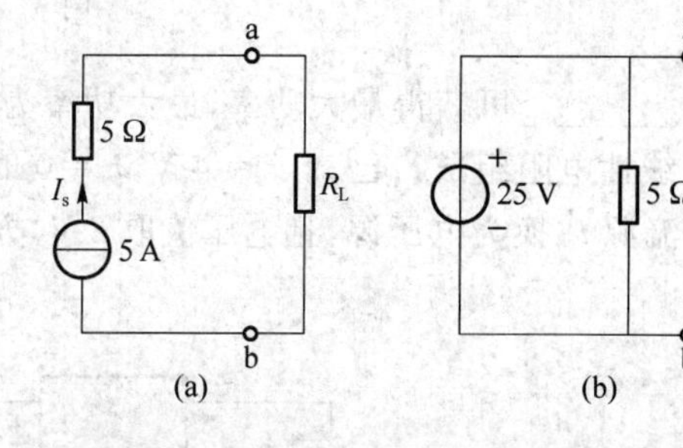

图2

3. 某一阶线性电路,若初始状态增大 m 倍,则【　　】。

A. 零状态响应也相应增大 m 倍

B. 零输入响应不能确定如何变化

C. 零输入响应也相应增大 m 倍　　　　D. 零状态响应不能确定如何变化

4. 如果电感元件两端的电压、电流为关联参考方向，电感值为 5 mH，则当电感中通过的电流为$(3+2t)$ A 时，电感电压为【　　】。

A. 0 V　　　　B. 10 mV　　　　C. 0.4 V　　　　D. $(15+10t)$ mV

二、填空题(每空 2 分，共 24 分)

1. 图 3 所示电路中，电流源 I_s 的电压 U 为________，电流 I 为________。

2. 电路如图 4 所示，电流 $i=$________，1 Ω 电阻的功率=________。

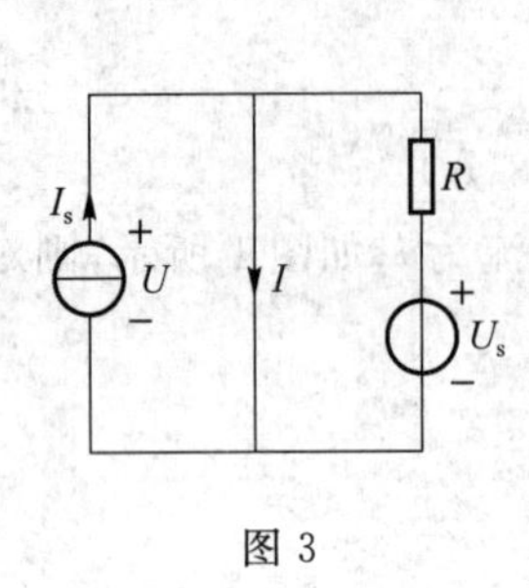

图 3

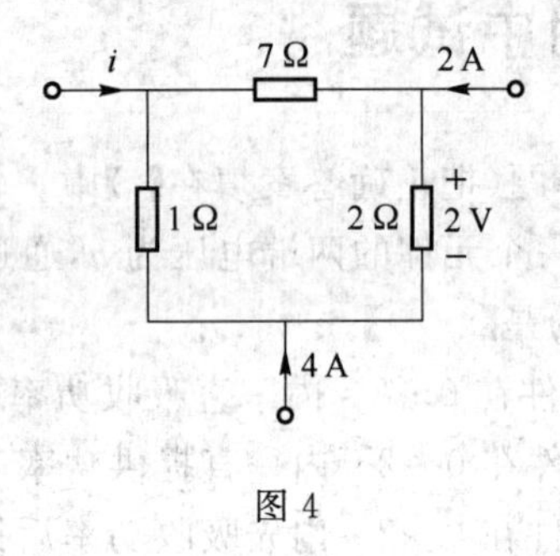

图 4

3. 电路如图 5 所示，各支路电压和电流分别表示为 u_k 和 $i_k(k=1,2,\cdots,8)$，若选定树由支路 2,3,5,7,8 组成，包含支路 1 的基本回路电压方程为________________，包含支路 5 的基本割集电流方程为________________。

4. 连支电流和________电流分别都是一组独立的、完备的电流变量。

5. 求图 6 所示二端网络的诺顿等效电路的两个参数。其中诺顿等效电流源为________，等效电阻为________。

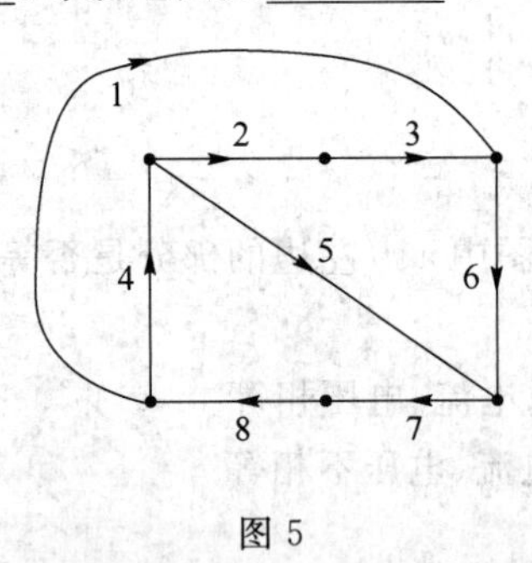

图 5

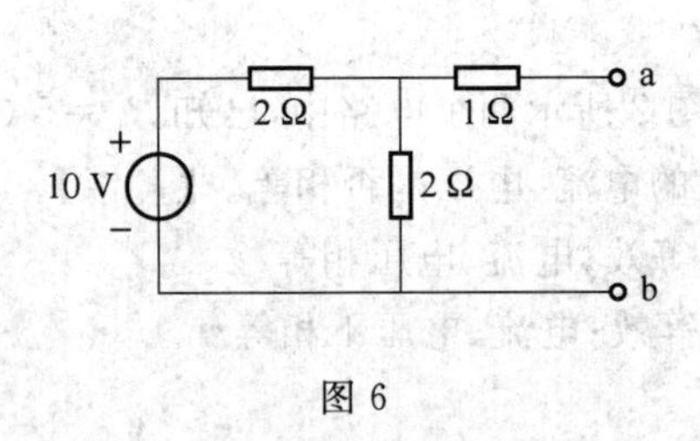

图 6

6. 电路如图 7 所示，R_L 为________可获得最大功率，最大功率为________。

7. 电路如图 8 所示，N_0 由线性电阻组成。已知 $u_s=4$ V，$i_s=0$ 时，$u=3$ V；$u_s=0$，$i_s=2$ A时，$u=2$ V。当 $u_s=4$ V，电流源 i_s 换为电压源，且电压值取 2 V，方向为上正下负时，a、b 端的电流大小是________。

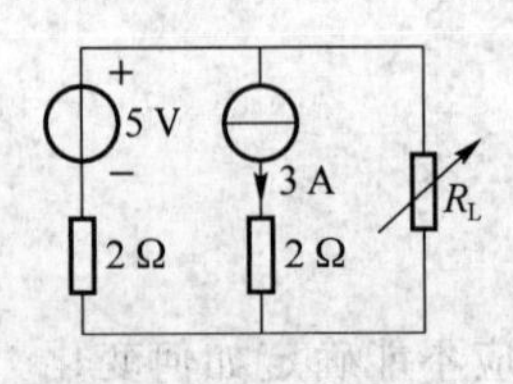

图 7

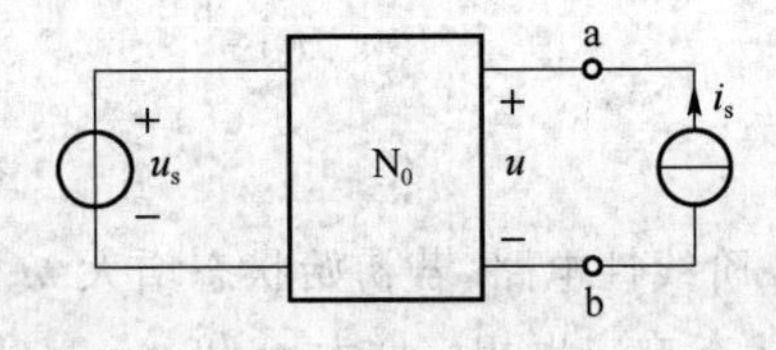

图 8

三、计算题(每题5分,共20分)

1. 电路如图9所示,求电压U_s。

2. 电路如图10所示,求输入电阻R_i。

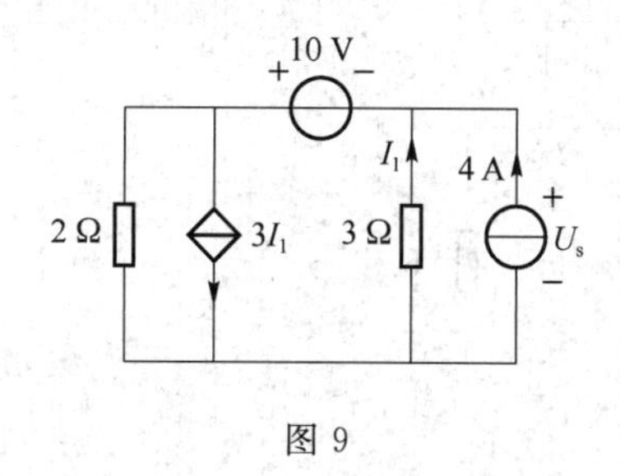

图 9

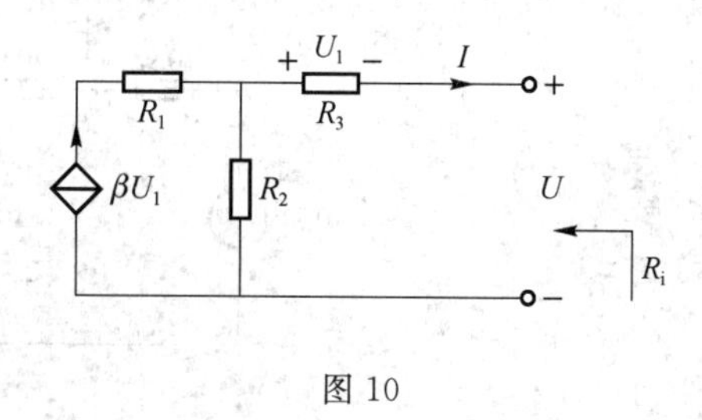

图 10

3. 求图11所示电路a、b端的等效电路,并画出其等效电路图。

4. 图12所示电路中,已知$u_C(t)=te^{-t}$ V,求:(1)$i(t)$、$u_L(t)$的表达式;(2)电容储能达到最大值的时刻。

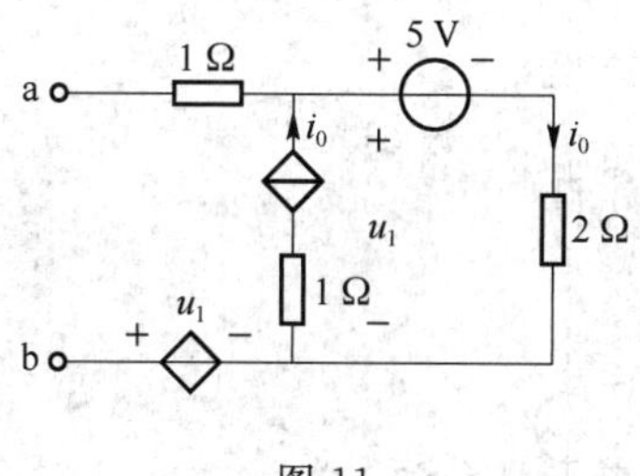

图 11

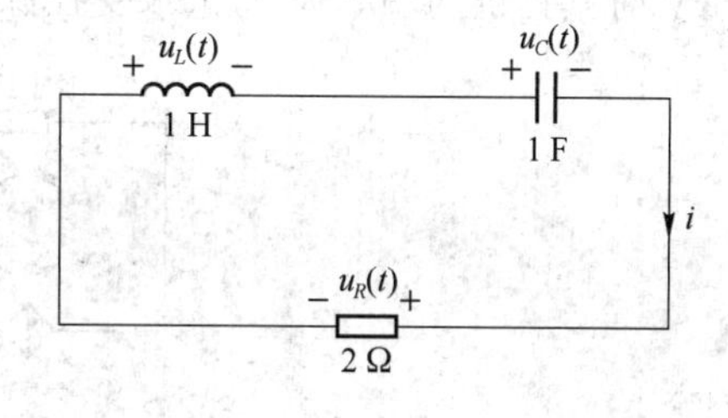

图 12

四、计算题(每题5分,共10分)

1. 图13所示线性网络的输入为u_1,u_2,u_3,输出为u_0,测试数据如表1所示,单位为伏特,求网络的输入输出关系。

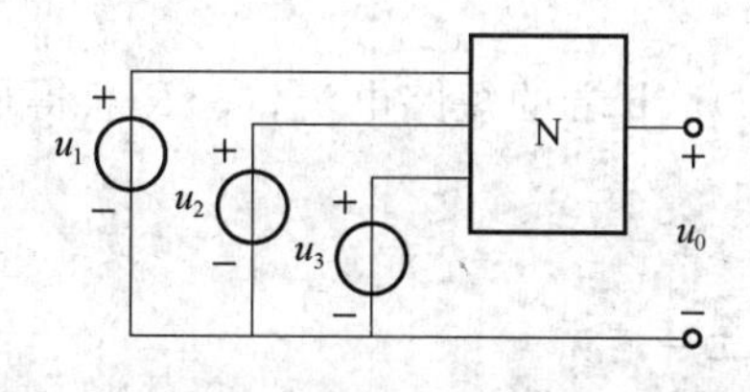

图 13

表 1

测试	u_1	u_2	u_3	u_0
1	0	0	5	1
2	0	5	5	4
3	5	5	5	6

2. 电路如图14所示,求电压u_{ab}和电流i。

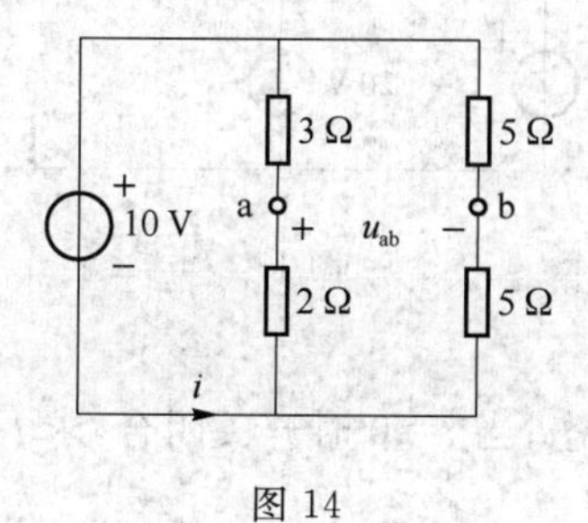

图 14

五、计算题(10 分)

电路如图 15 所示,以 1、2 为节点列写节点电压方程,并求节点电压 u_{n1} 和 u_{n2}。

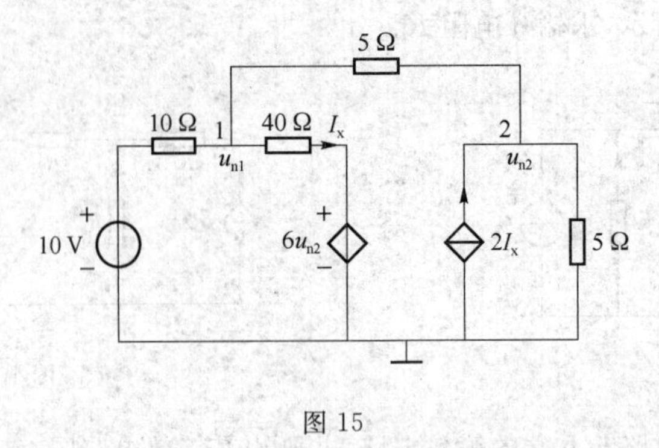

图 15

六、计算题(10 分)

电路如图 16 所示,三个网孔电流设为 i_1、i_2、i_3。(1)请列写网孔电流方程;(2)若电压源 u_s 为 1 V 时其提供的功率为 0,试求受控源参数 g。

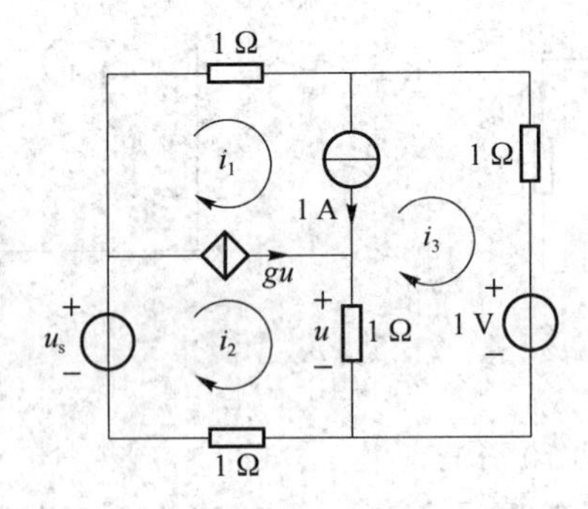

图 16

七、计算题(10 分)

电路如图 17 所示,求:(1)a、b 端的开路电压;(2)a、b 端的短路电流;(3)R 获得最大功率时的电阻值。

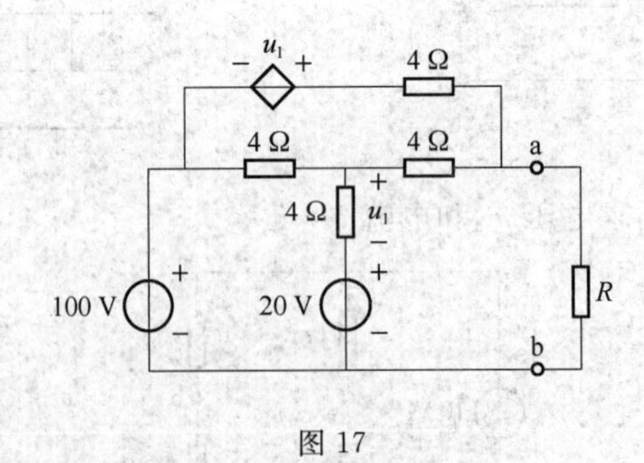

图 17

八、计算题(8 分)

图 18 所示电路处于稳定状态,当 $t=0$ 时开关闭合,求 $t\geqslant0$ 时的电压 $u(t)$。

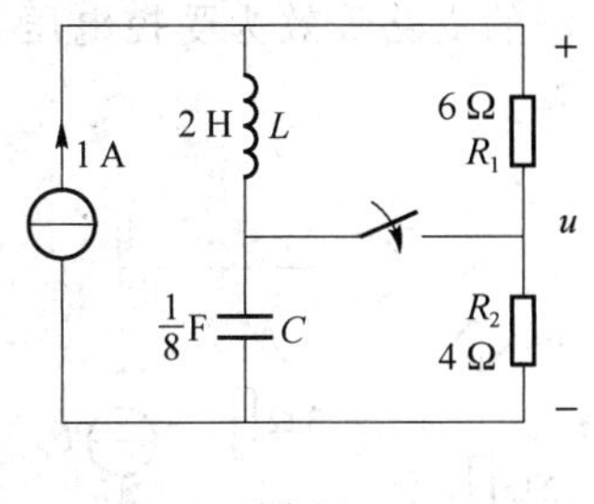

图 18

期中试题答案和解析

一、选择题

1. A

此题考查功率供出和吸收的概念，以及关联参考方向的概念。

2. B

此题考查实际电压源模型和实际电流源模型之间等效的概念。

3. C

此题考查零输入响应的线性性质。

4. B

此题考查电感元件的电压电流关系。

二、填空题

1. $0, I_s + \dfrac{U_s}{R}$

此题考查短路的概念和 KCL。

2. −6 A，25 W

此题考查 KCL 和欧姆定律。

3. $u_1 - u_2 - u_3 + u_5 + u_7 + u_8 = 0$，　$-i_1 - i_4 + i_5 + i_6 = 0$

此题考查基本回路和基本割集的概念。

4. 网孔

此题考查完备独立电流变量的基本概念。

5. 2.5 A，2 Ω

此题考查诺顿定理的基本应用。

6. 2 Ω，0.125 W

此题考查最大功率传输定理的应用。

7. 1 A

此题考查戴维南定理的基本概念和应用。

三、计算题

1. 此题考查应用 KCL 和 KVL 对电路进行基本分析，也可应用叠加定理进行求解。

解答： 解法一：应用 KCL 和 KVL 对电路进行分析

首先将受控电流源和电阻并联的支路等效为受控电压源和电阻串联的支路，如题解图1所示，然后对回路列写KVL方程。

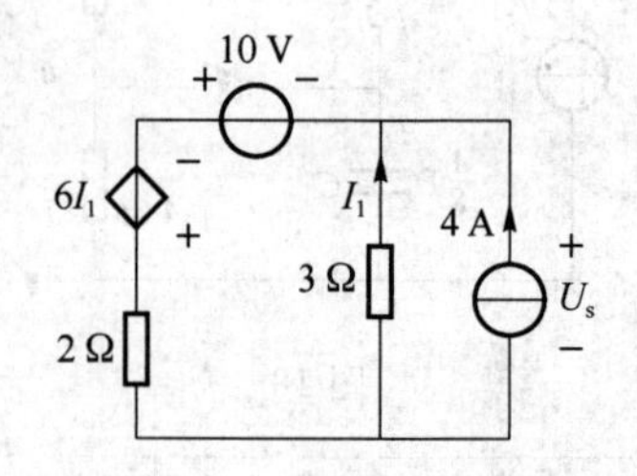

题解图 1

$$-10+2(4+I_1)-6I_1+3I_1=0$$

解得

$$I_1=-2\ \text{A}$$

所以

$$U_s=-3I_1=-3\times(-2)=6\ \text{V}$$

解法二：应用叠加定理

分别求出电压源和电流源单独作用时的U_{s1}和U_{s2}。电路分别如题解图2(a)、(b)所示。

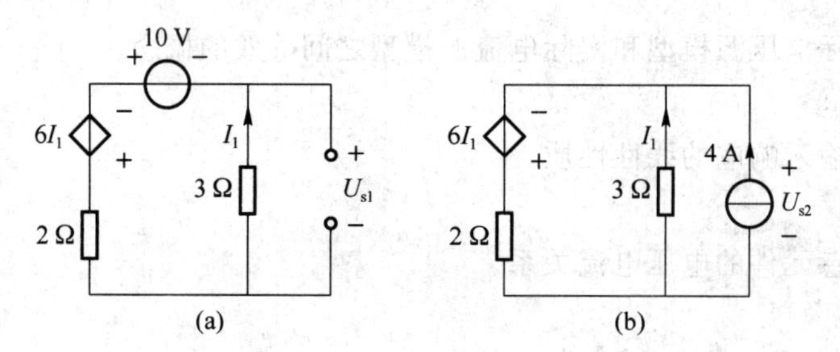

题解图 2

电压源单独作用时

$$\begin{cases}U_{s1}=-3I_1\\(2+3)I_1-6I_1-10=0\end{cases}$$

解得

$$\begin{cases}U_{s1}=30\ \text{V}\\I_1=-10\ \text{A}\end{cases}$$

电流源单独作用时

$$\begin{cases}-3I_1=U_{s2}\\2(4+I_1)-6I_1=U_{s2}\end{cases}$$

解得

$$\begin{cases}U_{s2}=-24\ \text{V}\\I_1=8\ \text{A}\end{cases}$$

$$U_s=U_{s1}+U_{s2}=30-24=6\ \text{V}$$

2. 此题考查输入电阻的概念以及KCL、KVL和VCR的基本应用。

解答：假设通过电阻R_2的电路为I_1，方向向下，如题解图3所示，则有

$$\beta U_1=I_1+I$$

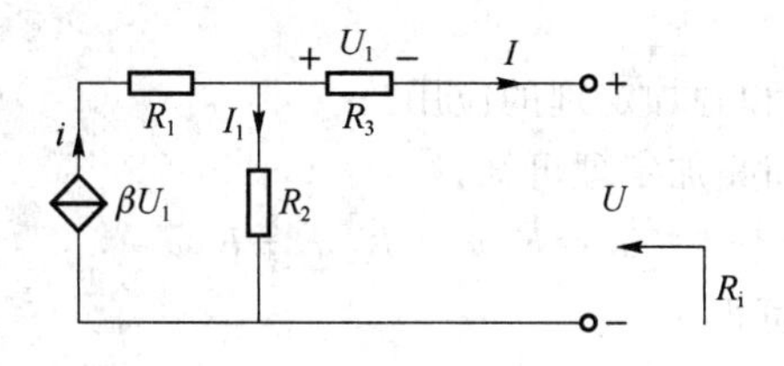

题解图 3

$$U_1 = IR_3$$

$$U + IR_3 = I_1 R_2$$

以上三个方程联立求解，并考虑端口的 U、I 方向，可求得

$$R_i = \frac{U}{-I} = -\beta R_2 R_3 + R_2 + R_3$$

3. 此题考查戴维南定理或诺顿定理的应用，因电路中有受控源，所以涉及如何求等效电阻，可用外加电源法、短路电流法，也可以通过列写端口 VCR 的方法直接求出两个等效参数。

解答：应用列写端口 VCR 的方法。设端口电压、电流如题解图 4(a)所示，可知

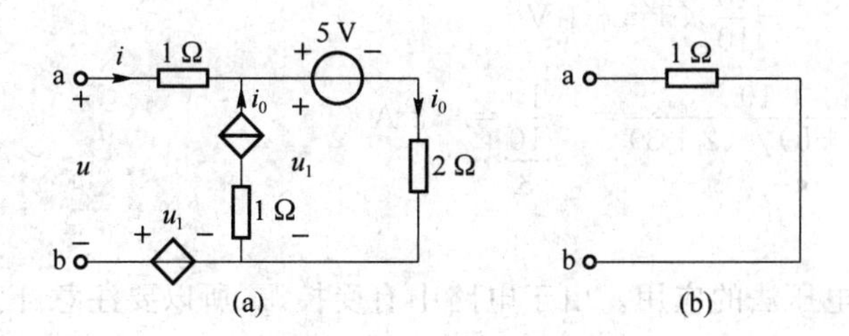

题解图 4

$$u = i + u_1 - u_1 = i$$

所以

$$R_{eq} = 1\ \Omega,\quad u_{oc} = 0$$

等效电路如题解图 4(b)所示。

4. 此题考查电路元件的 VCR、KVL 及电容元件的储能。

解答：(1) $i(t) = C\dfrac{\mathrm{d}u_C(t)}{\mathrm{d}t} = (\mathrm{e}^{-t} - t\mathrm{e}^{-t})\ \mathrm{A}$

$u_L(t) = L\dfrac{\mathrm{d}i(t)}{\mathrm{d}t} = (-2\mathrm{e}^{-t} + t\mathrm{e}^{-t})\ \mathrm{V}$

(2) $w_C(t) = \dfrac{1}{2}Cu_C^2(t) = \dfrac{1}{2}t^2\mathrm{e}^{-2t}$

当 $\dfrac{\mathrm{d}w_C(t)}{\mathrm{d}t} = t\mathrm{e}^{-t}(\mathrm{e}^{-t} - t\mathrm{e}^{-t}) = 0$ 时 $w_C(t)$ 有极值，可求得此时 $t=1$。

因为

$$\left.\frac{\mathrm{d}^2 w_C(t)}{\mathrm{d}t^2}\right|_{t=1} = [(\mathrm{e}^{-t} - t\mathrm{e}^{-t})(\mathrm{e}^{-t} - t\mathrm{e}^{-t}) + t\mathrm{e}^{-t}(-\mathrm{e}^{-t} - \mathrm{e}^{-t} + t\mathrm{e}^{-t})]|_{t=1} = -1 < 0$$

所以 $t=1$ 时电容储能达到最大值。

四、计算题

1. 此题考查齐性定理和叠加定理的应用。

解答：根据齐性定理和叠加定理可知

$$u_0=K_1u_1+K_2u_2+K_3u_3$$

将测量数据带入上式可得

$$\begin{cases}1=5K_3\\4=5K_2+5K_3\\6=5K_1+5K_2+5K_3\end{cases}$$

解得

$$\begin{cases}K_1=0.4\\K_2=0.6\\K_3=0.2\end{cases}$$

所以网络的输入输出关系为

$$u_0=0.4u_1+0.6u_2+0.2u_3$$

2. 此题考查基本的电路分析方法，涉及 KVL 和欧姆定律分压公式。

解答：$U_{ab}=\frac{10}{5}\times2-\frac{10}{10}\times5=-1\ \text{V}$

$$i=-\frac{10}{(5+5)/\!/(2+3)}=-\frac{10}{\frac{10}{3}}=-3\ \text{A}$$

五、计算题

此题考查节点电压法的应用。由于电路中有受控源，所以要注意补充方程。

解答：1、2 节点方程如下：

$$\begin{cases}\left(\frac{1}{10}+\frac{1}{40}+\frac{1}{5}\right)u_{n1}-\frac{1}{5}u_{n2}=\frac{10}{10}+\frac{6u_{n2}}{40}\\-\frac{1}{5}u_{n1}+\left(\frac{1}{5}+\frac{1}{5}\right)u_{n2}=2I_x\end{cases}$$

补充方程

$$I_x=\frac{u_{n1}-6u_{n2}}{40}$$

消去 I_x 得

$$\begin{cases}\frac{13}{40}u_{n1}-\frac{7}{20}u_{n2}=1\\10u_{n1}+25u_{n2}=0\end{cases}$$

解得

$$\begin{cases}u_{n1}=5\ \text{V}\\u_{n2}=\frac{25}{14}\ \text{V}\end{cases}$$

六、计算题

此题考查网孔电流法的应用以及功率的知识。

解答：(1)设独立电流源和受控电流源两端电压分别为 u_1 和 u_2，如题解图 5 所示，列写

3 个网孔电流方程及 3 个补充方程如下：

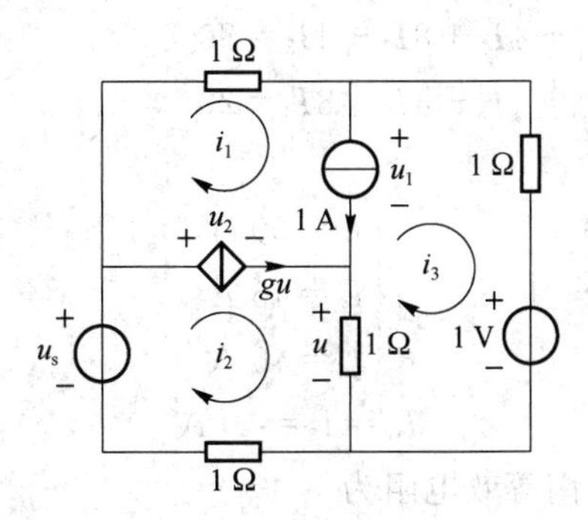

题解图 5

$$\begin{cases} i_1+u_1-u_2=0 \\ 2i_2-i_3+u_2-u_s=0 \\ -i_2+2i_3+1-u_1=0 \\ i_1-i_3=1 \\ i_2-i_1=gu \\ u=i_2-i_3 \end{cases}$$

(2) 欲使电压源功率为 0，只要使 $i_2=0$。将 $i_2=0, u_s=1$ V 代入(1)中的方程组，可求得

$$g=-1\text{ S}$$

七、计算题

此题考查戴维南定理的应用和最大功率传输定理。可用网孔分析法求开路电压和短路电流。

解答：(1)按照题解图 6(a)所示电路列写网孔电流方程。

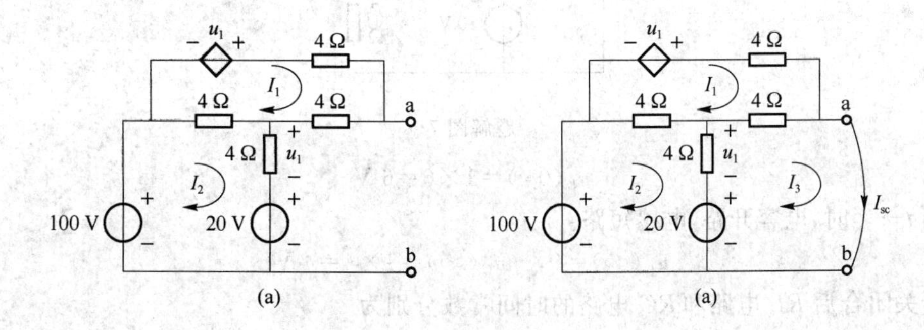

题解图 6

$$\begin{cases} 12I_1-4I_2=u_1=4I_2 \\ -4I_1+8I_2=80 \end{cases}$$

解得

$$\begin{cases} I_1=10\text{ A} \\ I_2=15\text{ A} \end{cases}$$

$$U_{oc}=U_{ab}=4I_1+4I_2+20=120\text{ V}$$

(2) 按照题解图 6(b)所示电路列写网孔电流方程。

$$\begin{cases}12I_1-4I_2-4I_3=u_1=4(I_2-I_3)\\-4I_1+8I_2-4I_3=80\\-4I_1-4I_2+8I_3=20\end{cases}$$

解得

$$\begin{cases}I_1=30\ \text{A}\\I_2=45\ \text{A}\\I_3=40\ \text{A}\end{cases}$$

$$I_{sc}=I_3=40\ \text{A}$$

(3) a、b 左边网络的戴维南等效电阻为

$$R_{eq}=\frac{U_{oc}}{I_{sc}}=\frac{120}{40}=3\ \Omega$$

当 $R=R_{eq}=3\ \Omega$ 时获得最大功率。

八、计算题

此题考查一阶动态电路的分析，可用三要素法进行求解。

解答： 开关闭合前，电容开路，电感短路。

$$i_L(0^-)=0,\quad u_C(0^-)=1\times(4+6)=10\ \text{V}$$

开关闭合后，上面的 RL 电路和下面的 RC 电路各自独立，均为一阶动态电路。

根据换路定则，$i_L(0^+)=i_L(0^-)=0$，$u_C(0^+)=u_C(0^-)=10$ V，由此得 $t=0^+$ 时的等效电路如题解图 7 所示。

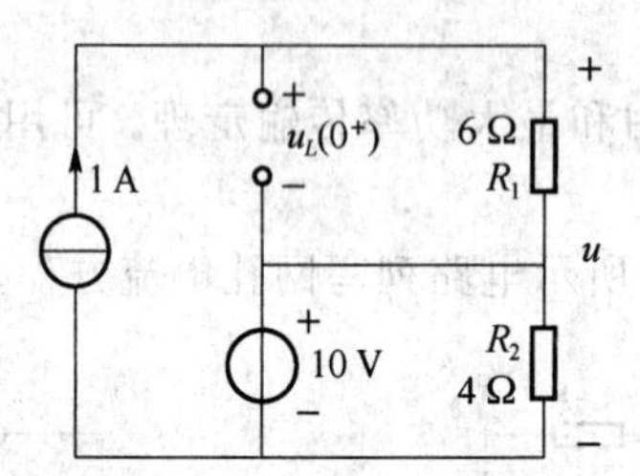

题解图 7

$$u_L(0^+)=1\times6=6\ \text{V}$$

当 $t\to\infty$ 时，电容开路，电感短路。

$$u_L(\infty)=0,\quad u_C(\infty)=1\times4=4\ \text{V}$$

开关闭合后 RL 电路和 RC 电路的时间常数分别为

$$\tau_L=\frac{L}{R_1}=\frac{2}{6}=\frac{1}{3}\ \text{s},\quad \tau_C=R_2C=4\times\frac{1}{8}=\frac{1}{2}\ \text{s}$$

根据三要素公式可得

$$u_L(t)=u_L(\infty)+[u_L(0^+)-u_L(\infty)]e^{-\frac{t}{\tau_L}}=6e^{-3t}\ \text{V}$$

$$u_C(t)=u_C(\infty)+[u_C(0^+)-u_C(\infty)]e^{-\frac{t}{\tau_C}}=(4+6e^{-2t})\ \text{V}$$

由电路的拓扑结构可知

$$u(t)=u_L(t)+u_C(t)=(6e^{-3t}+4+6e^{-2t})\ \text{V}$$

期末试题

一、选择题(把正确答案填在【 】中。每题 2 分,共 8 分)

1. 在线性变压器电路中,【　　】消耗的功率反映了副边回路消耗的功率大小。

A. 原边回路阻抗　　B. 副边回路阻抗

C. 反映阻抗　　D. 互感阻抗

2. 下列说法中最准确的是【　　】。

A. 在一段时间内,某元件的有功功率小于 0,则此元件在输出功率

B. 在一段时间内,某元件的无功功率大于 0,则此元件在吸收功率

C. 若某无源网络的无功功率为 0,则此网络不会含有电容或电感元件

D. 一个电路中的有功功率、无功功率、视在功率都是守恒的

3. 某含源单口网络的开路电压为 10 V,如果接 10 Ω 的电阻,则电阻上电压为 5 V,那么该含源单口网络的诺顿等效电路的短路电流和等效内阻应该是【　　】。

A. 0.5 A,10 Ω　　B. 1 A,10 Ω

C. 1 A,5 Ω　　D. 2 A,10 Ω

4. 对称三相电源为星形连接,相电压 $\dot{U}_A=220\angle 0^\circ$ V,则线电压 $\dot{U}_{AB}=$【　　】。

A. $380\angle -30^\circ$ V　　B. $380\angle 30^\circ$ V

C. $220\angle 0^\circ$ V　　D. $220\angle -30^\circ$ V

二、填空题(26 分,每空 2 分)

1. 电路如图 1 所示,已知 X 是电抗元件,$u=10\sqrt{2}\cos(10t+75^\circ)$ V,$i=\cos(10t+30^\circ)$ A,则等效元件 $R=$________,L(或 C)$=$________________(注明单位)。

2. 电路如图 2 所示,已知 $M=3$ H,$L_1=2$ H,$L_2=4$ H,$R_1=500$ Ω,$R_2=1\ 500$ Ω,$u_s(t)=120\cos 400t$ V,则 $i(t)=$________________,耦合系数 $K=$________________。

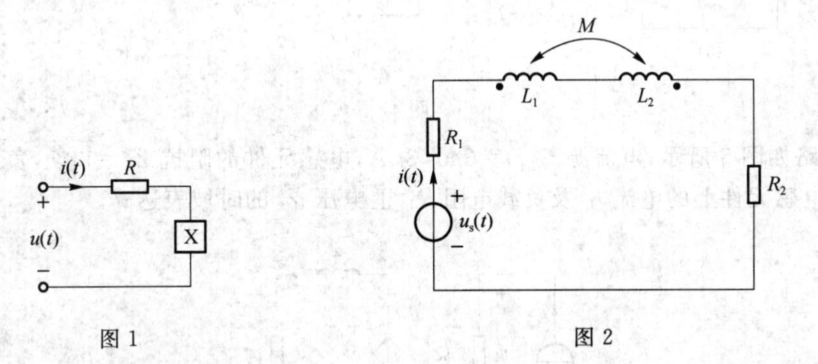

图 1　　图 2

3. 在非正弦周期稳态电路中,不同频率的电流相量或电压相量________(能/不能)叠加。

4. 网孔分析法的基本思想是对设定的网孔电流进行分析求解,那么这种方法________(可以/不可以)适用于平面网络和非平面网络。

5. 实际工程中多数负载为感性负载,通过与负载并联电容元件可以提高感性负载的功率因数,功率因数提高后负载的有功功率________,电源到负载的传输线中的电流有效值________。

6. 同频率正弦电流 $i_1(t)$、$i_2(t)$ 的振幅分别为 I_{1m} 和 I_{2m}，$i_1(t)+i_2(t)$ 的振幅为 I_m，则在什么条件下，下列关系式成立？

(1) $I_{1m}+I_{2m}=I_m$，条件为____________。

(2) $I_{1m}-I_{2m}=I_m$，条件为____________。

(3) $I_{1m}^2+I_{2m}^2=I_m^2$，条件为____________。

7. 设有两个图 3 所示 RC 电路，时间常数不同，初始电压不同，如果 $\tau_1=R_1C_1>\tau_2=R_2C_2$，那么它们的电压衰减到同一电压值所需的时间必然是 $t_1>t_2$，且与初始电压的大小无关。此说法是否正确？________

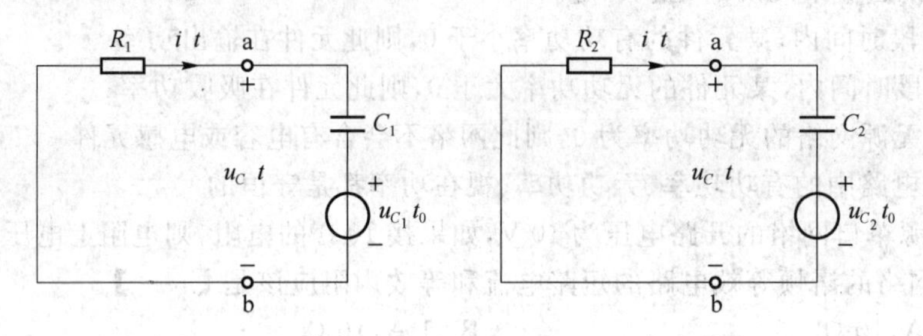

图 3

8. 基尔霍夫电压定律依据的是____________原理。

三、计算题(每题 6 分，共 12 分)

1. 电路如图 4(a)所示，已知 $R=2\ \Omega$，u_s、i_s 的波形如图 4(b)、(c)所示。试画出电流 i_R 和 i 的波形图。

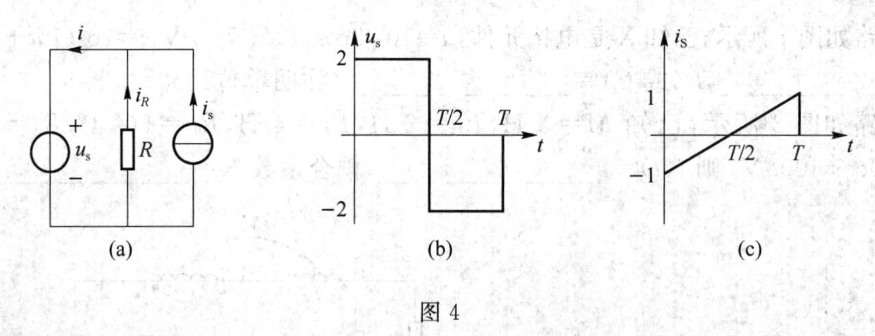

图 4

2. 电路如图 5 所示，电流源 $i_s(t)=3\cos 3t$ A，电感元件的阻抗 $Z_L=\mathrm{j}3\ \Omega$，负载电阻 $R_L=3\ \Omega$，求电感元件上的电流 i_L 及负载电阻 R_L 上电压 u_R 的时域表达式。

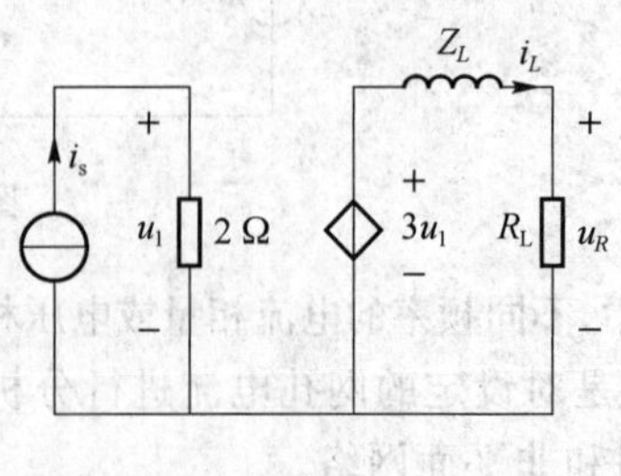

图 5

四、计算题(每题 6 分，共 18 分)

1. 电路如图 6 所示，已知 $\dot{I}_s=4\angle 0°$ A，求负载 Z_L 获得最大功率时的功率 $P_{L\max}$。

2. 电路如图 7 所示，用叠加定理求电压 U。

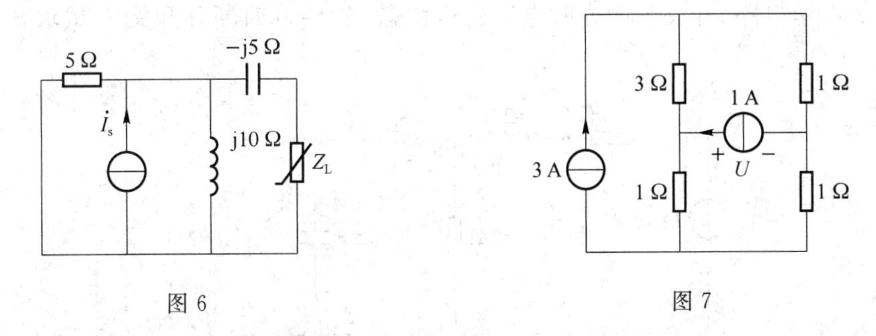

图 6　　　　图 7

3. 电路如图 8 所示，已知 $i(t)=4e^{-t}$ A，$L_1=2$ H，$L_2=4$ H，$M=3$ H，求 $u_{ad}(t)$ 和 $u_{cd}(t)$。

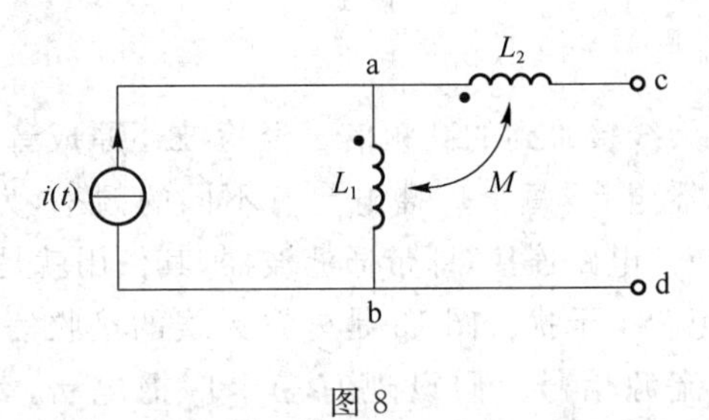

图 8

五、计算题（每题 4 分，共 8 分）

1. 求图 9 所示双口网络的 Z 参数。

2. 求图 10 所示电路的转移导纳 $\frac{\dot{I}_2}{\dot{U}_s}$，并判断该电路的频率特性。

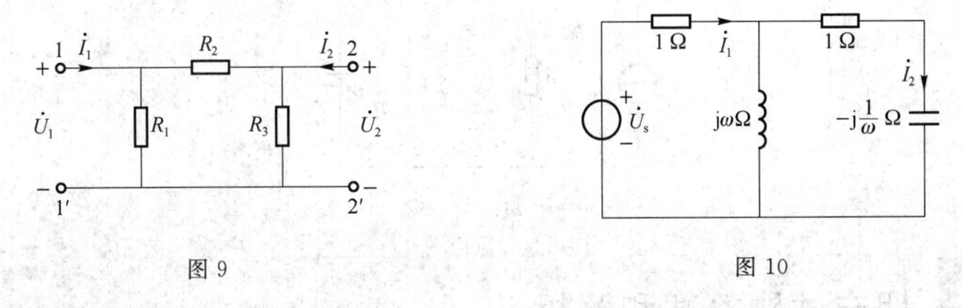

图 9　　　　图 10

六、计算题（8 分）

电路如图 11 所示，已知 $R=10$ Ω，$L=1$ H，$n=10$，$u_s(t)=20\sqrt{2}\cos 10t$ V。求电容为何值时电流 i 的有效值最大，并求此时的电压 u_2。

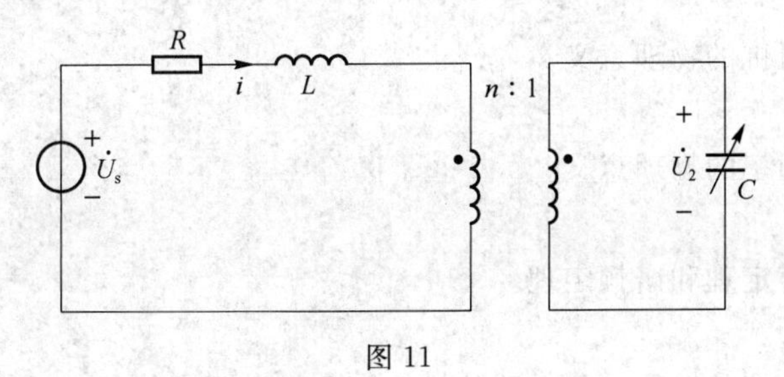

图 11

七、计算题(10 分)

如图 12 所示电路,开关 S 闭合时电路已达稳态,在 $t=0$ 时断开开关 S,试求 S 断开后的 $u_C(t)$和 $i_L(t)$。

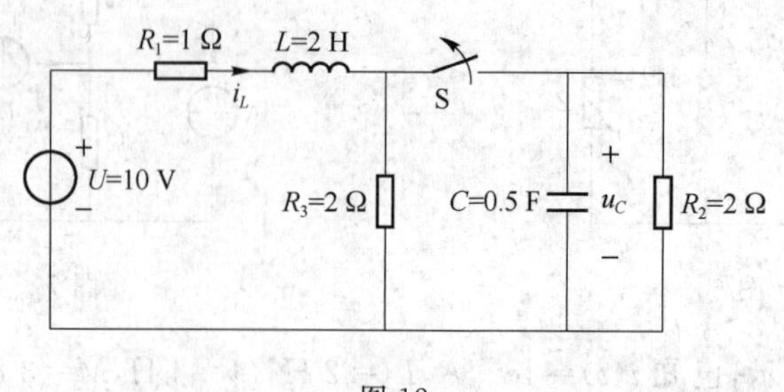

图 12

八、计算题(10 分)

收音机的原理是把从天线接收到的高频信号经检波还原成音频信号,然后送到耳机输出。由于有很多不同的广播电台,每个广播电台有不同的频率,为了设法得到所需要的节目,将接收天线与一个选择性电路连接,即带通滤波器,其作用就是把所需的信号挑选出来,把不需要的信号滤掉,以免产生干扰。图 13 是外置天线的接收信号电路,通过天线接收到的信号可以看作一个电流源信号。假设现有三个广播电台,其频率分别为 639 kHz、756 kHz和 945 kHz,已知 $R=25\ \text{k}\Omega$,$L=0.15\ \text{mH}$。(1)如果要想接收 756 kHz 的信号,则应将电容 C 调到多大?(2)频率为 756 kHz 时电路的品质因数为 35,频率为 639 kHz 和 945 kHz时电路的通频带宽度分别为 98 kHz 和 212 kHz,试通过计算判断 639 kHz 和 945 kHz的电台信号是否会对 756 kHz 的信号产生干扰。

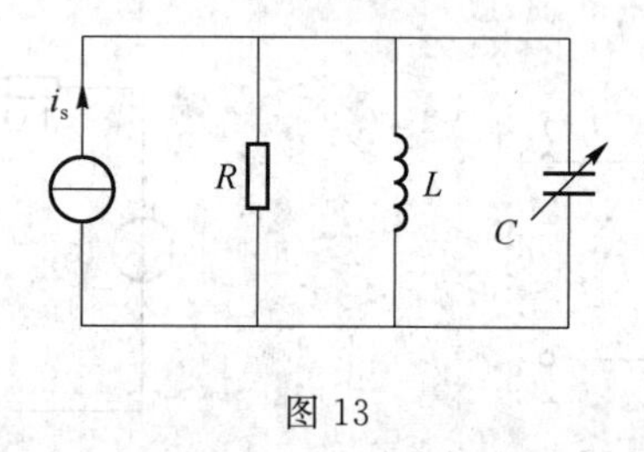

图 13

期末试题答案和解析

一、填空题

1. C

此题考查反映阻抗的物理意义。

2. A

此题考查有功功率的物理意义。

3. B

此题考查戴维南定理和诺顿定理。

4. A

此题考查星形连接的对称三相电路的线电压和相电压之间的关系。

二、填空题

1. 10 Ω,1 H

此题考查单口网络的阻抗及其等效的知识。

$$Z=\frac{\dot{U}}{\dot{I}}=\frac{10\sqrt{2}\angle 75^\circ}{\angle 30^\circ}=10\sqrt{2}\angle 45^\circ=(10+\mathrm{j}10)\ \Omega=R+\mathrm{j}\omega L$$

$$R=10\ \Omega, L=1\ \mathrm{H}$$

2. $60\cos 400t$ mA,$\frac{3}{\sqrt{8}}$

此题考查含耦合电感电路的分析,涉及去耦等效、耦合系数的相关知识。

3. 不能

此题考查有关正弦量的相量及其表示法的物理意义和应用。

4. 不可以

此题考查网孔分析法的适用范围。

5. 不变,减小

此题考查功率因数提高的基本原理和本质。

6. 同相,反相,正交

此题考查正弦量的相位关系及向量运算。

7. 错误

此题考查一阶动态电路零输入响应及时间常数的物理意义。

8. 能量守恒

此题考查基尔霍夫电压定律的物理本质。

三、计算题

1. 此题考查欧姆定律和基尔霍夫电流定律。

解答: $i_R=-\frac{u_s}{R}$,$i=i_R+i_s$,其波形如题解图 1 所示。

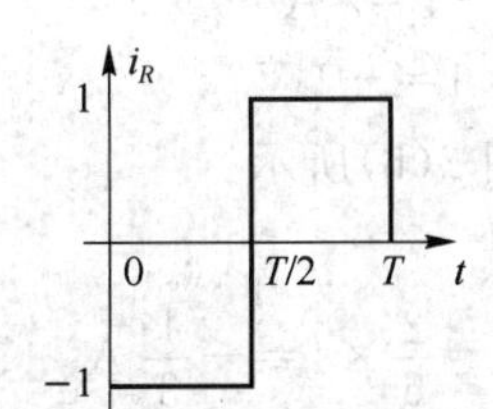

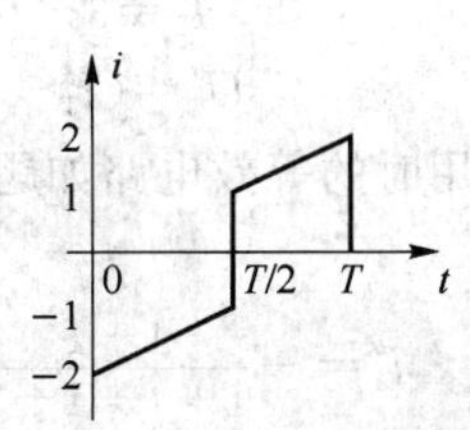

题解图 1

2. 此题考查正弦稳态电路的基本分析方法及相量与正弦量的对应关系。

解答: $\dot{I}_s=3\angle 0$ A,则

$$\dot{U}_1=2\dot{I}_s=2\times 3\angle 0^\circ=6\angle 0^\circ\ \mathrm{V}$$

$$\dot{I}_L=\frac{3\dot{U}_1}{Z_L+R_L}=\frac{3\times 6\angle 0^\circ}{3+\mathrm{j}3}=\frac{6}{\sqrt{2}}\angle -45^\circ\ \mathrm{A}$$

$$\dot{U}_R=3\dot{I}_L=3\times\frac{6}{\sqrt{2}}\angle -45^\circ=\frac{18}{\sqrt{2}}\angle -45^\circ\ \mathrm{V}$$

所以 $$i_L(t)=\frac{6}{\sqrt{2}}\cos(3t-45^\circ)\ \text{A},\quad u_R(t)=\frac{18}{\sqrt{2}}\cos(3t-45^\circ)\ \text{V}$$

四、计算题

1. 此题考查正弦稳态电路的最大功率传输定理，涉及戴维南等效电路的求解。

解答： 先求去掉负载后所剩单口网络的戴维南等效电路。

$$\dot{U}_{\text{oc}}=\frac{5\times \text{j}10}{5+\text{j}10}\dot{I}_{\text{s}}=4\times(4+\text{j}2)=(16+\text{j}8)\ \text{V}$$

$$Z_{\text{eq}}=-\text{j}5+5\,/\!/\,\text{j}10=-\text{j}5+\frac{5\times \text{j}10}{5+\text{j}10}=(4-\text{j}3)\ \Omega$$

当 $Z_{\text{L}}=Z_{\text{eq}}^*=(4+\text{j}3)\ \Omega$ 时其获得最大功率，最大功率为

$$P_{\text{Lmax}}=\frac{U_{\text{oc}}^2}{4\text{Re}[Z_{\text{eq}}]}=\frac{16^2+8^2}{4\times 4}=20\ \text{W}$$

2. 此题考查叠加定理的应用。

解答： 3 A 电源单独作用时的等效电路如题解图 2(a)所示。

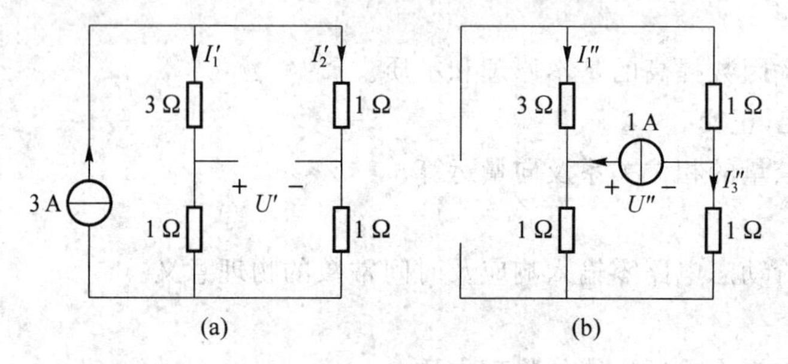

题解图 2

根据分流公式，

$$I_1'=\frac{1+1}{1+1+1+3}\times 3=\frac{2}{6}\times 3=1\ \text{A}$$

$$I_2'=3-I_1'=3-1=2\ \text{A}$$

$$U'=(I_1'-I_2')\times 1=-1\ \text{V}$$

1 A 电流源单独作用时的等效电路如题解图 2(b)所示。

根据分流公式，

$$I_1''=-\frac{1+1}{1+1+1+3}\times 1=\frac{2}{6}\times 1=-\frac{1}{3}\ \text{A}$$

$$U''=-(1+3)I_1''=\frac{4}{3}\ \text{V}$$

总电压为

$$U=U'+U''=-1+\frac{4}{3}=\frac{1}{3}\ \text{V}$$

3. 此题考查含耦合电感电路的分析。可以利用去耦等效的方法，也可以直接列写 KVL 方程求解。对于此题来说，直接列写 KVL 方程更不容易出错，但要正确计及互感电压。

解答： $$u_{\text{ad}}(t)=L_1\frac{\text{d}i(t)}{\text{d}t}=2\frac{\text{d}}{\text{d}t}(4\text{e}^{-t})=-8\text{e}^{-t}\ \text{V}$$

$$u_{ac}(t)=M\frac{di(t)}{dt}=3(-4e^{-t})=-12e^{-t}\ V$$

$$u_{cd}(t)=-u_{ac}(t)+u_{ad}(t)=4e^{-t}\ V$$

五、计算题

1. 此题考查二端口网络 Z 参数的定义及计算。可以通过列写端口的电压电流关系求解，也可以根据 Z 参数的计算式求解。下面给出根据计算式的求解方法。

解答：

$$Z_{11}=\frac{\dot{U}_1}{\dot{I}_1}\bigg|_{\dot{I}_2=0}=\frac{R_1(R_2+R_3)}{R_1+R_2+R_3},\quad Z_{21}=\frac{\dot{U}_2}{\dot{I}_1}\bigg|_{\dot{I}_2=0}=\frac{R_1R_3}{R_1+R_2+R_3}$$

$$Z_{12}=\frac{\dot{U}_1}{\dot{I}_2}\bigg|_{\dot{I}_1=0}=\frac{R_1R_3}{R_1+R_2+R_3},\quad Z_{22}=\frac{\dot{U}_2}{\dot{I}_2}\bigg|_{\dot{I}_1=0}=\frac{R_3(R_1+R_2)}{R_1+R_2+R_3}$$

2. 此题考查电路的网络函数及其频率特性。

解答： 列写网孔电流方程如下：

$$\begin{cases}(1+j\omega)\dot{I}_1-j\omega\dot{I}_2=\dot{U}_s\\ -j\omega\dot{I}_1+(1+j\omega-j\dfrac{1}{\omega})\dot{I}_2=0\end{cases}$$

消去 $\dot{I}_1$ 可得

$$\frac{\dot{I}_2}{\dot{U}_s}=\frac{j\omega^2}{2\omega+j(2\omega^2-1)}$$

网络函数的幅频特性为

$$\left|\frac{\dot{I}_2}{\dot{U}_s}\right|=\frac{\omega^2}{\sqrt{(2\omega)^2+(2\omega^2-1)^2}}$$

分析幅频特性可知，该网络具有高通滤波特性。

六、计算题

此题考查理想变压器的 VCR 及阻抗变换性质，谐振的概念和相关知识。

解答： 副边阻抗折合到原边的阻抗为

$$X_C'=n^2X_C=100X_C$$

所以折合电容为：$C'=\frac{1}{100}C$。

此时原边为 RLC 串联电路。当原边发生串联谐振时，电流有效值最大。根据谐振频率计算公式有

$$C'=\frac{1}{\omega^2L}=\frac{1}{100\times1}=0.01\ F$$

所以

$$C=1\ F$$

此时原边电流为

$$\dot{I}=\frac{\dot{U}_s}{R}=\frac{20\angle0^\circ}{10}=2\angle0^\circ\ A$$

折合的电容电压为

$$\dot{U}_C'=\dot{I}X_C'=2\angle0^\circ\times\frac{1\angle-90^\circ}{10\times0.01}=20\angle-90^\circ\ V$$

所以
$$\dot{U}_2=\frac{1}{10}\dot{U}_C'=\frac{1}{10}\times 20\angle -90^\circ=2\angle -90^\circ\ \text{V}$$
$$u_2(t)=2\sqrt{2}\cos(10t-90^\circ)\ \text{V}$$

七、计算题

此题考查一阶动态电路的分析，可以应用三要素求解。

解答： 换路前，电容开路，电感短路。再根据换路定则，可得电感电流和电容电压的初始值。

$$i_L(0^+)=i_L(0^-)=\frac{U}{R_1+R_2/\!/R_3}=\frac{10}{1+2/\!/2}=\frac{10}{2}=5\ \text{A}$$
$$u_C(0^+)=u_C(0^-)=i_L(0^+)\times R_2/\!/R_3=5\times 1=5\ \text{V}$$

开关打开后，电路再达稳态时，电容又开路，电感又短路。由此求电感电流和电容电压的稳态值。此时电容和电感分别在两个不同的电路，且电容所在电路中没有独立源，所以

$$i_L(\infty)=\frac{U}{R_1+R_3}=\frac{10}{1+2}=\frac{10}{3}\ \text{A},\quad u_C(\infty)=0$$

两个电路的时间常数分别为

$$\tau_L=\frac{L}{R_1+R_3}=\frac{2}{3}\ \text{s},\quad \tau_C=R_2C=1\ \text{s}$$

根据三要素公式可以得

$$i_L(t)=i_L(\infty)+[i_L(0^+)-i_L(\infty)]\text{e}^{-\frac{t}{\tau_L}}=\left(\frac{10}{3}+\frac{5}{3}\text{e}^{-1.5t}\right)\ \text{A}$$
$$u_C(t)=u_C(0^+)\text{e}^{-\frac{1}{\tau_C}t}=5\text{e}^{-t}\ \text{V}$$

八、计算题

此题是一道关于谐振的应用题，考查 RLC 并联谐振电路的相关知识。

解答：(1)根据谐振频率计算公式：$f_0=\dfrac{1}{2\pi\sqrt{LC}}$，

$$C=\frac{1}{4\pi^2 Lf_0^2}=\frac{1}{4\pi^2\times 0.15\times 10^{-3}\times 756\,000^2}=295\ \text{pF}$$

(2)
$$\text{BW}=\frac{2\pi f_0}{Q}=\frac{2\pi\times 756\,000}{35}=135\ \text{kHz}$$

$$756+\frac{135}{2}=823.5\ \text{kHz}<839\ \text{kHz}=945-\frac{212}{2}$$
$$756-\frac{135}{2}=688.5\ \text{kHz}>688\ \text{kHz}=639+\frac{98}{2}$$

所以，639 kHz 和 945 kHz 的电台信号不会对 756 kHz 的信号产生干扰。

2013年考试试题、答案和解析

期中试题

一、填空题：请把答案填写在题中空格上(每空2分，共30分)

1. 一个1 F的电容，已知其上的电压为$5t^2$，在$t>0$的某时刻电压瞬时值为5 V，若电压和电流取关联参考方向，则该时刻电容上的电流为________，此时电容的储能为________。

2. 某线性电路，若初始状态增大m倍，则________响应也相应增大m倍；若初始状态为零，电路的输入增大n倍，则________响应也相应增大n倍。

3. 对于一阶线性电路，时间常数越大，则其响应变化越________(快/慢)；时间常数倒数的相反数具有________(时间/频率)的量纲，称为电路的________。

4. 若电路适用集总参数模型，则应满足________________的条件。

5. 电路受两大约束支配，欧姆定律属于________约束，基尔霍夫定律属于________约束。

6. 含n个节点、b条支路的电路，有________个完备的独立电流变量，有________个完备的独立电压变量。

7. 独立电压源置零的含义为________(开路/短路)。

8. 在电路分析中若计算出某支路电流为负值，则表明该支路电流的参考方向与真实方向________。

9. 特勒根定理1是________________的具体体现。

二、计算题(每题4分，共12分)

1. 求图1所示电路中的电流i和电压u。

2. 求图2所示网络的等效电阻R_{eq}。

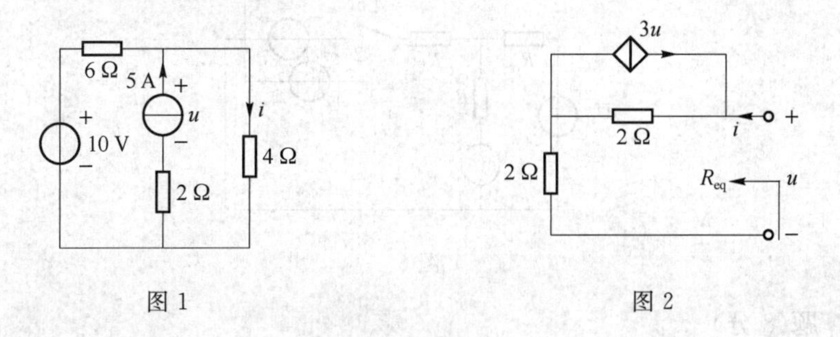

图1　　　　图2

3. 图3所示电路中，计算I和受控源吸收的功率。

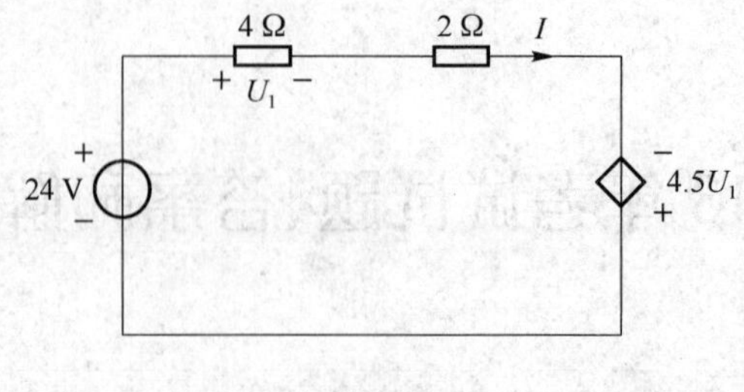

图 3

三、画图题(每题 6 分,共 12 分)

1. 试画出图 4 所示电路端口处的 VCR 曲线 u-i,并画出 a、b 端的诺顿等效电路。

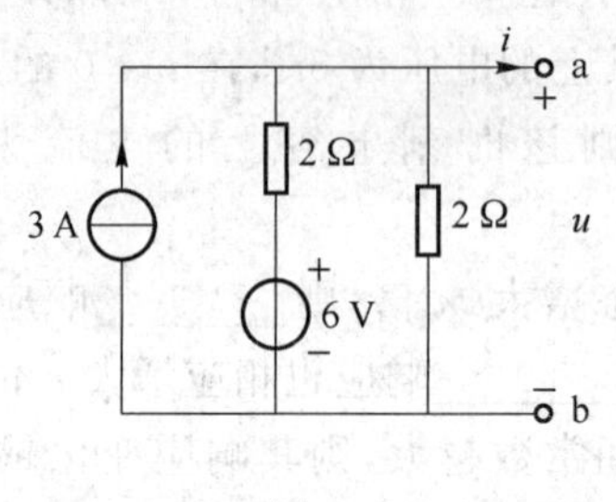

图 4

2. 图 5(a)所示电路中电压源电压如图 5(b)所示,试画出 $i_L(t)$的波形。

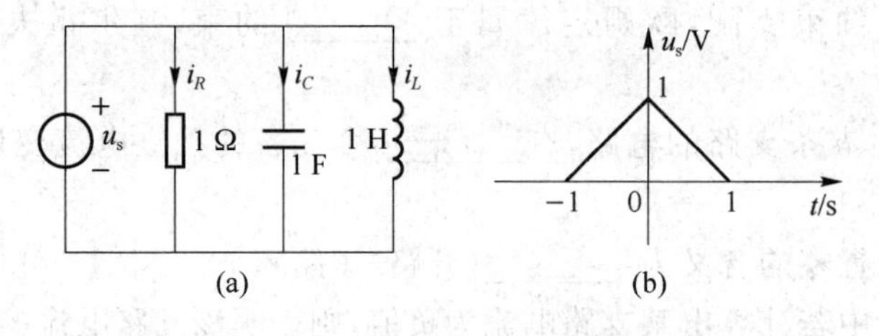

图 5

四、计算题(6 分)

线性电路如图 6 所示,当开关分别在位置"1"和"2"时,毫安表的读数分别为 40 mA 和 −60 mA。试求当开关在位置"3"时毫安表的读数。设 $U_{s2}=4$ V,$U_{s3}=6$ V。

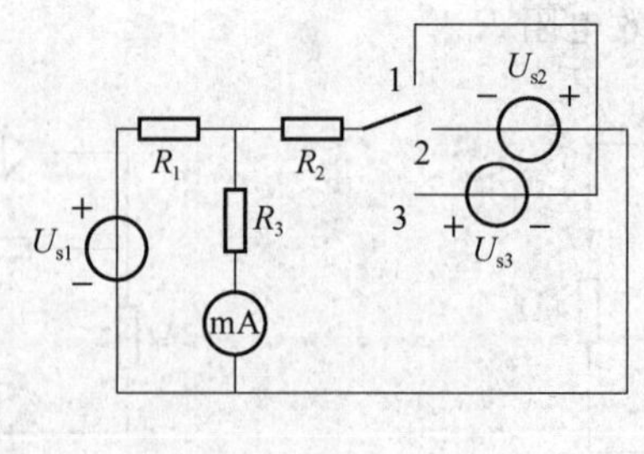

图 6

五、计算题(8 分)

图 7 所示电路中,N 为线性含源电阻网络。已知当开关 S_1、S_2 均打开时,电压表的读数为 6 V;当开关 S_1 闭合、S_2 打开时,电压表的读数为 4 V。试求当 S_1 和 S_2 均闭合时电压表的

读数。

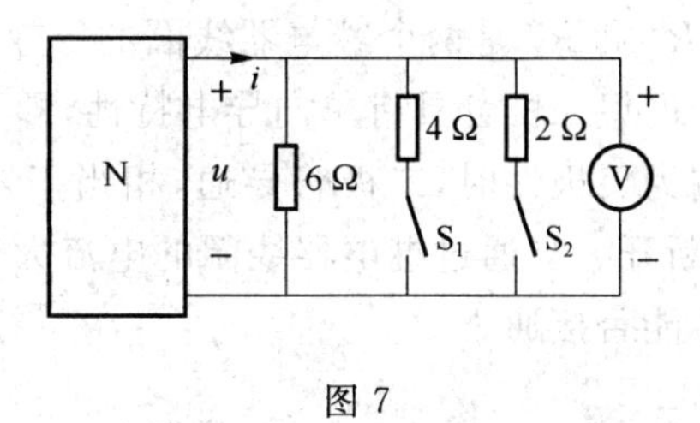

图 7

六、计算题(8 分)

电路如图 8 所示,如果在 a、b 端接一个可变负载 R_L,则当 R_L 为多大时,可获得最大功率?求出最大功率数值。

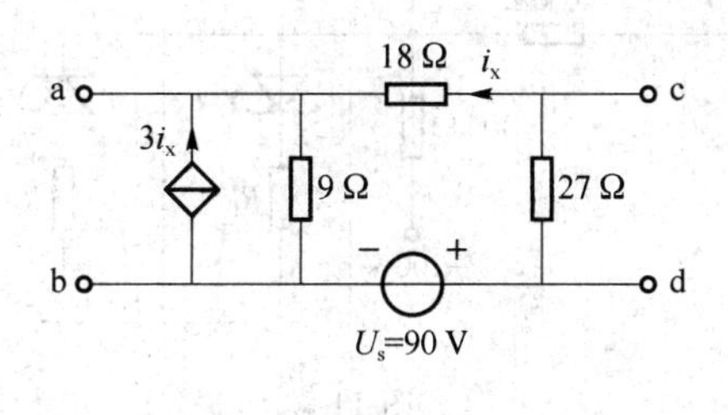

图 8

七、计算题(8 分)

按照图 9 中标定的网孔电流列写出电路的网孔电流方程。

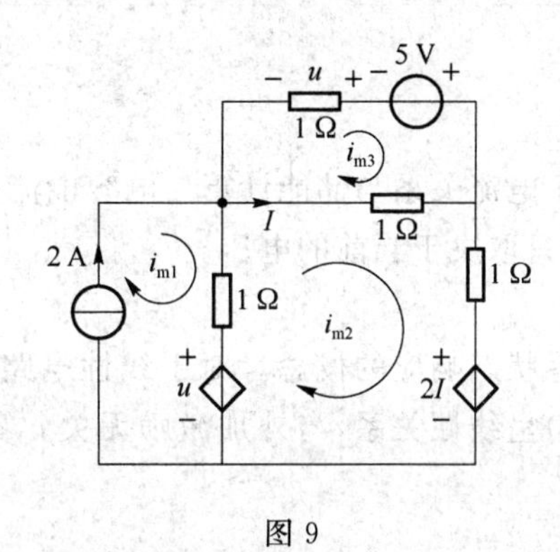

图 9

八、计算画图题(10 分)

电路如图 10 所示,$t=0$ 时开关 S 闭合。(1)求 $t>0$ 后的 $i_L(t)$;(2)请画出 $i_L(t)(t>0)$ 的波形;(3)指出响应 $i_L(t)$ 中的暂态响应分量和稳态响应分量。

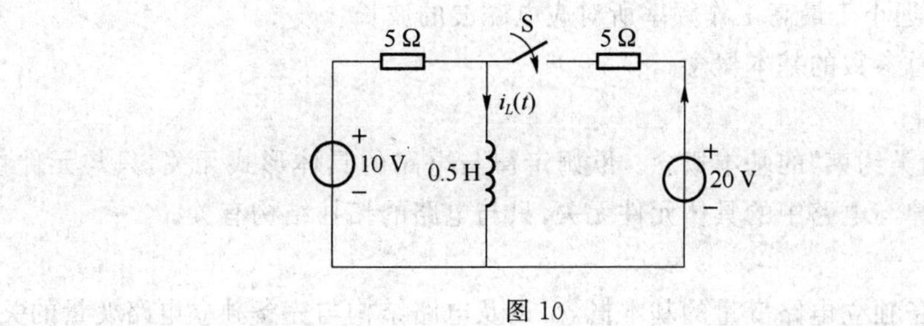

图 10

九、计算题(6 分)

电路如图 11 所示,其中 R_1 和 R_2 是两个继电器线圈的等效电阻,$R_1=5\ \text{k}\Omega$,$R_2=6\ \text{k}\Omega$,VD_1 和 VD_2 是理想二极管。理想二极管具有单向导电特性,即当其上施加的电压 u_1、u_2 在三角形一端为正极性、另一端为负极性时,二极管导通,相当于短路;否则,施加的电压极性相反时,二极管截止,相当于断开。当通过继电器线圈的电流大于 2 mA 时,继电器接通,试问在图 11 电路中两个继电器能否接通。

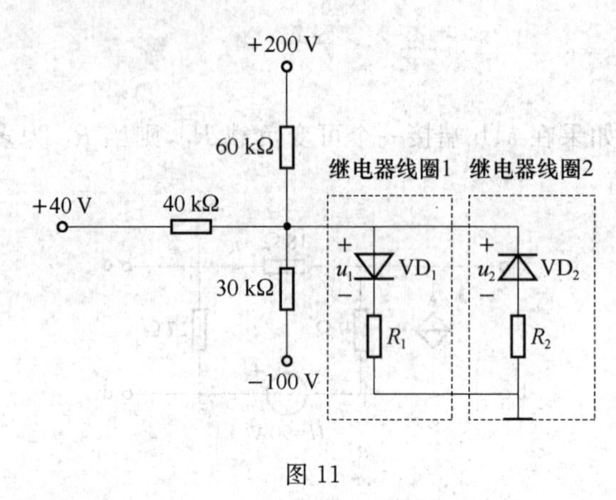

图 11

期中试题答案和解析

一、填空题

1. 10 A,12.5 J

此题考查电容元件的电压电流关系与储能计算。电容电流只取决于电压的当前变化率(即导数),电容的瞬时储能则只取决于当前的电压。

2. 零输入,零状态

此题考查零输入响应和零状态响应的概念。对于线性电路来说,零输入响应只与初始状态(即动态元件的原始储能)呈线性关系,与外加激励无关。零状态响应只与外加激励呈线性关系,与初始状态无关。

3. 慢,频率,固有频率

一阶动态电路是指电路中只有一个独立电容或独立电感的线性电路。此题考查时间常数和固有频率的概念,及其对一阶电路响应的影响。根据时间常数在响应中的位置,可以看出时间常数的大小对于指数函数变化趋势的影响。

4. 元件尺寸远小于最高工作频率所对应电磁波的波长

此题考查集总参数的基本概念。

5. 元件,拓扑

此题考查“两类约束”的基本概念。欧姆定律与电路的具体形式无关,只与元件参数有关。基尔霍夫定律与电路中的具体元件无关,只与电路的拓扑结构有关。

6. $b-n+1$,$n-1$

此题考查完备独立电路变量的基本概念,以及电路结构与完备独立电路变量的关系。

7. 短路

此题考查独立电源的等效概念。

扩展问题：独立电流源置零的含义是什么？

8. 相反

此题考查电路电流、电压的参考方向和真实方向的关系。

9. 功率守恒

此题考查特勒根定理的含义。对比：KCL 反映了电荷守恒，KVL 反映了能量守恒。

二、计算题

1. 此题考查利用两类约束或节点法求解简单电路。可以直接根据电路和元件的约束关系列方程求解，但要注意所列方程的独立性。此外通过观察可知，电路中只有一个独立节点，因此采用节点电压法求解比较方便。

解答： 解法 1：将上面的节点电压设为 u_{n1}，如题解图 1 所示，则有

$$\begin{cases} i=\dfrac{u_{n1}}{4} \\ \dfrac{u_{n1}-10}{6}+i=5 \end{cases}$$

解得

$$\begin{cases} u_{n1}=16\ \text{V} \\ i=4\ \text{A} \end{cases}$$

因此

$$u=u_{n1}-(-5)\times 2=26\ \text{V}$$

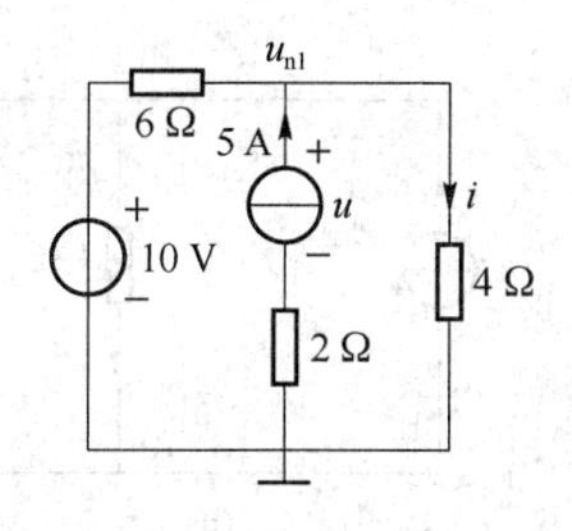

题解图 1

解法 2：也可利用节点电压法进行求解。设下面的节点为参考节点，则有

$$\left(\frac{1}{6}+\frac{1}{4}\right)u_{n1}=\frac{10}{6}+5$$

解得

$$u_{n1}=16\ \text{V}$$

因此

$$u=u_{n1}-(-5)\times 2=26\ \text{V}$$

列写节点电压方程时应注意：与电流源串联的电阻不考虑。

2. 此题考查等效电阻的求解方法。由于存在受控源，因此无法直接利用电阻的串并联等效进行求解，需要利用求输入电阻的方法求解，即求端口电压和端口电流的比值。此外应注意，受控源可以等效为电阻，独立源则不可以。

解答： 由图知

$$u=2(i+3u)+2i$$

整理得

$$-5u=4i$$

所以
$$R_{eq}=\frac{u}{i}=-0.8\ \Omega$$

3. 此题考查参考方向的概念和功率的计算。在求解功率时，需要正确判断电压、电流的参考方向关系。在判断元件是吸收还是提供功率时，则只需要看计算结果的正负号，与参考方向无关。

解答：根据电路列方程

$$\begin{cases}U_1=4I\\24=(2+4)I-4.5U_1\end{cases}$$

解得
$$\begin{cases}I=-2\ \text{A}\\U_1=-8\ \text{V}\end{cases}$$

由于受控源的电压和电流为非关联参考方向，所以受控源吸收的功率为

$$P=-I(4.5U_1)=-72\ \text{W}$$

注意：因为受控源的电压 $4.5U_1$ 和 I 为非关联参考方向，因此计算公式中出现负号。结果为负值，则说明受控源实际提供功率。

三、画图题

1. 此题考查诺顿等效电路的知识，以及端口 VCR 的概念。由于电路中不存在受控源，因此可以利用电源的等效变换进行化简并求解。

解答：首先将 6 V 电压源与电阻串联的支路等效变换为电流源与电阻并联的形式，如题解图 2(a)所示。

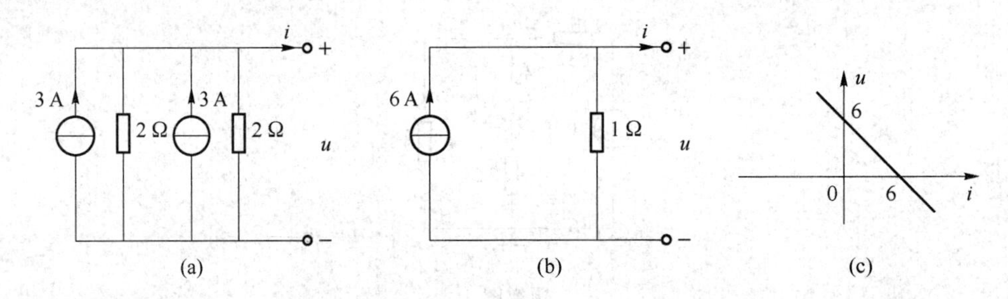

题解图 2

然后再进一步化简为题解图 2(b)所示电路，此即为诺顿等效电路。

根据题解图 2(b)可知，端口的 u-i 关系为：$u=6-i$，所以端口的 VCR 曲线如题解图 2(c)所示。

2. 此题考查电感元件的 VCR。电感电流可以直接根据电源电压和电感的 VCR 求出，与电阻、电容无关。

解答：由电感的 VCR 可得

$$i_L(t)=\frac{1}{L}\int_{-\infty}^{t}u_s(t)\mathrm{d}t=\int_{-\infty}^{t}u_s(t)\mathrm{d}t$$

$-1\leqslant t<0$ 时，
$$i_L(t)=\int_{-1}^{t}(t+1)\mathrm{d}t=\frac{1}{2}(t+1)^2$$

$0\leqslant t\leqslant 1$ 时，
$$i_L(t)=\frac{1}{2}+\int_{0}^{t}(1-t)\mathrm{d}t=1-\frac{1}{2}(t-1)^2$$

由此得出 $i_L(t)$ 的波形如题解图 3 所示。

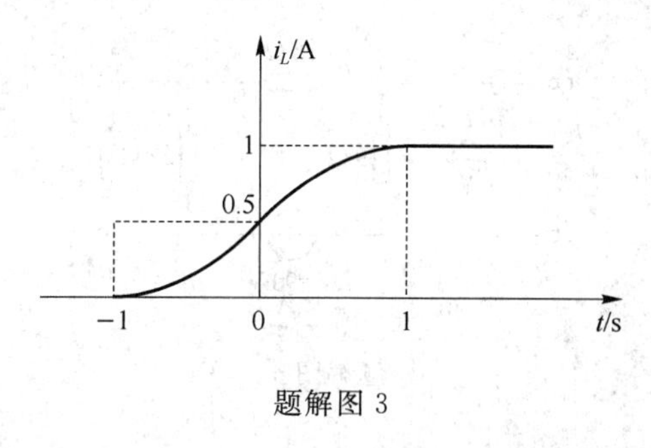

题解图 3

四、计算题

此题考查线性电路的性质——齐次性和叠加性。电路中存在一个固定的电源 U_{s1}，以及两个受开关控制的电源 U_{s2} 和 U_{s3}，毫安表读数反映了不同电源共同作用的响应。

解答： 开关接在"1"时，只有 U_{s1} 一个电压源接入电路，此时产生的电流设为 I_1，根据题意得 $I_1=40$ mA；开关接在"2"时，U_{s1} 与 U_{s2} 同时接入电路，设 U_{s2} 单独作用于电路产生的电流为 I_2，则根据叠加定理可知：$I_1+I_2=-60$ mA，即 $I_2=-100$ mA；当开关接在"3"时，U_{s1} 与 U_{s3} 同时接入电路，设 U_{s3} 单独作用于电路产生的电流为 I_3，根据线性电路的齐性定理得 $I_3=\frac{-U_{s3}}{U_{s2}}I_2=150$ mA，再根据叠加定理可得所求电流为：$I_1+I_3=190$ mA。

五、计算题

此题考查戴维南定理的应用。通过将网络 N 转换为戴维南等效电路形式，可以得到一个具体电路，从而进行求解。

解答： 将网络 N 用戴维南等效电路表示，设开路电压为 u_{oc}，等效电阻为 R_{eq}，则根据题意有

$$\begin{cases}\frac{u_{oc}}{R_{eq}+6}\times 6=6\\ \frac{u_{oc}}{R_{eq}+6/\!/4}\times 6/\!/4=4\end{cases}$$

求得

$$\begin{cases}u_{oc}=9\ \text{V}\\ R_{eq}=3\ \Omega\end{cases}$$

当 S_1 和 S_2 均闭合时，利用分压公式可得电压表的读数为

$$\frac{u_{oc}}{R_{eq}+6/\!/4/\!/2}\times 6/\!/4/\!/2=2.4\ \text{V}$$

六、此题考查戴维南定理和最大功率传输定理的知识。注意 c、d 两端并无用处，看作开路即可。

解答： 首先求出 a、b 端右边网络的戴维南等效电路。

先求开路电压，列方程如下：

$$\begin{cases}U_{oc}=9(i_x+3i_x)\\ i_x(27+18)+9(i_x+3i_x)=90\end{cases}$$

解得

$$\begin{cases}i_x=\frac{10}{9}\ \text{A}\\ U_{oc}=40\ \text{V}\end{cases}$$

再利用短路电流法求等效电阻，电路如题解图 4 所示。

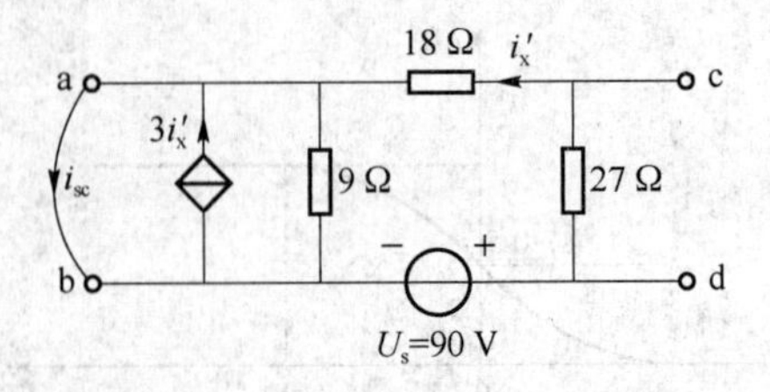

题解图 4

列方程如下：

$$\begin{cases} i_{sc}=(3+1)i_x' \\ i_x'(27+18)=90 \end{cases}$$

解得
$$\begin{cases} i_x'=2\ \text{A} \\ i_{sc}=8\ \text{A} \end{cases}$$

根据开路电压和短路电流的参考方向可得等效电阻为

$$R_{eq}=\frac{u_{oc}}{i_{sc}}=\frac{40}{8}=5\ \Omega$$

当 $R_L=R_{eq}=5\ \Omega$ 时获得最大功率，最大功率为

$$P_{L\max}=\frac{u_{oc}^2}{4R_{eq}}=\frac{40^2}{4\times5}=80\ \text{W}$$

七、计算题

此题考查网孔电流方程的列写。注意电路中存在两个受控源，因此需要增列两个补充方程，同时由于电流源所在支路只包含在网孔 1 中，所以网孔 1 的电流 i_{m1} 就是电流源的电流。

解答：网孔电流方程如下：

$$\begin{cases} i_{m1}=2 \\ (-1)i_{m1}+(1+1+1)i_{m2}+(-1)i_{m3}=u-2I \\ (-1)i_{m2}+(1+1)i_{m3}=5 \end{cases}$$

补充方程：
$$\begin{cases} I=i_{m2}-i_{m3} \\ u=-i_{m3} \end{cases}$$

八、计算题

此题考查应用三要素法求解一阶动态电路的过渡过程，以及暂态响应和稳态响应的定义。

解答：(1)先求电感电流的初始值。根据开关闭合前的等效电路和换路定则可得

$$i_L(0^+)=i_L(0^-)=10/5=2\ \text{A}$$

再根据换路后的稳态电路求稳态值：

$$i_L(\infty)=10/5+20/5=6\ \text{A}$$

再求换路后电路的时间常数：

$$\tau=\frac{L}{R_{\mathrm{eq}}}=\frac{0.5}{5/\!/5}=\frac{0.5}{2.5}=0.2\ \mathrm{s}$$

最后根据三要素公式可得

$$i_L(t)=i_L(\infty)+[i_L(0^+)-i_L(\infty)]\mathrm{e}^{-\frac{t}{\tau}}=6+(2-6)\mathrm{e}^{-5t}=(6-4\mathrm{e}^{-5t})\ \mathrm{A},\quad t\geqslant 0^+$$

(2) $i_L(t)$的波形如题解图5所示。

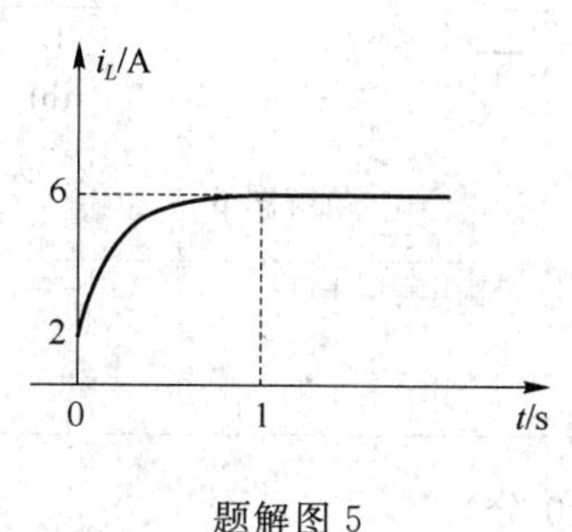

题解图5

(3) $i_L(t)$的暂态响应分量为：$-4\mathrm{e}^{-5t}$ A。

稳态响应分量为：6 A。

九、计算题

此题考查利用电路分析的基本方法解决综合性问题的能力。电路的左边是一个电阻电路，可以利用戴维南定理进行等效简化，但由于不知道继电器的工作状态，因此难以直接利用两类约束求出各支路的电流、电压。

继电器和理想二极管虽然是“陌生”的元器件，但其基本特性已经在题目中给出，即需要考虑实际电压方向和电流大小等因素。在进行分析时，可以采用假设法，即假设其工作在导通或截止状态，看此时电路中是否存在矛盾之处。

解答：将电路改画为题解图6(a)所示形式。

求A、B左端的戴维南等效电路。列节点电压方程求开路电压。

$$U_{\mathrm{oc}}\left(\frac{1}{40}+\frac{1}{60}+\frac{1}{30}\right)=\frac{40}{40}+\frac{200}{60}-\frac{100}{30}$$

$$U_{\mathrm{oc}}=\frac{40}{3}\ \mathrm{V}$$

等效电阻：　$R_{\mathrm{eq}}=40/\!/60/\!/30=40/\!/20=\frac{40}{3}\ \mathrm{k\Omega}$

由此得题解图6(b)所示等效电路。对其进行分析：

(1) 根据题解图6(b)和二极管的单向导电特性可知，$\mathrm{VD_2}$不会导通，所以继电器2不会接通。

(2) 如果A点电压高于B点电压，则$\mathrm{VD_1}$导通，但继电器是否工作还要看其通过的电流大小；$\mathrm{VD_2}$肯定截止，相当于断路。此时的电路等效为题解图6(c)所示形式。此时通过R_1支路的电流为$i=\dfrac{\frac{40}{3}}{\frac{40}{3}+5}=\dfrac{8}{11}<2$ mA，所以继电器1不能接通。

综上所述，$\mathrm{VD_1}$导通，$\mathrm{VD_2}$截止，R_2中无电流；虽然R_1支路有电流通过，但其不足以使继电器1接通，所以两个继电器都不能接通。

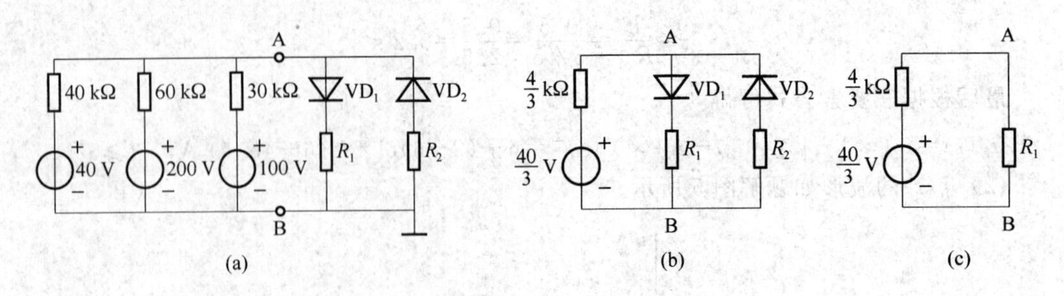

题解图 6

期末试题

一、填空题(每空 1 分,共 10 分)

1. 从物理意义上看,KCL 是____________定律在电路分析中的具体体现;KVL 是____________定律在电路分析中的具体体现。

2. 若电路含有 b 条支路、n 个节点,则该电路具有______个完备的独立电压变量,______个完备的独立电流变量。

3. 对于某理想电容元件,若通过元件的电流为 $i_C(t)=I_m\cos(\omega_0 t+\psi_i)$,电压为 $u_C(t)=U_m\cos(\omega_0 t+\psi_u)$,且处于稳态,则在一个周期内电容消耗的平均功率为__________。

4. 时间常数和固有频率是一阶电路本身的特性参数,若希望过渡过程尽量短,则应取较______(大/小)的时间常数,应取较______(大/小)的固有频率。

5. 正弦稳态电路中,某电感元件电压的有效值保持不变,若频率增大,则电感电流的有效值____________(增大/减小)。

6. 假设白炽灯(纯阻性)和日光灯(感性)的额定功率相等,如果要确保二者都能正常工作,则白炽灯的视在功率应______(大于/小于)日光灯。

7. 理想电压源和理想电流源串联,其等效电路为____________。

二、填空题(每空 2 分,共 20 分)

1. 两个电路的等效是指对外部而言,即保证端口的______关系相同。

2. 图 1 所示一阶动态电路中,输入信号为 $u(t)$,试列写描述 $u_C(t)$ 与 $u(t)$ 关系的微分方程____________。

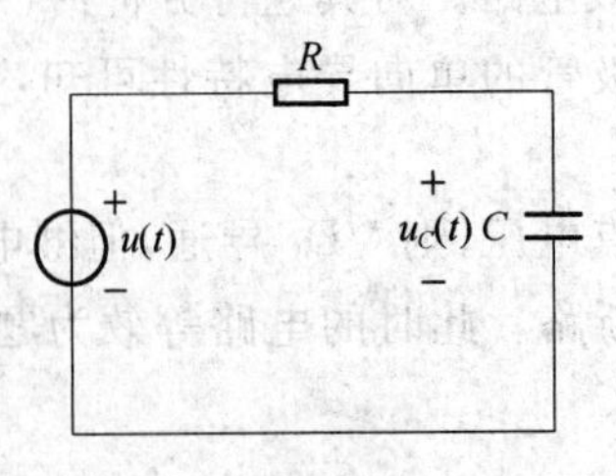

图 1

3. 当两个同频率正弦量的相位差为零时,称这两个正弦量______。

4. 已知电压 $u_1(t)=10\sin\left(314t+\frac{\pi}{3}\right)$ V,$u_2(t)=5\cos\left(314t-\frac{\pi}{6}\right)$ V,则电压 $u_1(t)$ 超前

电压 $u_2(t)$的相位为________________。

5. 若谐振电路有较高的选择性，则带宽________(较宽/较窄)。

6. 电阻 $R=10\ \Omega$ 和电感 $L=100$ mH 串联，电源频率 $f=50$ Hz，则功率因数为________。

7. 电感 L_1 和 L_2 串联的总电感等于________。

8. 电流为$(1+2\cos 10t)$ mA 的有效值为________。

9. 某星形连接的对称三相负载为纯电阻，每相负载为 11 Ω，电流为 20 A，则三相负载的相电压为________。

10. 二阶 RLC 串联电路，当 R ________时，电路具有衰减振荡过渡过程。

三、简答题(每题 3 分，共 6 分)

1. 为什么变压器不能改变直流电压?

2. RLC 并联电路发生谐振的条件是什么?

从第四大题开始，只有结果没有步骤不得分。

四、计算题(每题 6 分，共 12 分)

1. 电路如图 2 所示，求电流 i。

2. 求图 3 所示电路的 Y 参数矩阵。

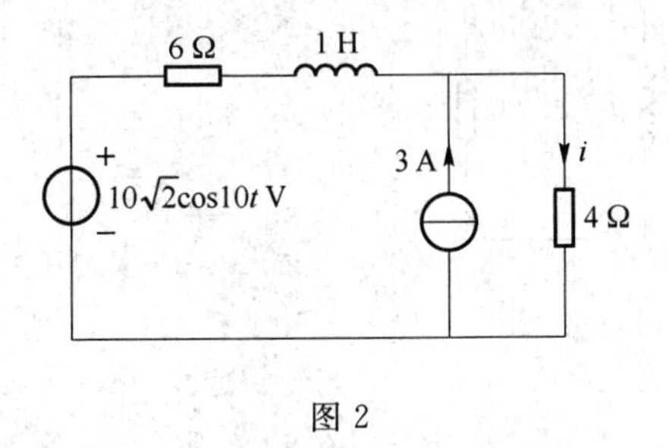

图 2

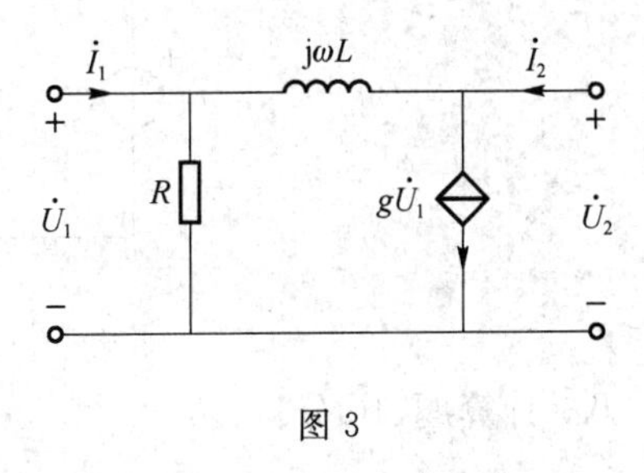

图 3

五、计算画图题(共 14 分)

1. (6 分)已知图 4 所示电路中的电流表和电压表都是理想元件，电容的阻抗大小为 1 Ω，电压表 V_1 的读数为 1 V，电压表 V 的读数为 2 V。试用相量图法求理想电流表 A 的读数和电阻值 R。

2. (8 分)写出图 5 所示电路的网络函数 $H(\mathrm{j}\omega)=\dfrac{\dot{U}_2}{\dot{U}_1}$，画出其幅频特性曲线，并求出半功率点(截止)频率。其中 $C=1\ \mu$F，$R=10$ kΩ。

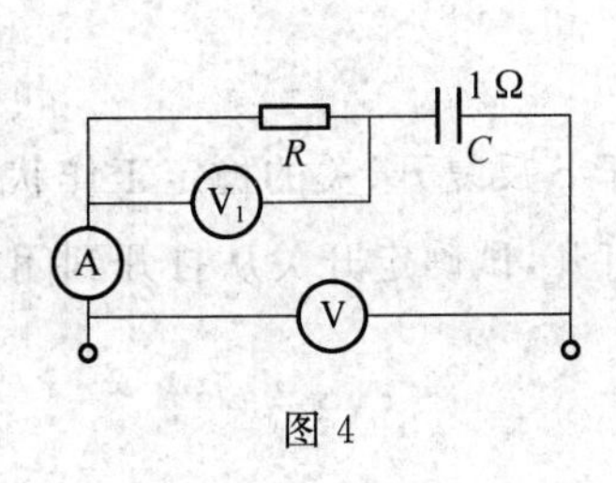

图 4

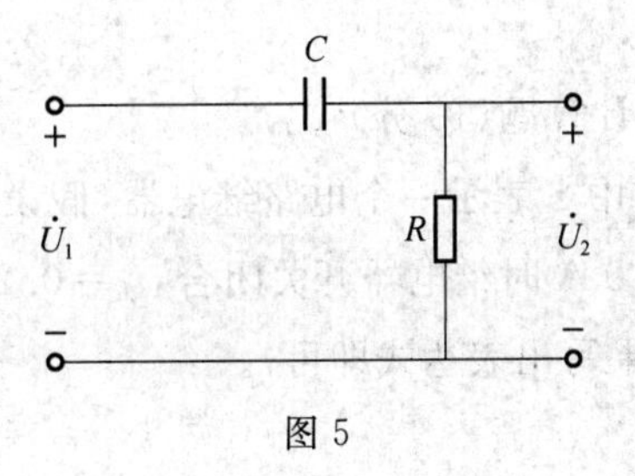

图 5

六、计算画图题(8 分)

已知图 6 所示电路参数如下:$L_1=2\ \text{mH}$,$L_2=1\ \text{mH}$,$M=0.2\ \text{mH}$,$R_1=9.9\ \Omega$,$R_2=40\ \Omega$,$C_1=C_2=10\ \mu\text{F}$,$u_s(t)=10\sqrt{2}\cos 10^4 t\ \text{V}$。(1)画出去耦等效电路的相量模型;(2)根据去耦等效电路的相量模型列写网孔电流方程,代入数值并整理该方程组。

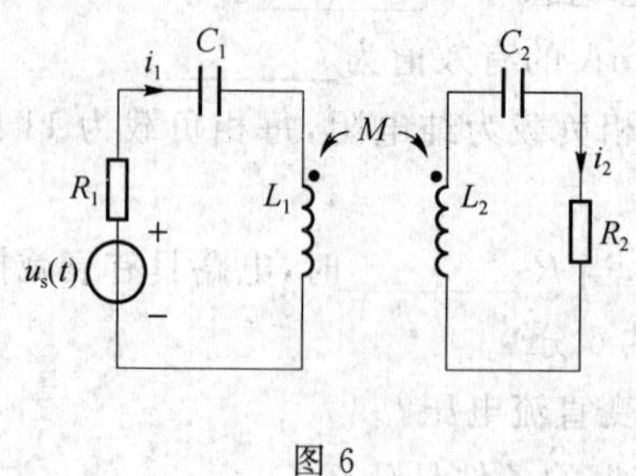

图 6

七、计算题(10 分)

含理想变压器的电路如图 7 所示,已知$\dot{U}_o=10\angle 0°\ \text{V}$,试求$\dot{U}_s$。

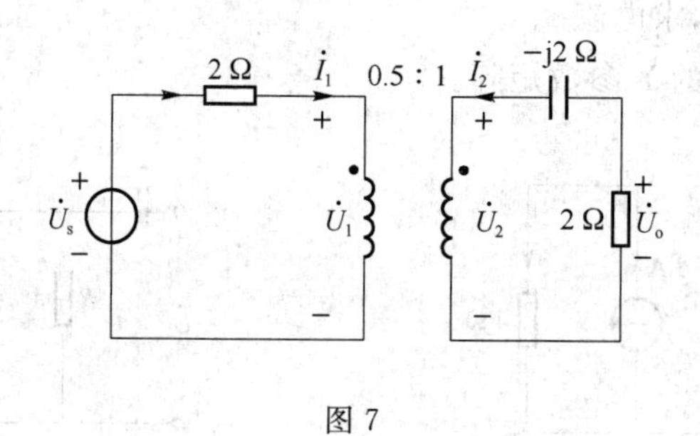

图 7

八、计算题(10 分)

电路如图 8 所示,已知 $\dot{I}_s=10\angle 0°\ \text{A}$,则负载阻抗 Z_L 为何值时能够获得最大功率?求其最大功率值。

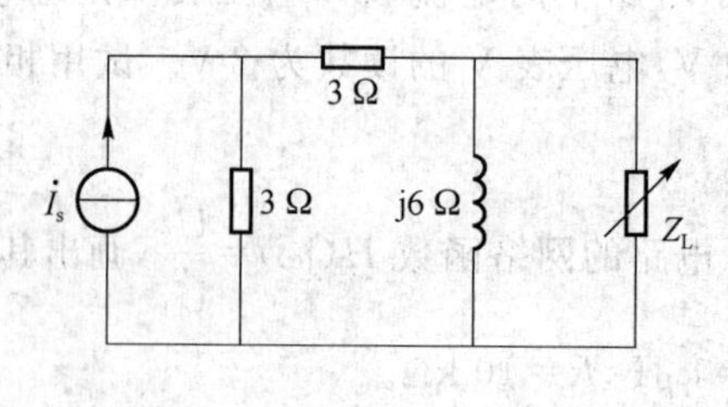

图 8

九、计算题(10 分)

图 9 中 S 表示一个电路继电器,假设电路已经处于 S 反复开、关的稳定工作状态。若要使 $i_L=0.9\ \text{A}$ 时继电器开关闭合,$i_L=0.25\ \text{A}$ 时开关打开,试确定开关从打开到闭合经历的时间(结果写出表达式即可)。

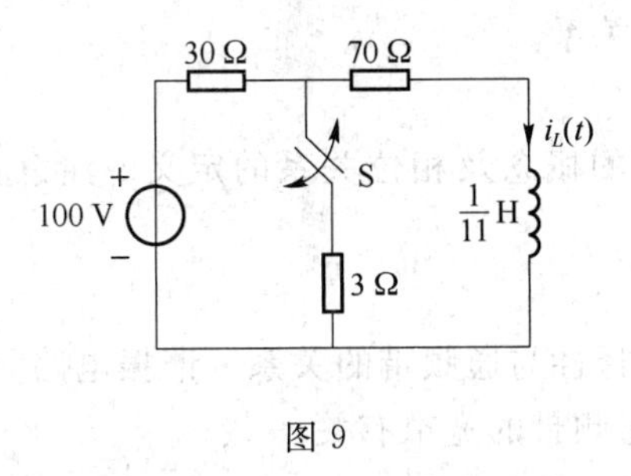

图 9

期末试题答案和解析

一、填空题

1. 电荷守恒，能量守恒

此题考查KCL、KVL的理论基础。KCL体现同一时间内流入流出节点的电荷守恒，KVL体现电荷沿回路一周，回到原位置后，其电势能不变。

2. $n-1, b-n+1$

此题考查完备独立电路变量的概念。

3. 0

此题考查电容元件的基本性质。电容元件具有储能的功能，不消耗功率，只是进行能量的存储和释放。

4. 小，小

此题考查时间常数和固有频率的概念及关系，以及对动态电路过渡过程的影响。

5. 减小

此题考查频率对动态元件阻抗的影响。根据电感阻抗表达式可知，其阻抗大小与频率高低成正比关系，因此在电压有效值不变时，频率增大，电流有效值减小。

6. 小于

此题考查实际器件的电路模型、正弦稳态电路中各种功率的定义及相互关系，以及功率因数的概念。额定功率(有功功率)和视在功率之比为功率因数。对于电阻性负载，其功率因数为1，对于非纯电阻性负载则功率因数必然小于1。

7. 理想电流源

此题考查理想电源的基本特性及其等效变换。任何元件与理想电流源串联，对外均等效为理想电流源。任何元件与理想电压源并联，对外均等效为理想电压源。

二、填空题

1. 电压电流(或伏安)

此题考查等效的含义。两个网络等效是指对任意外电路的效果相同，即端口的电压电路关系(或伏安特性曲线)相同。

2. $\frac{\mathrm{d}u_C(t)}{\mathrm{d}t}+\frac{1}{RC}u_C(t)=\frac{1}{RC}u(t)$

此题考查一阶动态电路的数学模型。

3. 同相

此题考查正弦量的相位关系。

4. 0 rad 或 0°

此题考查正弦量相位差的概念及相位关系的定义。注意正弦量要用相同的三角函数表示。

5. 较窄

此题考查谐振电路的选择性与通频带的关系。谐振电路具有带通滤波特性,具有选频的功能,其选择性的好坏与通频带的宽窄有关。

6. 0.3

此题考查功率因数的概念与计算。注意,功率因数角实际就是阻抗角,可以通过计算串联阻抗得到。此外,50 Hz 为“频率”,而非“角频率”。

7. L_1+L_2

此题考查电感的串联等效概念。

8. $\sqrt{3}$

此题考查非正弦周期信号有效值的概念。非正弦周期电流的有效值等于恒定分量的平方与各次谐波分量有效值的平方和的平方根。

9. 220 V

此题考查对称三相电路的基本知识。对于星形连接的情况,相电压即是负载电压,可以通过相电流乘以负载计算求得。

10. $<2\sqrt{\frac{L}{C}}$

此题考查二阶动态电路参数与其过渡过程阻尼状态和变化规律的关系,题目中描述的衰减振荡过渡过程即为欠阻尼状态。

三、简答题

1. 此题考查耦合电感电路的性质。可以通过电磁感应的基本原理以及变压器的电路模型进行解答。

解答: 答案 1:用具有耦合的电感作为变压器的电路模型,直流电无法引起磁通的变化,也就无法在次级产生感应电压。

答案 2:根据变压器的 VCR,互感电压与电流的变化率成正比,直流作用下电流变化率为零,不会产生互感电压。

2. 此题考查谐振的条件。虽然串联谐振和并联谐振的条件都是端口电压与电流同相,但具体到电路内部就有差异:并联谐振中端口电纳为零,串联谐振中端口电抗为零。

解答: 答案 1:端口电纳为 0,即感纳与容纳相等。

答案 2:固有频率与电源频率一致。

答案 3:电路的端口电压与电流同相。

四、计算题

1. 此题考查非正弦周期稳态电路的分析。题目中存在一个直流电流源和一个正弦电压源,需要计算各自单独作用时产生的电流,然后将结果进行时域相加。注意:由于电流源是直流电源,所以其单独作用时电感相当于短路。

解答: 电压源单独作用时

$$\dot{I}_{1m}=\frac{10\sqrt{2}\angle 0°}{(6+4)+j10\times 1}=1\angle -45°\ \text{A}$$

$$i_1(t)=\cos(10t-45°)\ \text{A}$$

电流源单独作用时，

$$i_2=\frac{6}{6+4}\times 3=1.8\ \text{A}$$

总电流：

$$i=i_1(t)+i_2(t)=[1.8+\cos(10t-45°)]\ \text{A}$$

2. 此题考查二端口网络 Y 参数的求解。

解答：根据 Y 参数的计算公式：

$$Y_{11}=\left.\frac{\dot{I}_1}{\dot{U}_1}\right|_{\dot{U}_2=0}=\frac{\frac{\dot{U}_1}{R}+\frac{\dot{U}_1}{j\omega L}}{\dot{U}_1}=\frac{1}{R}+\frac{1}{j\omega L},\qquad Y_{21}=\left.\frac{\dot{I}_2}{\dot{U}_1}\right|_{\dot{U}_2=0}=\frac{g\dot{U}_1-\frac{\dot{U}_1}{j\omega L}}{\dot{U}_1}=g-\frac{1}{j\omega L}$$

$$Y_{12}=\left.\frac{\dot{I}_1}{\dot{U}_2}\right|_{\dot{U}_1=0}=\frac{-\frac{\dot{U}_2}{j\omega L}}{\dot{U}_2}=-\frac{1}{j\omega L},\qquad Y_{22}=\left.\frac{\dot{I}_2}{\dot{U}_2}\right|_{\dot{U}_1=0}=\frac{\frac{\dot{U}_2}{j\omega L}}{\dot{U}_2}=\frac{1}{j\omega L}$$

Y 参数矩阵：

$$\boldsymbol{Y}=\begin{pmatrix}\frac{1}{R}+\frac{1}{j\omega L} & -\frac{1}{j\omega L}\\ g-\frac{1}{j\omega L} & \frac{1}{j\omega L}\end{pmatrix}$$

五、计算画图题

1. 此题要求利用向量图分析正弦稳态电路，但题目中没有给出具体的相量，这种情况下可以设置某个变量的初相为零，再根据电容、电阻的电压电流关系和有效值(读数)，画出对应的相位关系。通常串联电路假设电流的初相为零，因为所有部分的电流相同，而并联电路假设电压的初相为零，因为各部分的电压相同。

解答：设电流的初相为零，则电阻电压 $\dot{U}_R$ 的初相也为零，有效值为电表 V_1 的读数。根据电容元件的 VCR，电容电压 $\dot{U}_C$ 滞后 $\dot{U}_R$ 90°，且端口总电压为

$$\dot{U}=\dot{U}_R+\dot{U}_C$$

由此得到如题解图 1 所示相量图。

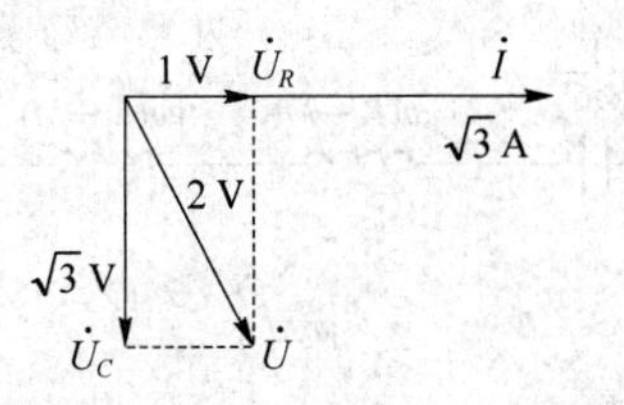

题解图 1

根据相量图可知，电容电压 $\dot{U}_C$ 的有效值为 $\sqrt{3}$ V。由于电容的阻抗为 1 Ω，所以电容电流的有效值(即电流表 A 的读数)为

$$I=\frac{U_C}{1}=\sqrt{3}\ \mathrm{A}$$

因此电阻值为

$$R=\frac{U_R}{I}=\frac{1}{\sqrt{3}}\ \Omega$$

2. 此题考查网络函数的求解以及幅频特性和截止频率的概念。注意:幅频特性曲线一般需要标明关键点的值。

解答:网络函数为

$$H(\mathrm{j}\omega)=\frac{\dot{U}_2}{\dot{U}_1}=\frac{R}{R+\frac{1}{\mathrm{j}\omega C}}=\frac{\mathrm{j}\omega RC}{1+\mathrm{j}\omega RC}$$

幅频特性为

$$|H(\mathrm{j}\omega)|=\frac{\omega RC}{\sqrt{1+(\omega RC)^2}}$$

半功率点频率是网络函数的幅值下降为其最大值的$\frac{1}{\sqrt{2}}$时对应的频率。对于本题,幅度的最大值为 1,由此求得 $\omega_C=\frac{1}{RC}=100\ \mathrm{rad/s}$。

幅频特性曲线如题解图 2 所示。

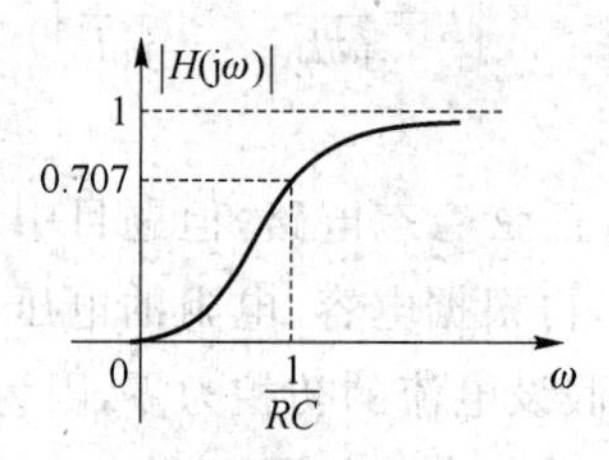

题解图 2

六、计算画图题

此题考查含耦合电感电路的分析。注意,这实际是线性变压器的电路模型,下面虽然没有连接线,但却是等电位点,即接地点,所以画等效电路时按照 T 形连接进行去耦。

解答:(1) 去耦等效电路的相量模型如题解图 3 所示。

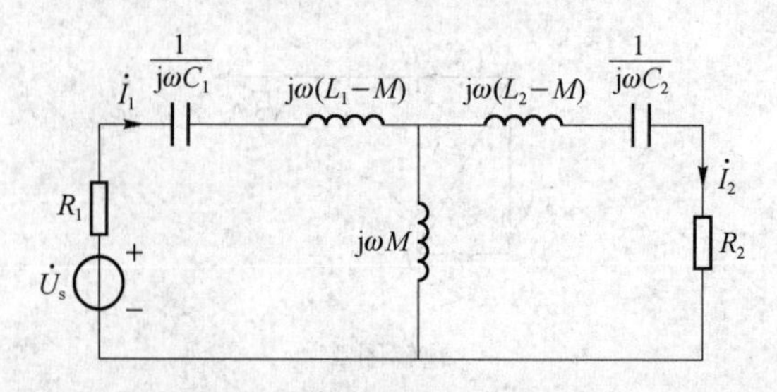

题解图 3

（2）网孔电流方程

$$\begin{cases}\left(R_1+\mathrm{j}\omega L_1+\dfrac{1}{\mathrm{j}\omega C_1}\right)\dot{I}_1-\mathrm{j}\omega M\dot{I}_2=\dot{U}_s\\-\mathrm{j}\omega M\dot{I}_1+\left(R_2+\mathrm{j}\omega L_2+\dfrac{1}{\mathrm{j}\omega C_2}\right)\dot{I}_2=0\end{cases}$$

代入数值，整理得

$$\begin{cases}(9.9+\mathrm{j}10)\dot{I}_1-\mathrm{j}2\dot{I}_2=10\angle 0^\circ\\-\mathrm{j}2\dot{I}_1+40\dot{I}_2=0\end{cases}$$

七、计算题

此题考查含理想变压器电路的分析。

解答：解法 1：先求副边回路的电压、电流，再根据理想变压器的 VCR 求原边回路的电压、电流。

$$\dot{I}_2=-\frac{\dot{U}_o}{2}=-5\angle 0^\circ\ \mathrm{A}$$

$$\dot{U}_2=-\dot{I}_2(2-\mathrm{j}2)=14.14\angle -45^\circ\ \mathrm{V}$$

根据理想变压器的 VCR：
$$\begin{cases}\dfrac{\dot{U}_1}{\dot{U}_2}=0.5:1=0.5\\\dfrac{\dot{I}_1}{\dot{I}_2}=-\dfrac{1}{0.5:1}=-2\end{cases}$$

由此求得

$$\begin{cases}\dot{I}_1=-2\dot{I}_2=10\angle 0^\circ\ \mathrm{A}\\\dot{U}_1=0.5\dot{U}_2=7.07\angle -45^\circ\ \mathrm{V}\end{cases}$$

$$\dot{U}_s=2\dot{I}_1+\dot{U}_1=25-5\mathrm{j}=25.5\angle -11.31^\circ\ \mathrm{V}$$

解法 2：应用折合阻抗画出原边的等效电路进行求解。

副边阻抗：　$Z_2=(2-\mathrm{j}2)\ \Omega$

折合阻抗：　$Z_i=n^2Z_2=0.5^2\times(2-\mathrm{j}2)=(0.5-\mathrm{j}0.5)\ \Omega$

副边回路电流：　$\dot{I}_2=-\dfrac{\dot{U}_o}{2}=-5\angle 0^\circ\ \mathrm{A}$

原边回路电流：　$\dot{I}_1=-\dfrac{1}{n}\dot{I}_2=10\angle 0^\circ\ \mathrm{A}$

原边等效电路为原边回路阻抗与折合阻抗和电压源的串联电路，所以电压源电压为

$$\dot{U}_s=\dot{I}_1\times(2+Z_i)=25-\mathrm{j}5=25.5\angle -11.31^\circ\ \mathrm{V}$$

八、计算题

此题考查戴维南定理和正弦稳态电路中的最大功率传输定理。

解答：首先求与负载阻抗连接的单口网络的戴维南等效电路，再利用最大功率传输定理求解。

可以先将电流源与 3 Ω 电阻的并联支路等效变换为电压源与 3 Ω 电阻串联的形式，如题解图 4 所示。其中$\dot{U}_s=\dot{I}_s\times 3=30\angle 0°$ V。

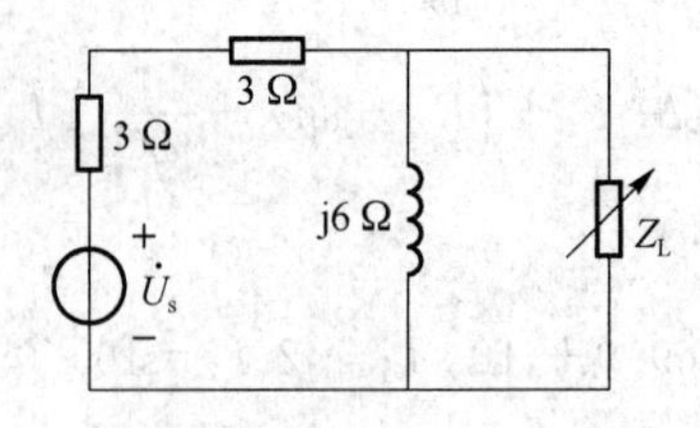

题解图 4

与负载阻抗连接的单口网络的开路电压和等效阻抗分别为

$$\dot{U}_{oc}=\frac{j6}{3+3+j6}\times\dot{U}_s=\frac{j6}{6+j6}\times 30\angle 0°=15\sqrt{2}\angle 45°\ \text{V}$$

$$Z_{eq}=\frac{(3+3)\times j6}{3+3+j6}=(3+j3)\ \Omega$$

当 $Z_L=Z_{eq}^*=(3-j3)\ \Omega$ 时，负载 Z_L 能够获得最大功率。最大功率为

$$P_{max}=\frac{U_{oc}^2}{4\times\text{Re}[Z_{eq}]}=\frac{(15\sqrt{2})^2}{4\times 3}=37.5\ \text{W}$$

九、计算题

此题考查一阶动态电路分析的具体应用。随着继电器的反复开关，电感处在反复充放电过程。

根据题意，开关打开时，电感电流为 0.25 A，即电感电流的初始值为 0.25 A；随后电感开始充电，电感电流充电至 0.9 A 时，开关闭合，可将此时刻记为 t_1。首先要求出电感电流的表达式，然后根据已知条件确定待求量。可以根据利用三要素法进行求解。

解答：

$$i_L(0^+)=0.25\ \text{A},\quad i_L(\infty)=\frac{100}{30+70}=1\ \text{A}$$

$$\tau_1=\frac{L}{R_{eq1}}=\frac{\frac{1}{11}}{30+70}=\frac{1}{1\,100}\ \text{s}$$

根据三要素公式得

$$i_L(t)=1+(0.25-1)e^{-1\,100t}=(1-0.75e^{-1\,100t})\ \text{A},\quad 0<t<t_1$$

依题意

$$i_L(t_1)=1-0.75e^{-1\,100t_1}=0.9\ \text{A}$$

解得

$$t_1=\frac{\ln 7.5}{1\,100}\approx 0.001\,8\ \text{s}$$

2014 年考试试题、答案和解析

期中试题

一、填空题：请把答案填写在题中空格处（每空 2 分，共 30 分）

1. 图 1 所示电路中，U_s 和 i 是否为关联参考方向？________（是/否）。电压源 U_s 是否可等效为一个大小为 2 A、方向向上的理想电压源？________（是/否）。

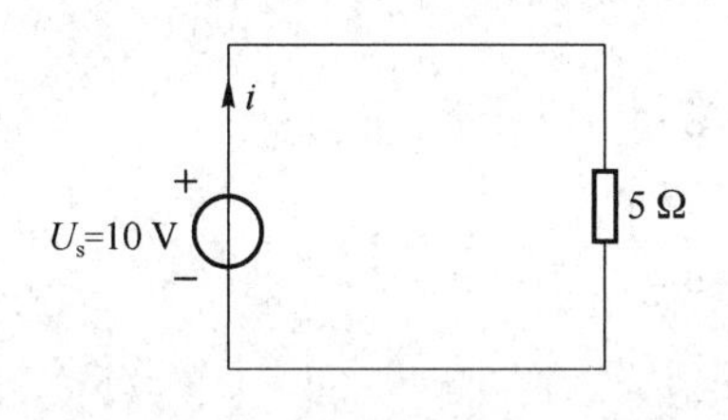

图 1

2. 基尔霍夫定律在所有________参数电路中都成立，就其约束关系的特点而言，基尔霍夫定律只取决于电路的空间连接形式，而和具体组成元件无关，这种约束关系称为________约束。

3. 某电路若包含 6 个节点、8 条支路，则其独立的 KCL 方程有________个；独立的 KVL 方程有________个。

4. 在使用叠加定理时，某一独立源单独作用，是指其他独立源置为零值，其中独立电流源设为零值是指________。

5. 齐次性和叠加性是________电路的根本性质。

6. 若某一阶动态电路中 $u_C(t)$ 的完全响应是 $u_C(t)=(U_0-RI_s)e^{-\frac{t}{\tau}}+RI_s$，则其中零输入响应为________，暂态响应为________。

7. 对于一阶线性动态电路，固有频率的绝对值越大，则其响应变化越________（快/慢）。

8. 图 2 所示电路中，为使 5 Ω 电阻获得最大功率，电阻 R 应为________；为了使电阻 R 获得最大功率，R 应为________。

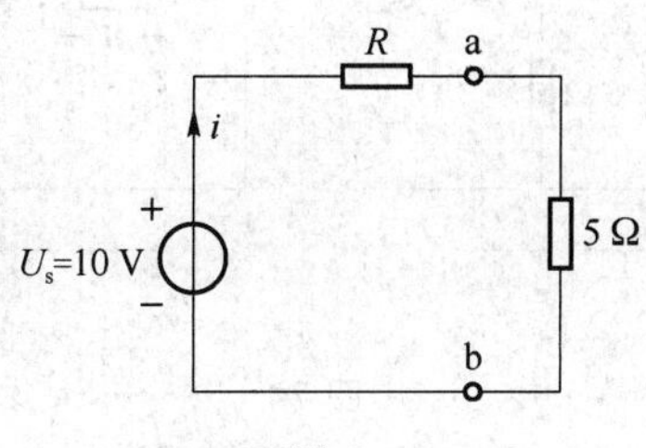

图 2

9. 在任何电路中，电容和电感的瞬时储能是否会小于0？ ________(是/否)。

10. “网络N由一个单口电阻网络N_R和一个任意单口网络N_L连接而成，若端口电压u有唯一解，则可用电压为u的电压源来替代单口网络N_L，不会影响单口网络N_R内的电压和电流。”请问上述文字描述的是何种定理或性质？________。

以下为计算题，必须有解题步骤，否则不得分。

二、计算题(每题4分，共16分)

1. 图3所示电路中，网络N中只含有线性电阻，在激励u_s和i_s作用下，实验数据为：当$u_s=5\text{V}$，$i_s=5\text{ A}$时，输出端电压$u=0$；当$u_s=10\text{ V}$，$i_s=0$时，$u=1\text{ V}$。则当$u_s=0$，$i_s=10\text{ A}$时，u为多少？

2. 电路如图4所示，求开关打开和闭合时A点和B点的电位。

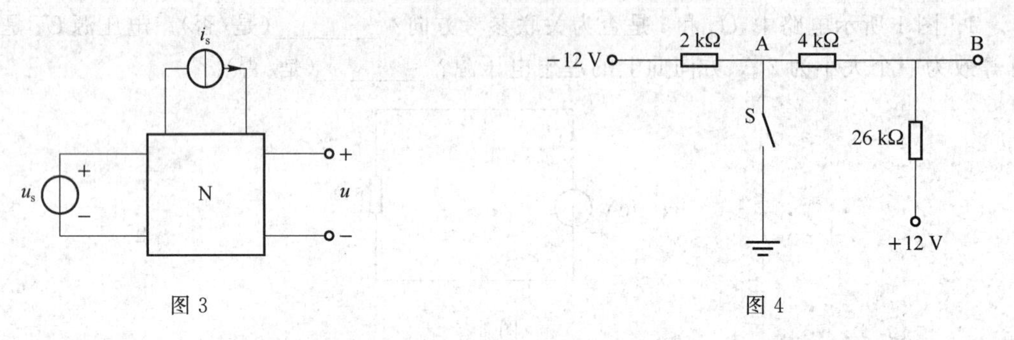

图3　　　　图4

3. 求图5所示电路a、b端的输入电阻。

4. 图6所示电路中，已知$g=0.1\text{ S}$，求受控源两端的电压u并计算受控源吸收的功率。

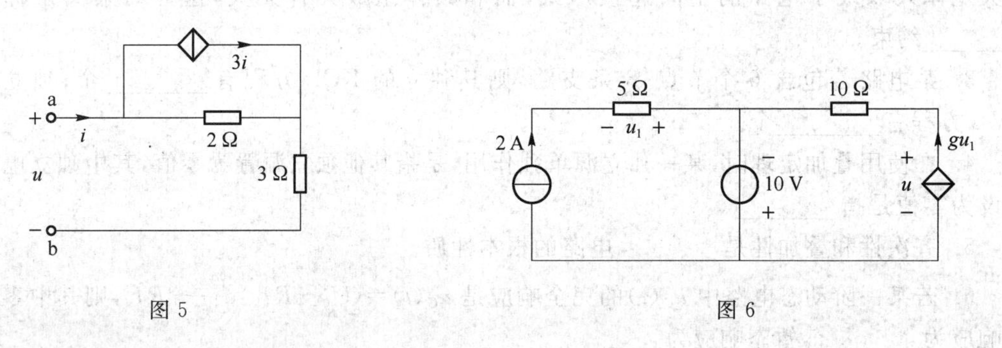

图5　　　　图6

三、计算题(每题6分，共12分)

1. 电路如图7所示，其中网络N仅由电阻组成，对图7(a)有$i_1=0.5\text{ A}$，求图7(b)的电压u。

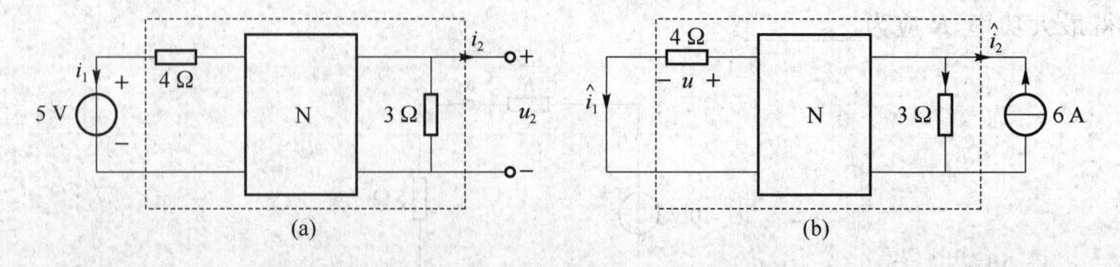

图7

2. 图8所示网络N只含线性电阻，已知输出端开路时，输出电压 $u=\frac{1}{2}u_s$；若在输出端接上5 Ω电阻，则 $u=\frac{1}{3}u_s$。求在输出端接3 Ω电阻时，输出电压 u 与输入电压 u_s 的关系。

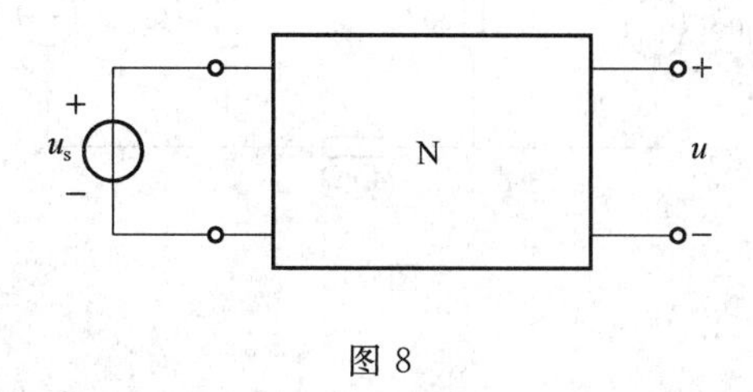

图8

四、计算题(8分)

电路如图9(a)所示，电压源 u_s 的电压值按照图9(b)所示变化，试求电流 i 以及电容的瞬时功率 $p_C(t)$，并画出 i 和 $p_C(t)$ 的曲线。

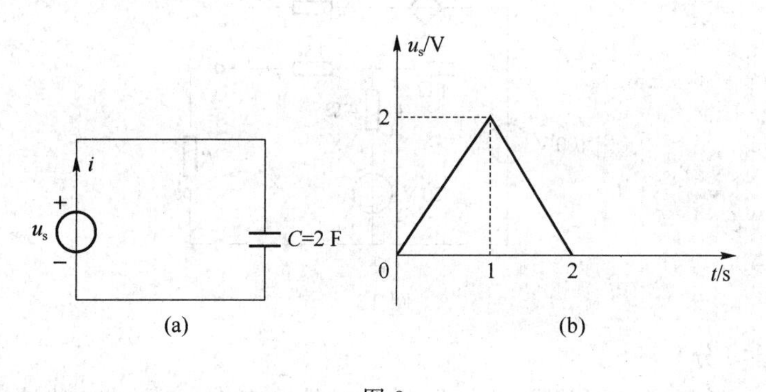

图9

五、计算题(8分)

用网孔电流法求解图10中的电流 I_X。

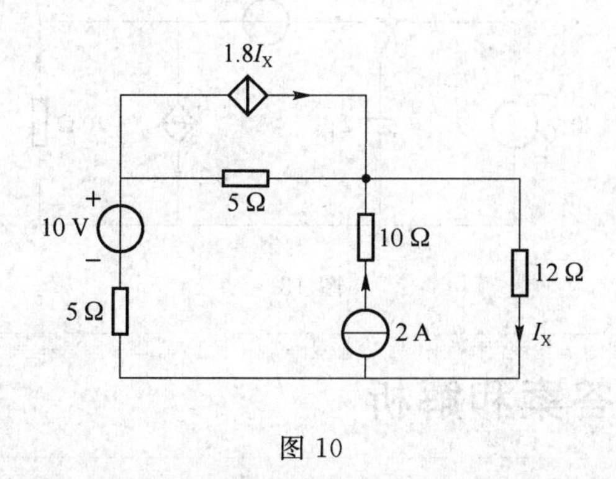

图10

六、计算题(8分)

图11所示电路中，若已知4 A电流源的功率为0，则电流源 I_s 为多少？

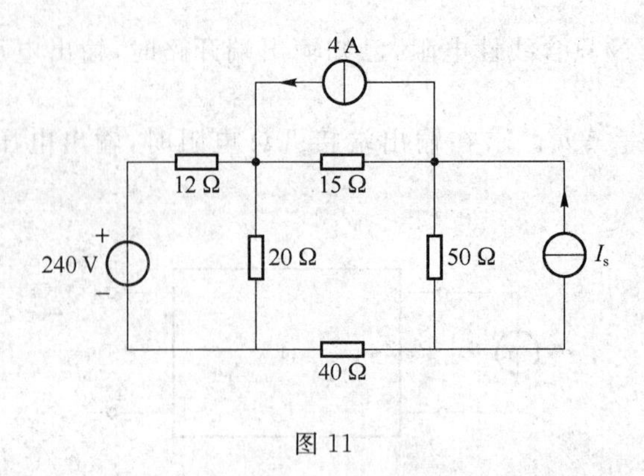

图 11

七、计算题(10 分)

电路如图 12 所示,求:(1)R 获得最大功率时的数值;(2)此情况下 R 获得的功率;(3)获得最大功率时,100 V 电源供出的功率。

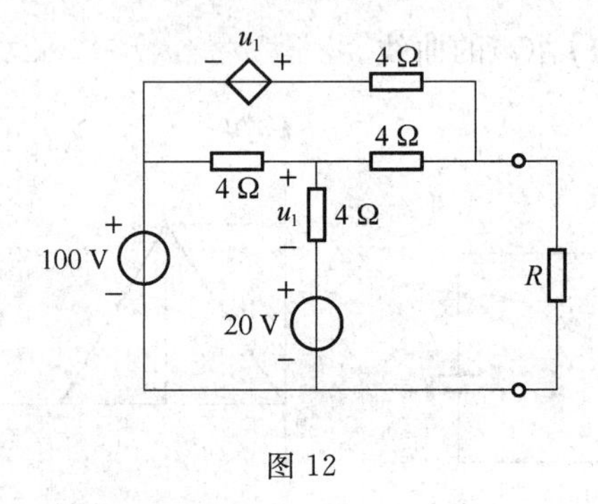

图 12

八、计算题(8 分)

图 13 所示电路在 $t=0$ 时换路,(1)求 $t\geqslant 0$ 时的响应 i;(2)画出 i 的波形图;(3)指出 i 的暂态响应和稳态响应。

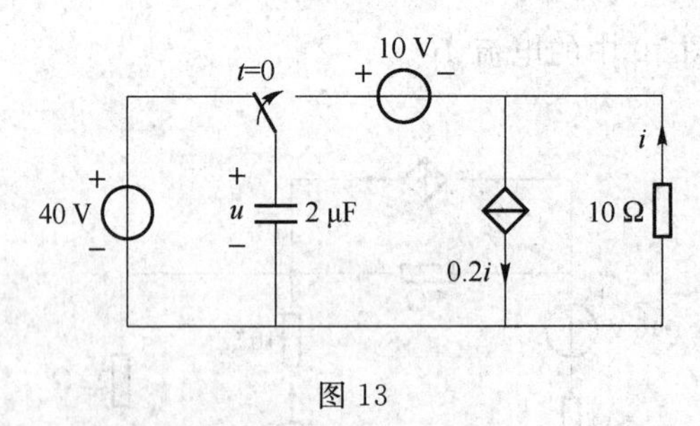

图 13

期中试题答案和解析

一、填空题

1. 否,否

此题考查关联参考方向的定义、独立源的性质及其等效变换的知识。电流从电压源的负极流向正极,所以是非关联参考方向;根据独立电压源和电流源的特性,电压源不能用电流来表示。

2. 集总，拓扑

此题考查基尔霍夫定律的适用范围，是基本概念问题。

3. 5，3

此题考查独立的KCL和KVL方程的个数。假设电路图中有b条边，n个节点，则其独立的KCL方程数为$n-1$个，独立的KVL方程数为$b-n+1$个。

4. 断路(或开路)

此题考查应用叠加定理时关于电源置零的处理，电压源置零为短路，电流源置零为断路。

5. 线性

此题考查齐次性和叠加性的前提条件，电路应该是线性时不变电路。

6. $U_0 e^{-\frac{t}{\tau}}$，$(U_0 - RI_s)e^{-\frac{t}{\tau}}$

此题考查全响应的几种分解形式以及几种响应的定义。全响应可以分解为零输入响应和零状态响应之和，也可以分解为暂态响应和稳态响应之和。根据零状态响应和暂态响应的定义，可得出解答。

7. 快

此题考查一阶动态电路中固有频率对响应变化速度的影响以及时间常数与固有频率的关系，因为通常是讨论时间常数对过渡过程的影响。固有频率越大，变化越快。

8. 0，5 Ω

此题考查电阻电路的最大功率传输问题。在负载电阻确定的情况下，负载要获得最大功率，就需要让等效电压源的内阻为0。但在电源内阻确定、负载电阻可变的情况下，则应按照最大功率传输定理确定负载电阻的阻值。

9. 否

此题考查电容和电感的储能问题。电容和电感都是无源元件，其储能均大于等于0。

10. 替代定理

此题考查替代定理的内容，属于基本概念题。

二、计算题

1. 此题考查齐性定理和叠加定理的应用。

解答：根据齐性定理和叠加定理，可以假设：

$$u = k_1 u_s + k_2 i_s$$

将已知的实验数据带入上式中可得

$$\begin{cases} 0 = 5k_1 + 5k_2 \\ 1 = 10k_1 \end{cases}$$

解得

$$\begin{cases} k_1 = 0.1 \\ k_2 = -0.1 \end{cases}$$

所以，当$i_s = 10$ A，$u_s = 0$时，$u = k_2 i_s = -0.1 \times 10 = -1$ V。

2. 此题考查基本电阻电路中电压计算问题以及电压和电位的概念。电压是两点之间的电位差，因此如果表示了某点的电位，就可以看作此点与零电位点之间有个电压源，电压值就是该点的电位值。

对于此题，开关打开时，电位为+12 V和−12 V的两点之间相当于有一个24 V的电压源，利用分压公式即可计算A、B点的电位。开关闭合时，A点接地，电位为0 V；电位为+12 V和−12 V的两点与接地点之间相当于有一个12 V的电压源，由此可计算B点的电位。

解答： S打开时，A点的电位：

$$U_{\mathrm{A}}=\frac{12-(-12)}{2+4+26}\times 2+(-12)=-10.5\ \mathrm{V}$$

B点的电位：

$$U_{\mathrm{B}}=\frac{12-(-12)}{2+4+26}\times(2+4)+(-12)=-7.5\ \mathrm{V}$$

S闭合时，A点的电位：

$$U_{\mathrm{A}}=0$$

B点的电位：

$$U_{\mathrm{B}}=\frac{12}{4+26}\times 4=1.6\ \mathrm{V}$$

3. 此题考查输入电阻的定义和计算，根据端口上电压和电流的比值即可求出。

解答：

$$u=(i-3i)\times 2+3i=-i$$

由于从端口向网络内部看电压电流为关联参考方向，所以

$$R_{\mathrm{ab}}=\frac{u}{i}=-1\ \Omega$$

4. 此题考查含有受控源的电阻电路的分析。根据5 Ω电阻上的电流和电阻值，可以求出电压u_1，从而求出受控电流源的电流值。根据受控电流源的电流值，可以求出10 Ω电阻上的电压。再根据右边网孔的KVL方程，可求出受控电流源的电压。

解答：

$$u_1=-2\times 5=-10\ \mathrm{V},\ gu_1=-1\ \mathrm{A}$$

$$u=-10\times 1-10=-20\ \mathrm{V}$$

由于受控源的电压和电流为非关联参考方向，所以

$$p=-u\times gu_1=-20\ \mathrm{W}$$

三、计算题

1. 此题考查特勒根定理2的应用，根据两个相同结构电路上各支路的电压电流关系列方程即可求解。

解答： 虚线框中的电路完全相同，根据特勒根定理2有

$$u_1\hat{i}_1+u_2\hat{i}_2=\hat{u}_1 i_1+\hat{u}_2 i_2$$

将已知数据带入，得

$$5\times\frac{u}{4}+1.5\times(-6)=0$$

解得

$$u=7.2\ \mathrm{V}$$

2. 本题考查戴维南定理的应用。根据已知条件，分别求出开路电压和等效电阻后，得到戴维南等效电路，然后求出接3 Ω电阻时输出电压与输入电压的关系。

解答：开路电压为

$$u_{oc}=\frac{1}{2}u_s$$

输出端接入 5 Ω 电阻时

$$u=\frac{u_{oc}}{R_{eq}+5}\times5=\frac{1}{3}u_s$$

解得

$$R_{eq}=\frac{15}{2}-5=2.5\ \Omega$$

当接入 3 Ω 电阻时

$$u=\frac{\frac{1}{2}u_s}{5.5}\times3=\frac{3}{11}u_s$$

四、计算题

此题考查电容元件的 VCR 及功率计算。首先根据输入电压的曲线写出函数表达式，然后求导得到电流和瞬时功率。

解答：由图可知 $u_s(t)$ 的函数表达式为

$$u_s(t)=\begin{cases}0, & t<0\\ 2t\ \text{V}, & 0\leqslant t<1\ \text{s}\\ (4-2t)\ \text{V}, & 1\text{s}\leqslant t<2\ \text{s}\\ 0, & t\geqslant2\ \text{s}\end{cases}$$

根据电容元件的电压电流关系可知

$$i(t)=C\frac{\mathrm{d}u_s}{\mathrm{d}t}=\begin{cases}0\ \text{A}, & t<0\\ 4\ \text{A}, & 0\leqslant t<1\ \text{s}\\ -4\ \text{A}, & 1\ \text{s}\leqslant t<2\ \text{s}\\ 0, & t\geqslant2\ \text{s}\end{cases}$$

$i(t)$ 的波形如题解图 1(a)所示。

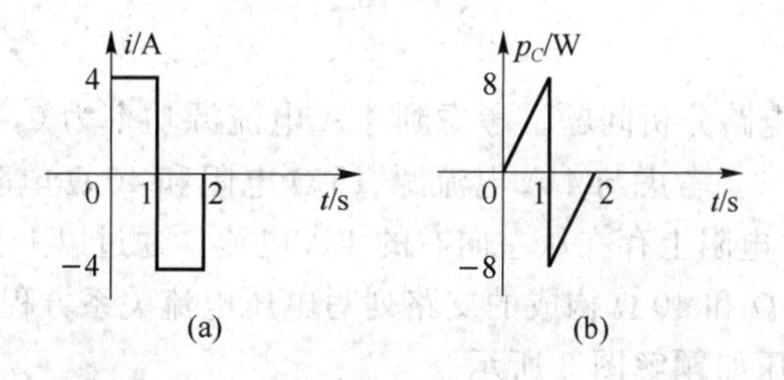

题解图 1

瞬时功率为

$$p_C(t)=u_s(t)i(t)=\begin{cases}0, & t<0\\ 8t\ \text{W}, & 0\leqslant t<1\text{s}\\ (8t-16)\ \text{W}, & 1\text{s}\leqslant t<2\text{s}\\ 0, & t\geqslant2\text{s}\end{cases}$$

$p_C(t)$ 的波形如题解图 1(b)所示。

五、计算题

此题考查用网孔电流法分析电路。首先要正确列写网孔电流方程，注意含有受控源支路和公共支路含有独立电流源情况下列写网孔电流方程的方法。

解答：设三个网孔电流分别为 i_{m1}、i_{m2}、i_{m3}，如题解图 2 所示。

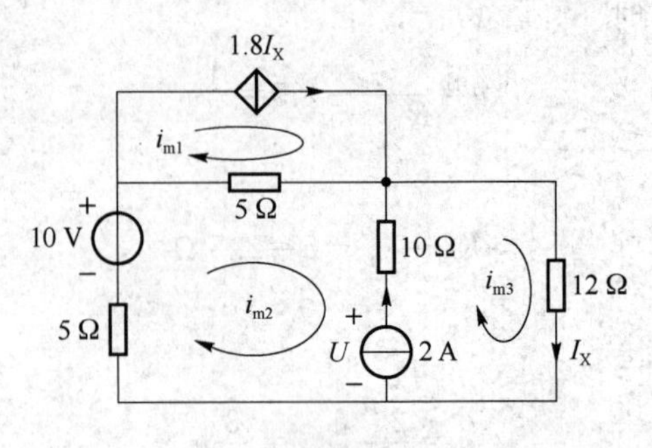

题解图 2

列写网孔电流方程如下：

$$\begin{cases} i_{m1}=1.8I_X \\ -5i_{m1}+(5+5+10)i_{m2}-10i_{m3}=-U+10 \\ -10i_{m2}+(10+12)i_{m3}=U \end{cases}$$

补充方程为

$$\begin{cases} I_X=i_{m3} \\ i_{m3}-i_{m2}=2 \end{cases}$$

解得

$$\begin{cases} i_{m1}=\dfrac{54}{13}\text{ A} \\ i_{m2}=\dfrac{4}{13}\text{ A} \\ i_{m3}=\dfrac{30}{13}\text{ A} \end{cases}$$

所以

$$I_X=\frac{30}{13}\text{ A}$$

六、计算题

此题为一般的电阻电路分析问题。考虑到 4 A 电流源功率为 0，可确定其两端电压为 0，因此 15 Ω 电阻上电流为 0。考虑与 4 A 电流源、15 Ω 电阻和 40 Ω 电阻切割的封闭面，流入流出电流之和为 0，则 40 Ω 电阻上存在从左向右的 4 A 电流。通过以上分析，可对 u_{n1}、u_{n2} 所在节点列 KCL 方程，对由 50 Ω 和 40 Ω 构成的支路列写电压电流关系方程，对问题求解。

解答：设各节点电压如题解图 3 所示。

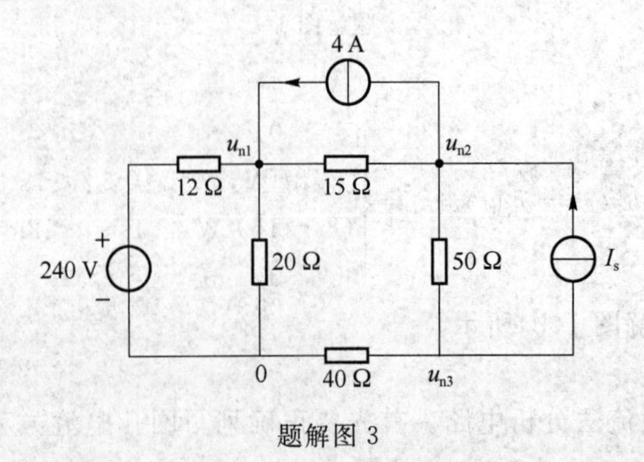

题解图 3

u_{n1}所在节点处的 KCL 方程：

$$\frac{u_{n1}}{20}+\frac{u_{n1}-240}{12}=4$$

u_{n2}所在节点处的 KCL 方程：

$$\frac{u_{n2}-u_{n3}}{50}+4=I_s$$

由 50 Ω 和 40 Ω 构成支路的电压电流关系方程：

$$40\times4+(4-I_s)\times50=-u_{n2}$$

由于电流源的输出功率为 0，因此

$$u_{n1}=u_{n2}$$

以上方程联立可求得

$$\begin{cases}u_{n1}=u_{n2}=180\ \text{V}\\u_{n3}=-160\ \text{V}\\I_s=10.8\ \text{A}\end{cases}$$

七、计算题

此题考查最大功率传输定理和戴维南定理。首先，求解电阻 R 左端网络的戴维南等效电路，可以分别求开路电压和戴维南等效电阻。

戴维南等效电阻的求解方法：可以利用网孔电流法求解开路电压，由于电路中含有受控源，所以可以利用外加电源法求等效电阻。此外，求解电压源的功率，需要求出通过电压源的电流。

解答：(1) 当 $R=R_{eq}$ 时获得最大功率，故求 R_{eq}。利用外加电源法，电路如题解图 4 所示。

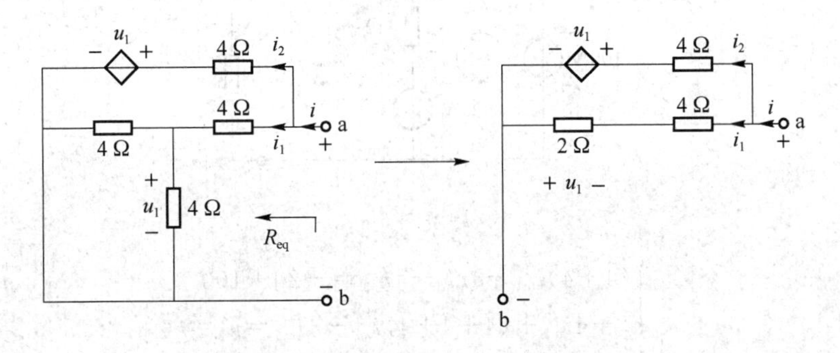

题解图 4

列写方程：

$$\begin{cases}4i_2+u_1=u\\6i_1=u\\i_1+i_2=i\\u_1=2i_1\end{cases}$$

解得
$$R_{eq}=\frac{u}{i}=3\ \Omega$$

(2) 求最大功率。需要求开路电压，利用网孔电流法，如题解图 5 所示。

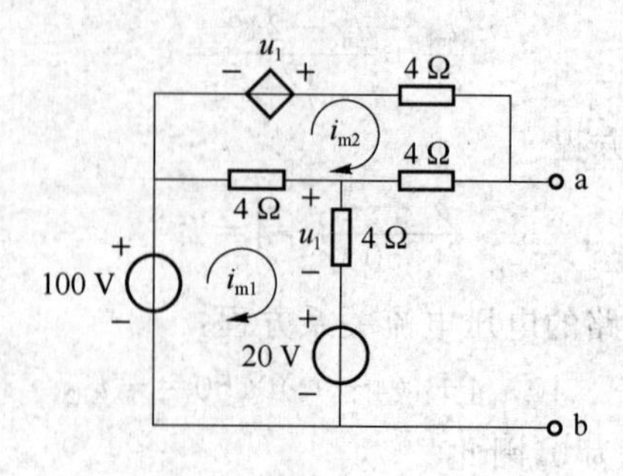

题解图 5

网孔电流方程为

$$\begin{cases}8i_{m1}-4i_{m2}=100-20\\-4i_{m1}+12i_{m2}=U_1\\U_1=4i_{m1}\end{cases}$$

$$U_{oc}=4i_{m2}+u_1+20=40+60+20=120\text{ V}$$

$$P_{max}=\frac{U_{oc}^2}{4R_{eq}}=\frac{120^2}{4\times 3}=1\ 200\text{ W}$$

(3) 求 100 V 电压源供出的功率。利用网孔电流法求解，设右边网孔电流为 i_{m3}，顺时针方向，如题解图 6 所示。

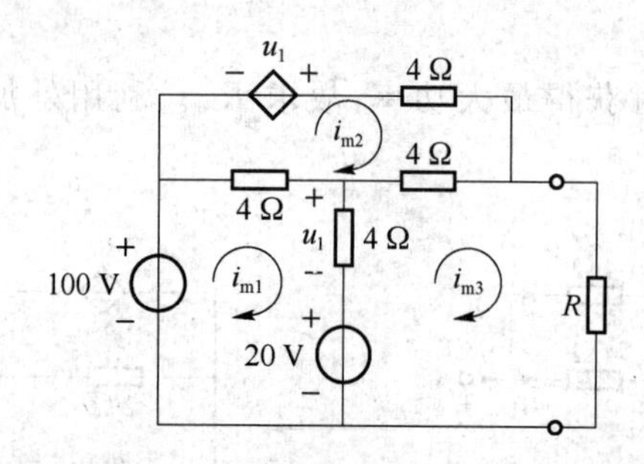

题解图 6

$$\begin{cases}(4+4)i_{m1}-4i_{m2}-4i_{m3}=-20+100\\-4i_{m1}+(4+4+4)i_{m2}-4i_{m3}=u_1\\-4i_{m1}-4i_{m2}+(4+4+3)i_{m3}=20\end{cases}$$

补充方程：

$$u_1=4(i_{m1}-i_{m3})$$

以上方程联立解得

$$\begin{cases}i_{m1}=30\text{ mA}\\i_{m2}=20\text{ mA}\\i_{m3}=20\text{ mA}\end{cases}$$

100 V 电压源供出的功率为

$$P_{U=100\text{ V}}=100i_{m1}=100\times 30=3\ 000\text{ W}$$

八、计算题

此题考查一阶动态电路的分析。题目要求求解 10 Ω 电阻上的电流值，这是非状态变量，可以先求解状态变量，即电容电压的数值，再根据电路的电压电流关系求解 10 Ω 电阻上的电流值；也可以直接求解电阻电流的初始值、稳态值和电路的时间常数，然后代入三要素公式求解。下面给出先求电容电压，再求电阻电压的分析方法。

第一步，需要求解的是电容元件在换路后的初始值和稳态值，分别为 40 V 和 10 V。第二步，求解受控电流源右侧电路的等效电阻值，并求出时间常数。等效电阻值可由端口 VCR 关系求得。第三步，根据三要素公式得到所求。最后，根据电路的结构和各元件的电压电流关系，求电阻上的电流值，画出波形图，并给出暂态响应和稳态响应。

解答：(1)求电容电压的初始值。由换路前的电路可知：

$$u(0^+)=u(0^-)=40\ \text{V}$$

根据换路后再达稳态时的电路可知：

$$u(\infty)=10\ \text{V}$$

求与电容连接的等效电阻，如题解图 7 所示。

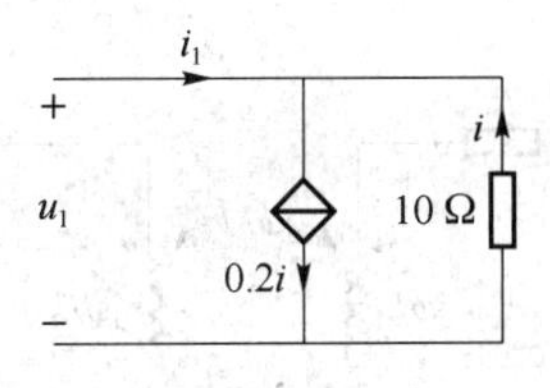

题解图 7

$$i_1=0.2i-i=-0.8i=-0.8\,\frac{-u_1}{10}=0.08u_1$$

所以
$$R_{\text{eq}}=\frac{u_1}{i_1}=12.5\ \Omega$$

时间常数：
$$\tau=R_{\text{eq}}C=25\times10^{-6}\ \text{s}$$

因此
$$u=u(\infty)+[u(0^+)-u(\infty)]\text{e}^{-\frac{t}{\tau}}=(10+30\text{e}^{-4\times10^4t})\ \text{V},\quad t\geqslant0^+$$

因为 $u=10-10i$，所以

$$i=-3\text{e}^{-4\times10^4t}\ \text{A},\quad t\geqslant0^+$$

(2) 电流 i 的波形如题解图 8 所示。

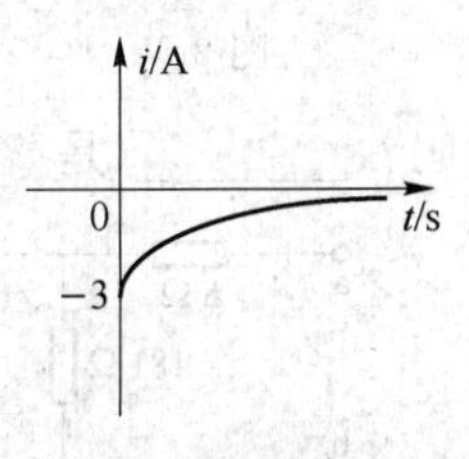

题解图 8

(3) 暂态响应：$i=-3\text{e}^{-4\times10^4t}$ A，$t\geqslant0^+$。

稳态响应：0。

期末试题

一、填空题：请把答案填写在题中空格处（每空 2 分，共 28 分）

1. 正弦稳态电路中的理想电感元件大小为 L，在关联参考方向下，其电流________（超前/滞后）电压 90°；若理想电感上的电流为 $i(t)=I_m\cos(\omega t+\varphi)$，则该电感的平均功率 P 为________，复功率 $\tilde{S}$ 为________，该电感在一个周期内的平均储能为________。

2. 设某一单口网络的端口电压为 $u(t)=50\sin(10t+45°)$ V，端口电流 $i(t)=400\cos 10t$ A（端口电压电流为关联参考方向），则此单口网络可等效为大小________的电阻和大小________的________（电容/电感）串联在一起。

3. 在一个零输入的 RLC 并联电路中，无阻尼状态是指 R 的大小为________。

4. 若仅改变图 1 中同名端的位置，$\dot{I}_1$ 与 $\dot{U}_1$ 的相位差________（会/不会）发生变化，反映阻抗________（会/不会）发生变化。

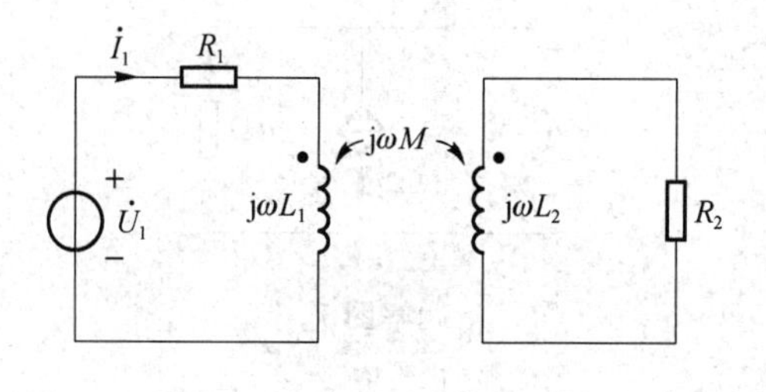

图 1

5. 电路如图 2 所示，当电路达到谐振时，稳态电流 $i(t)$ 为________，此时 1 H 电感上的电流为________（填写电流的时域表达式）。

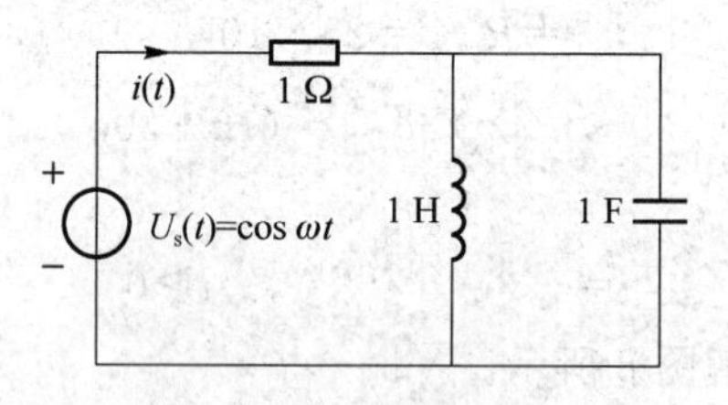

图 2

6. 图 3 所示两个单口网络等效吗？________（是/否）。

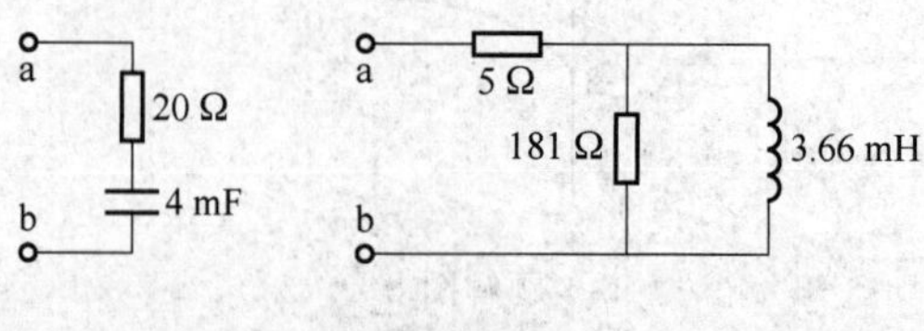

图 3

7. 电路如图 4 所示，$\dot{U}_2$ 为响应，请写出该电路的网络函数。____________

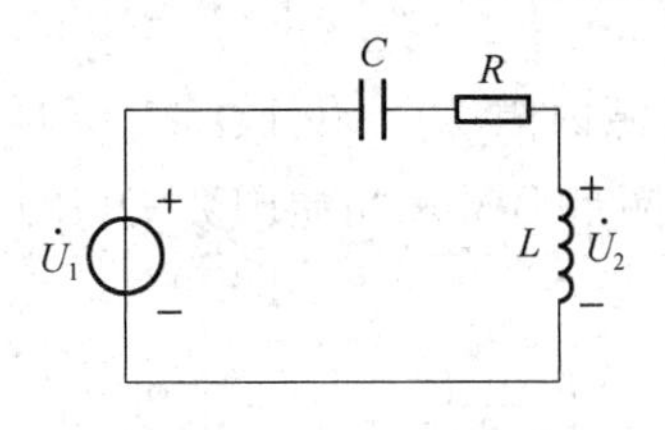

图 4

以下为计算题,必须有解题步骤,否则不得分。

二、计算题(每题 6 分,共 12 分)

1. Y-Y 对称三相电路中,已知线电压 U_l 为 200 V,三相负载吸收的总平均功率为 30 kW,功率因数为 0.8(感性),试求:(1)负载的相电压 U_p;(2)每相负载的阻抗。

2. 图 5 所示电路中,已知 $I_1=5$ A,$I_2=20$ A,$I_3=25$ A,试求 I 和 I_4 的大小。

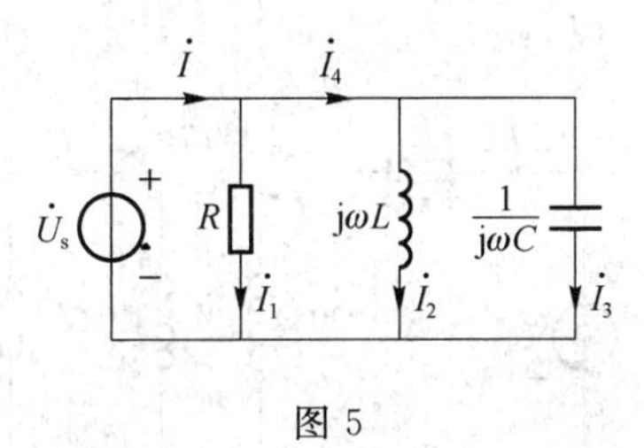

图 5

三、计算题(每题 6 分,共 12 分)

1. 电路如图 6 所示,已知 $u_s=4\sqrt{2}\cos 3t$ V,$i_s=7\sqrt{2}\cos 5t$ A,试求:(1)电流 $i(t)$;(2)$i(t)$的有效值 I。

2. 图 7 为晶体管的一种电路模型,求其 Z 参数,并写出 Z 参数方程。

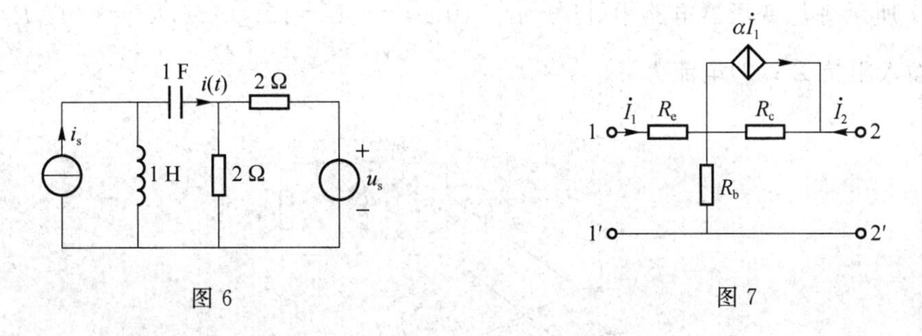

图 6　　　　图 7

四、计算题(6 分)

图 8 所示电路中,已知 $L_1=4$ mH,$L_2=9$ mH,$M=3$ mH。试求:(1)当 S 断开时,a、b 间的等效电感 L_{ab};(2)当 S 闭合后,a、b 间的等效电感 L_{ab}。

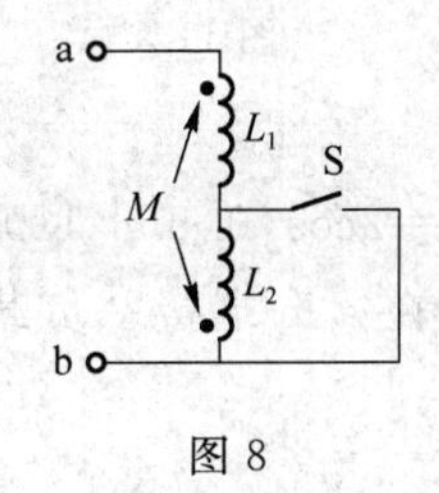

图 8

五、计算题(8 分)

图 9 所示电路中,已知信号源内阻 $R_i=40\ \mathrm{k\Omega}$,$R_0=40\ \mathrm{k\Omega}$,$C=100\ \mathrm{pF}$,$L=100\ \mu\mathrm{H}$。(1)试求电路的谐振频率 f_0、通频带 BW 和品质因数 Q;(2)当接上负载 $R_L=40\ \mathrm{k\Omega}$ 时,电路的通频带有何变化?

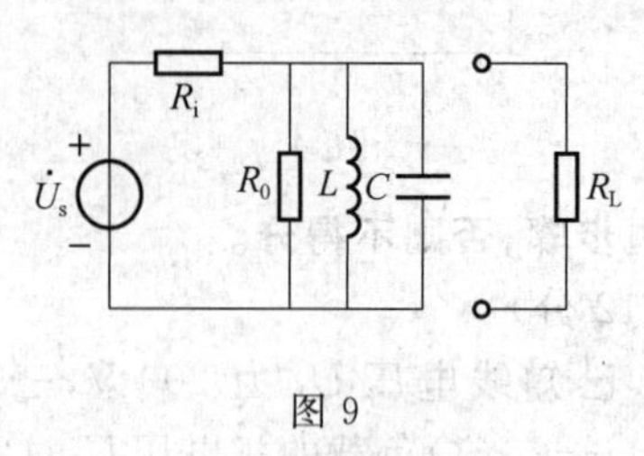

图 9

六、计算题(8 分)

电路如图 10 所示,试求 $\dot{I}_1$、$\dot{I}_2$。

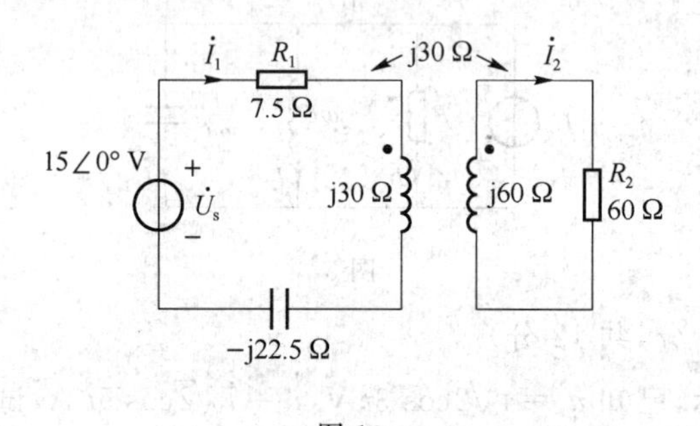

图 10

七、计算题(8 分)

图 11 所示理想变压器电路中,已知 $n_1=10$,$n_2=4$,$\dot{U}=10\angle 0°\ \mathrm{V}$,$R_1=12\ \Omega$,$R_2=50\ \Omega$。求:(1)输入阻抗 Z_i;(2)电流 $\dot{I}_1$。

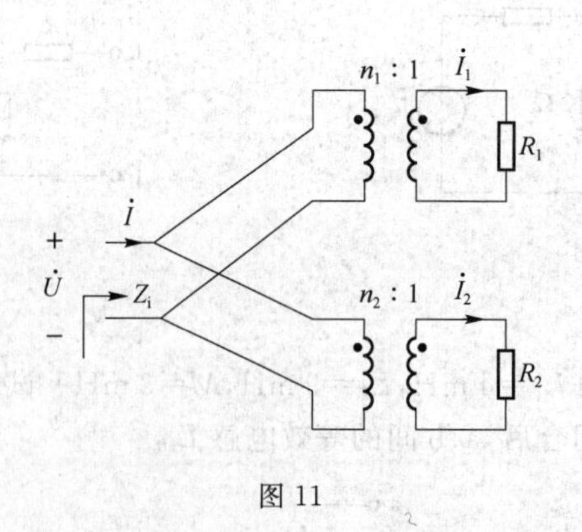

图 11

八、计算题(10 分)

已知电路如图 12 所示,其中 $u_s=2\cos(0.5t+120°)\ \mathrm{V}$,受控源的转移电阻 $r=2\ \Omega$。(1)求该网络的诺顿等效电路;(2)若在 a、b 端接一负载 Z_L,当 Z_L 取何值时可获得最大功率,并求此功率值。

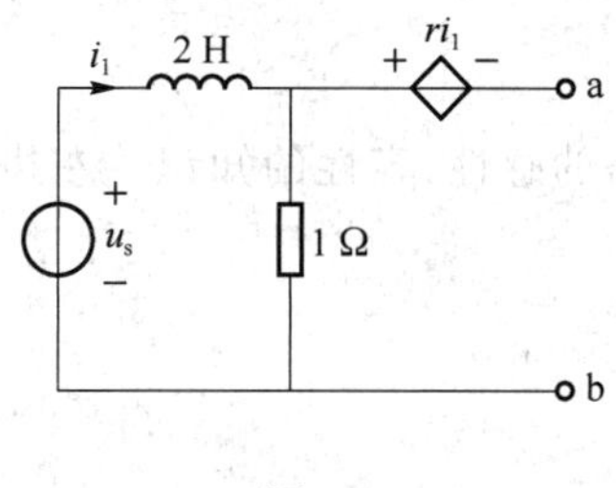

图 12

九、计算题(8 分)

电路如图 13 所示,已知 $t\leqslant 0$ 时电路已处于稳态,开关 S 于 $t=0$ 时闭合。试求 $t\geqslant 0$ 时的端口电压 $u(t)$。

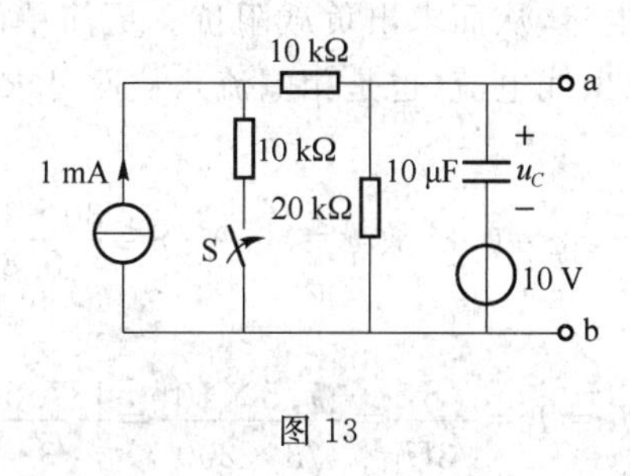

图 13

期末试题答案和解析

一、填空题

1. 滞后,0,$\mathrm{j}\,\dfrac{1}{2}\omega LI_m^2$,$\dfrac{1}{4}LI_m^2$

此题考查电感元件上的电压电流关系,以及电感元件的平均功率、复功率和平均储能的基础知识。

2. $\dfrac{\sqrt{2}}{16}$,$0.8\sqrt{2}$,电容

此题考查正弦稳态电路等效的基本知识。根据端口电压电流关系,可以求出端口阻抗。需要注意的是,题目给出的端口电压表达式是正弦形式,需要转换成余弦后再计算。

3. 0

此题考查 RLC 并联动态电路无阻尼状态的条件,即电阻为 0。

4. 否,否

此题考查线性变压器的电压电流关系,以及反映阻抗的知识。由线性变压器的原边和副边的电压电流关系可以得知,答案均为否。

5. 0,$i_L(t)=\cos(t-90^\circ)$ A

此题考查谐振的基本知识。发生谐振时,电路呈现纯电阻特性,电容和电感并联支路相当于开路,因此电阻上的电流为 0。谐振频率 $\omega=\dfrac{1}{\sqrt{LC}}=1$,电感上电流滞后于电压 90°,因

此可得 $i_L(t)=\cos(t-90^\circ)$ A。

6. 否

此题考查等效的概念及电路的感性、容性的知识。左边电路为电容性，右边为电感性，因此两个电路不等效。

7. $H(\mathrm{j}\omega)=\dfrac{\mathrm{j}\omega L}{R+\dfrac{1}{\mathrm{j}\omega C}+\mathrm{j}\omega L}$

此题考查网络函数的定义。根据串联电路的分压公式，可计算出网络函数。

二、计算题

1. 此题考查 Y-Y 连接的对称三相电路中功率与各相电压、电流的关系，以及相电压、相电流与线电压、线电流的关系。可先由功率因数和平均功率求出视在功率，再根据视在功率和线电压求出线电流和相电流，从而求出负载阻抗。更简单的方法是由线电压求出相电压，再由平均功率的计算式求出线电流（也是相电流），从而可求出负载阻抗。下面给出第一种求解方法。

解答： 因为 $P=S\cos\varphi$，$\cos\varphi=0.8$，故 $\varphi=36.9^\circ$，$S=\dfrac{30\times10^3}{0.8}=37.5$ kVA。

又因为

$$S=3U_\mathrm{p}I_\mathrm{p}=\sqrt{3}U_\mathrm{l}I_\mathrm{l},\quad I_\mathrm{p}=I_\mathrm{l}=\frac{S}{\sqrt{3}U_\mathrm{l}}=\frac{37.5\times10^3}{\sqrt{3}\times200}=\frac{187.5}{\sqrt{3}}\ \mathrm{A},\quad U_\mathrm{p}=\frac{U_\mathrm{l}}{\sqrt{3}}=\frac{200}{\sqrt{3}}\ \mathrm{V}$$

所以

$$Z=\frac{U_\mathrm{p}}{I_\mathrm{p}}\angle\varphi=\frac{200/\sqrt{3}}{187.5/\sqrt{3}}\angle36.9^\circ=1.06\angle36.9^\circ\ \Omega$$

2. 此题考查电阻、电感、电容元件的 VCR 相量形式。由于电路为 RLC 并联电路，可假设电压源的初始相位为零，然后根据各元件电压电流的相位关系，即可得出所求。

解答： 设 $\dot{U}_\mathrm{s}=U_\mathrm{s}\angle0^\circ$ V，则

$$\dot{I}_1=5\angle0^\circ\mathrm{A},\ \dot{I}_2=20\angle-90^\circ=-\mathrm{j}20\ \mathrm{A},\ \dot{I}_3=25\angle90^\circ=\mathrm{j}25\ \mathrm{A}$$

根据电路结构，

$$\dot{I}_4=\dot{I}_2+\dot{I}_3=-\mathrm{j}20+\mathrm{j}25=\mathrm{j}5\ \mathrm{A}$$

$$\dot{I}=\dot{I}_1+\dot{I}_4=5+\mathrm{j}5=7.07\angle45^\circ\ \mathrm{A}$$

所以，I 和 I_4 的大小分别为 7.07 A 和 5 A。

三、计算题

1. 此题考查非正弦稳态电路的分析及非正弦周期信号有效值的计算。首先应用相量法分别求两个不同频率激励下的响应，然后将两个响应在时域进行相加即可。

解答： (1)电流源单独作用时，电压源短路，$\omega=5$，利用分流公式可得

$$\dot{I}'=\frac{\mathrm{j}\omega L}{1+\dfrac{1}{\mathrm{j}\omega C}+\mathrm{j}\omega L}\times\dot{I}_\mathrm{s}=\frac{\mathrm{j}5}{1+\dfrac{1}{\mathrm{j}5}+\mathrm{j}5}\times7\angle0^\circ=7.1\angle11.8^\circ\ \mathrm{A}$$

$$i'(t)=7.1\sqrt{2}\cos(5t+11.8^\circ)\ \mathrm{A}$$

电压源单独作用时，电流源开路，$\omega=3$，令 $Z_1=\mathrm{j}\omega L+\dfrac{1}{\mathrm{j}\omega C}=\mathrm{j}3+\dfrac{1}{\mathrm{j}3}=\mathrm{j}\dfrac{8}{3}\ \Omega$ 为电感和电

容串联支路的阻抗,利用分压公式及支路的 VCR 可得

$$\dot{I}''=-\dot{U}_s\times\frac{\frac{2\times Z_1}{2+Z_1}}{2+\frac{2\times Z_1}{2+Z_1}}\times\frac{1}{Z_1}=-\dot{U}_s\times\frac{1}{2+2Z_1}$$

$$=-4\angle 0^\circ\times\frac{1}{2+2\times j\frac{8}{3}}=0.7\angle 110.5^\circ\ \text{A}$$

$$i''=0.7\sqrt{2}\cos(3t+110.5^\circ)\ \text{A}$$

根据叠加原理,两个电源共同作用时

$$i(t)=i'(t)+i''(t)=[7.1\sqrt{2}\cos(5t+11.8^\circ)+0.7\sqrt{2}\cos(3t+110.5^\circ)]\ \text{A}$$

(2) 电流的有效值:$I=\sqrt{7.1^2+0.7^2}=7.13$ A。

2. 此题考查 Z 参数的求解及 Z 参数方程。

解答:

$$Z_{11}=\frac{\dot{U}_1}{\dot{I}_1}\bigg|_{\dot{I}_2=0}=R_e+R_b,\qquad Z_{21}=\frac{\dot{U}_2}{\dot{I}_1}\bigg|_{\dot{I}_2=0}=\alpha R_c+R_b$$

$$Z_{12}=\frac{\dot{U}_1}{\dot{I}_2}\bigg|_{\dot{I}_1=0}=R_b,\qquad Z_{22}=\frac{\dot{U}_2}{\dot{I}_2}\bigg|_{\dot{I}_1=0}=R_b+R_c$$

Z 参数方程为

$$\dot{U}_1=Z_{11}\dot{I}_1+Z_{12}\dot{I}_2=(R_e+R_b)\dot{I}_1+R_b\dot{I}_2$$

$$\dot{U}_2=Z_{21}\dot{I}_1+Z_{22}\dot{I}_2=(\alpha R_c+R_b)\dot{I}_1+(R_b+R_c)\dot{I}_2$$

四、计算题

此题考查利用去耦的方法求串联和 T 形连接的耦合电感的等效电感。

解答: 当 S 断开时,耦合电感为反接串联,电路的等效电感为

$$L_{ab}=L_1+L_2-2M=4+9-2\times 3=7\ \text{mH}$$

S 闭合后,耦合电感为 T 形连接,去耦后的等效电路如题解图 1 所示。

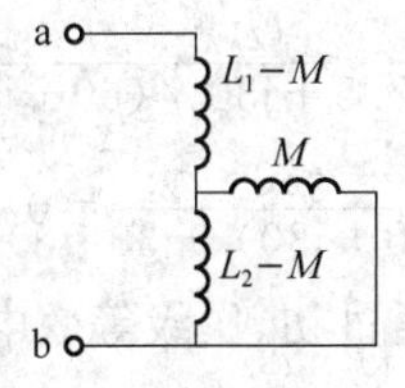

题解图 1

$$L_{ab}=(L_1-M)+\frac{(L_2-M)M}{L_2-M+M}=1+\frac{6\times 3}{6+3}=3\ \text{mH}$$

五、计算题

此题考查 RLC 电路谐振频率、通频带和品质因数的概念及计算。

解答: (1) 根据谐振的定义,与电压源连接的电路的阻抗虚部为零,所以要先求电路的阻抗,然后令其虚部为零,从而求得谐振频率。注意,求解前先把电压源与电阻的串联支路等效变换为电流源与电阻的并联支路,这样整个电路就是简单的并联电路,电阻为 R_0 与 R_i

并联的等效电阻。

$$f_0=\frac{\omega_0}{2\pi}=\frac{1}{2\pi\sqrt{LC}}=\frac{1}{2\pi\sqrt{100\times10^{-12}\times100\times10^{-6}}}=\frac{10^7}{2\pi}=1.59\times10^6\ \text{Hz}$$

$$Q=\omega_0C(R_0/\!/R_i)=10^7\times100\times10^{-12}\times\frac{40}{2}\times10^3=20$$

$$\text{BW}=\frac{\omega_0}{Q}=\frac{10^7}{20}=5\times10^5\ \text{rad/s}$$

(2) 接入 R_L 后，电路中的电阻进一步减小，所以 Q 进一步降低，通频带进一步展宽，此时的品质因数为

$$Q=\omega_0C(R_0/\!/R_i/\!/R_L)=10^7\times100\times10^{-12}\times\frac{40\times10^3}{3}=\frac{40}{3}$$

因此，
$$\text{BW}=\frac{\omega_0}{Q}=\frac{1}{C(R_0/\!/R_i/\!/R_L)}=7.5\times10^5\ \text{rad/s}$$

六、计算题

此题考查线性变压器电路的分析，涉及去耦、反映阻抗、初级回路和次级回路等知识点。

解答：解法一：将线性电压器看作 T 形连接的耦合电感，去耦等效电路如题解图 2 所示。

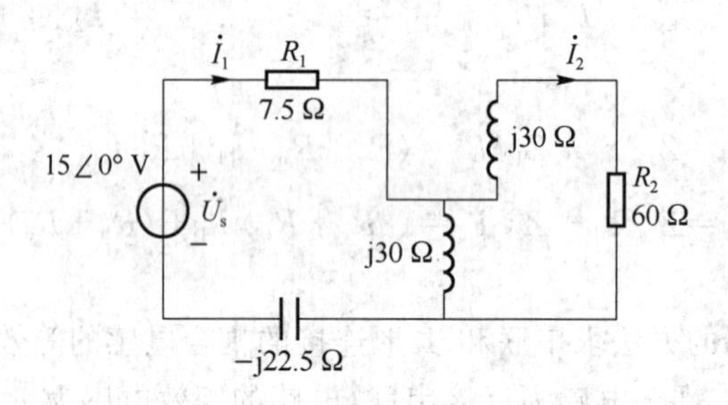

题解图 2

由图可知

$$\dot I_1=\frac{\dot U_s}{7.5-j22.5+j30/\!/(60+j30)}=1\angle0^\circ\ \text{A}$$

$$\dot I_2=\dot I_1\times\frac{j30}{(60+j30)+j30}=0.25\sqrt2\angle45^\circ\ \text{A}$$

解法二：利用反映阻抗的概念，通过初、次级等效电路求解。

初级回路阻抗： $Z_{11}=7.5+j30-j22.5=(7.5+j7.5)\ \Omega$

次级回路阻抗： $Z_{22}=(60+j60)\ \Omega$

次级在初级的反映阻抗：

$$Z_f=\frac{(\omega M)^2}{Z_{22}}=\frac{30^2}{60+j60}=(7.5-j7.5)\ \Omega$$

由此得初级回路电流：

$$\dot I_1=\frac{\dot U_s}{Z_{11}+Z_f}=\frac{15\angle0^\circ}{7.5+j7.5+7.5-j7.5}=1\angle0^\circ\ \text{A}$$

次级回路电流：

$$\dot{I}_2=\frac{\mathrm{j}\omega M\dot{I}_1}{Z_{22}}=1\angle 0°\times\frac{\mathrm{j}30}{60+\mathrm{j}60}=0.25\sqrt{2}\angle 45°\ \mathrm{A}$$

七、计算题

此题考查含理想变压器电路的分析，涉及理想变压器的变电压、变电流、变阻抗性质。

解答：(1)先将两个变压器的副边阻抗折合到原边，两个折合阻抗是并联关系，由此可求总阻抗。

$$Z_{\mathrm{i1}}=n_1^2R_1=100\times 12=1\,200\ \Omega$$

$$Z_{\mathrm{i2}}=n_2^2R_2=16\times 50=800\ \Omega$$

$$Z_{\mathrm{in}}=\frac{\dot{U}}{\dot{I}}=\frac{Z_{\mathrm{i1}}Z_{\mathrm{i2}}}{Z_{\mathrm{i1}}+Z_{\mathrm{i2}}}=\frac{1\,200\times 800}{2\,000}=4\,800\ \Omega$$

(2) 假设上边变压器的原边电流为 $\dot{I}_3$，方向为从“•”端流入，则有

$$\dot{I}_3=\frac{\dot{U}}{Z_{\mathrm{i1}}}=\frac{10\angle 0°}{1\,200}=0.008\,3\angle 0°\ \mathrm{A}$$

因为
$$\frac{\dot{I}_3}{\dot{I}_1}=\frac{1}{n_1}$$

所以
$$\dot{I}_1=n_1\dot{I}_3=0.083\angle 0°\ \mathrm{A}$$

八、计算题

此题考查正弦稳态电路的最大功率传输定理和诺顿定理的知识。由于电路中有受控源，所以不能直接利用阻抗的串并联求等效阻抗。

解答：(1)将 a、b 端短路，利用网孔电流法求短路电流。

$$\begin{cases}\dot{I}_1(1+\mathrm{j})-\dot{I}_2\times 1=\dot{U}_{\mathrm{s}}\\ -\dot{I}_1\times 1+\dot{I}_2\times 1=-2\dot{I}_1\end{cases}$$

解得
$$\dot{I}_2=\dot{I}_{\mathrm{sc}}=-\frac{2}{\sqrt{10}}\angle 93.4°\ \mathrm{A}$$

利用短路电流法求等效阻抗，所以要求开路电压。

$$\dot{U}_{\mathrm{oc}}=\frac{\dot{U}_{\mathrm{s}}}{1+\mathrm{j}}\times 1-r\frac{\dot{U}_{\mathrm{s}}}{1+\mathrm{j}}=-1\angle 75°\ \mathrm{V}$$

$$Z_{\mathrm{eq}}=\frac{\dot{U}_{\mathrm{oc}}}{\dot{I}_{\mathrm{sc}}}=1.58\angle -18.4°\ \Omega$$

(2) $Z_L=Z_{\mathrm{eq}}^*=1.58\angle 18.4°\Omega=(1.5+\mathrm{j}0.5)\ \Omega$ 时可获得最大功率。最大功率为

$$P_{\max}=\frac{U_{\mathrm{oc}}^2}{4\mathrm{Re}[Z_{\mathrm{eq}}]}=\frac{1^2}{4\times 1.5}=\frac{1}{6}=0.167\ \mathrm{W}$$

九、计算题

此题考查一阶动态电路的分析。可应用三要素法，分别求初始值、稳态值和时间常数，然后带入三要素公式即可。

解答：首先由 $t=0^-$ 时刻的等效电路求 $u_C(0^-)$。

$$u_C(0^-)+10=20, u_C(0^-)=10\ \text{V}$$

然后画 $t=0^+$ 时刻的等效电路求 $u(0^+)$，其中，电容用电压值为 $u_C(0^+)=u_C(0^-)=10\ \text{V}$（换路定则）的电压源代替，可知

$$u(0^+)=20\ \text{V}$$

再由 $t=\infty$ 时的等效电路求 $u(\infty)$。此时电容开路，$u(\infty)$ 为 20 kΩ 电阻上的电压。根据分流公式可求得

$$u(\infty)=\frac{10}{10+10+20}\times 1\times 10^{-3}\times 20\times 10^{3}=5\ \text{V}$$

再求电路的时间常数。

$$R_{eq}=20\,/\!/\,20=10\ \text{k}\Omega$$

$$\tau=R_{eq}C=10\times 10^{3}\times 10\times 10^{-6}=0.1\ \text{s}$$

最后根据三要素公式可得

$$u(t)=u(\infty)+[u(0)-u(\infty)]\text{e}^{-t/\tau}=(5+15\text{e}^{-10t})\ \text{V},\quad t\geqslant 0^+$$

2015年考试试题、答案和解析

期中试题

一、填空题(每空 2 分,共 30 分)

1. 电路如图 1 所示,5 V 电压源发出的功率为________。

2. 电路如图 2 所示,电流 I_1 大小为________,电流 I_2 大小为________。

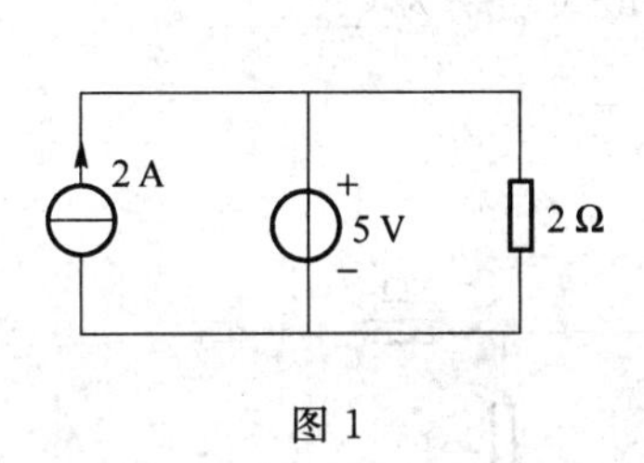

图 1

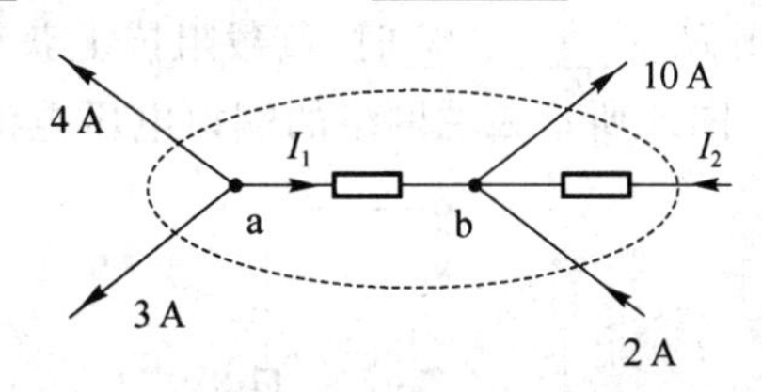

图 2

3. 电路如图 3 所示,a、b 端的等效电阻 R_{ab} 为________。

4. 电路如图 4 所示,单口网络的短路电流 i_{sc} 等于________。

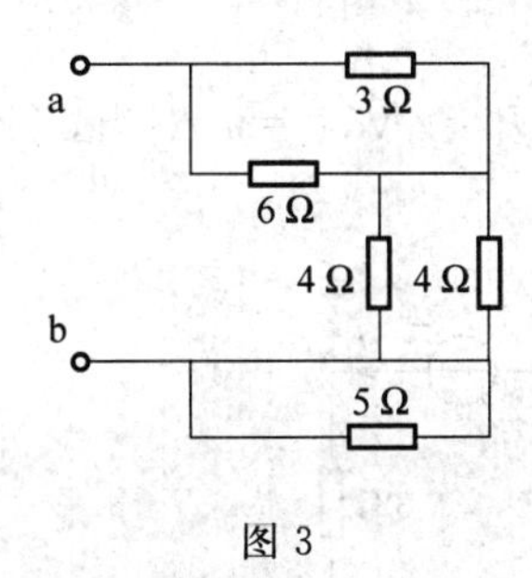

图 3

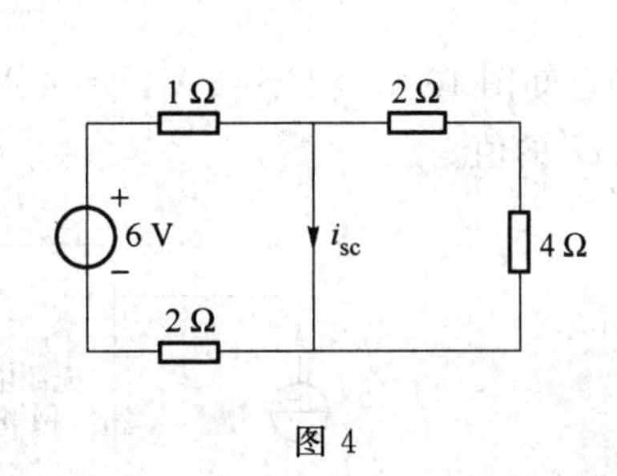

图 4

5. 电路如图 5 所示,a、b 端的诺顿等效电导为________,等效电流源的电流大小为________。

6. 图 6 所示电路中电流 i_1 = ________,i_2 = ________。

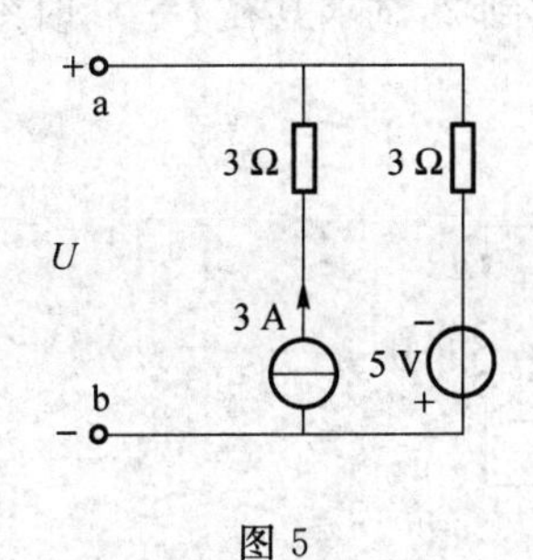

图 5

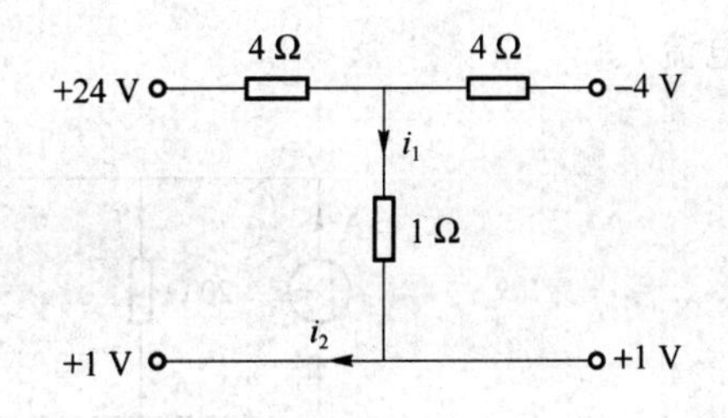

图 6

7. 图 7 所示电路中，当 $t>0$ 时，若电感电流 $i_L(t)=10e^{-2t}$ A，则当 $t>0$ 时，端口电压 $u(t)=$________。

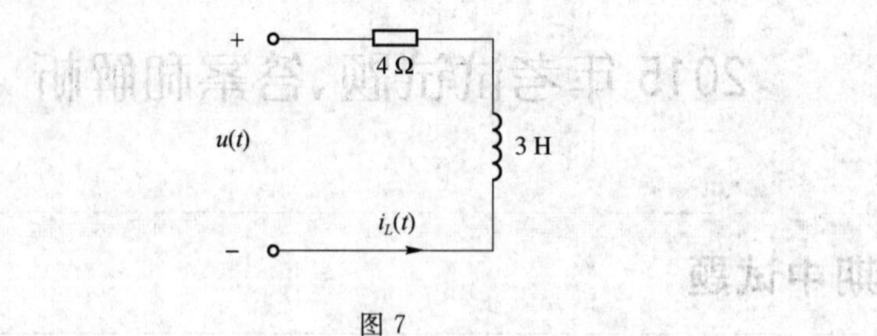

图 7

8. 一个 20 kΩ 的电阻能通过的最大电流为 5 mA，这个电阻的额定功率为________。

9. 对于具有 b 条支路、n 个节点的电路，可以列写________个网孔电流方程。

10. 电路如图 8 所示，a、b 端左侧为某单口网络的戴维南等效电路，已知负载阻抗 $R_L=100\ \Omega$，则 $R_{eq}=$________时，负载阻抗上获得最大功率，最大功率为________。

11. 图 9 所示二端网络的端口电压电流关系为________。

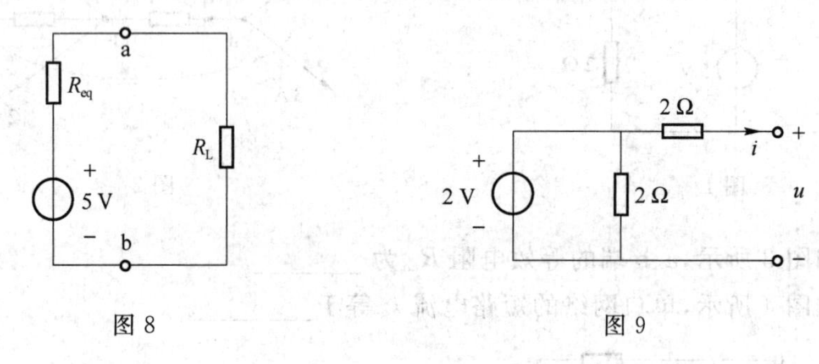

图 8　　　　图 9

二、(5 分)已知图 10 中当 $U_s=8$ V，$I_s=4$ A 时，$U_1=2$ V，$I_2=1$ A；当 $U_s'=9$ V，$I_s'=3$ A 时，$I_2'=3$ A，求 U_1' 的值。

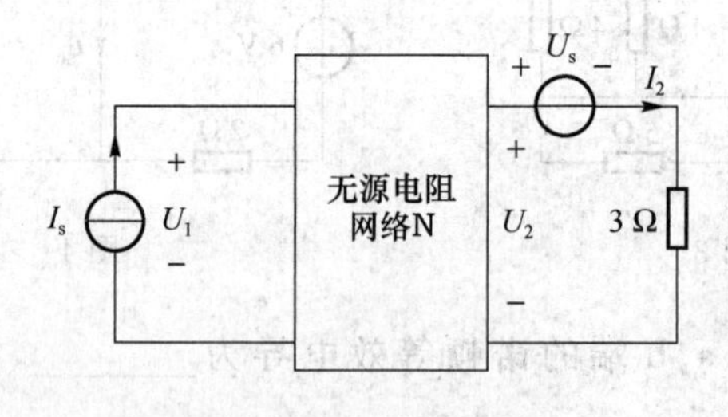

图 10

三、(5 分)电路如图 11 所示，开关 S 在 $t=0$ 时从 1 拨到 2，试求其在 $t=0^+$ 时刻的电压 u、u_L 和电流 i。

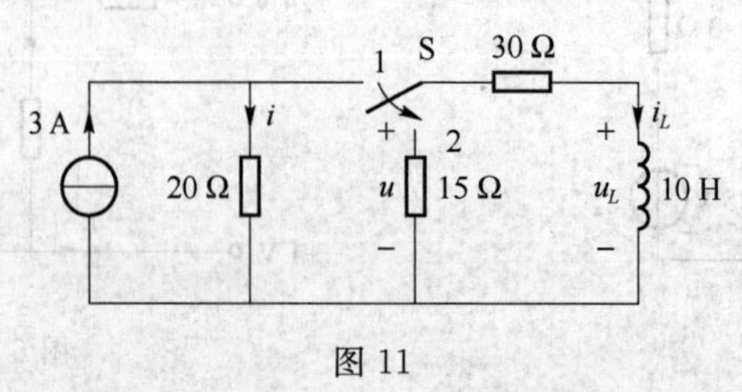

图 11

四、(6 分)求图 12 所示电路中 20 Ω 电阻消耗的功率。

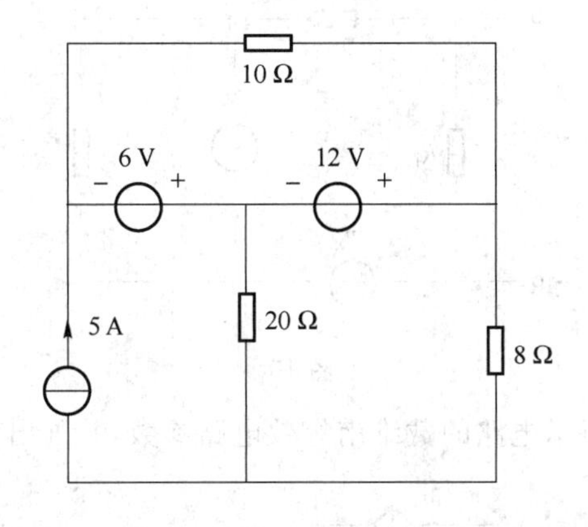

图 12

五、(8 分)用节点分析法求图 13 所示电路中各支路的电流。

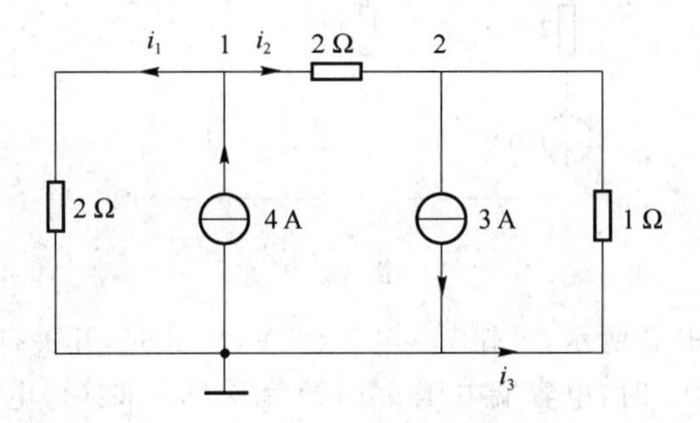

图 13

六、(8 分)电路如图 14 所示,试用网孔电流法求受控源发出的功率。

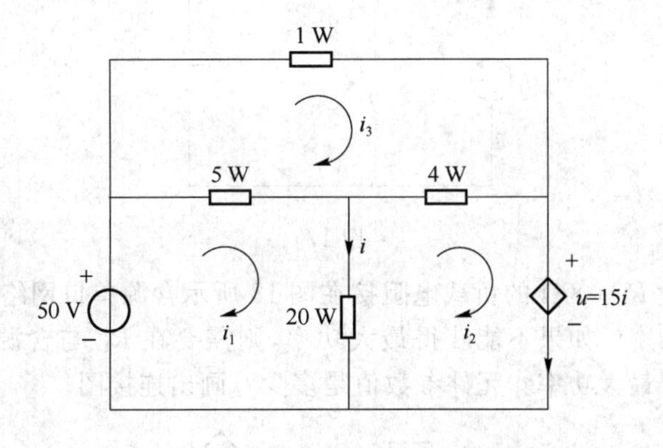

图 14

七、(8 分)电路如图 15 所示,当改变电阻 R 的值时,电路中各处电压和电流都将随之改变。已知当 $i=1$ A 时,$u=20$ V;$i=2$ A 时,$u=30$ V。请用叠加定理求解,当 $i=3$ A 时,电压 u 为多少?

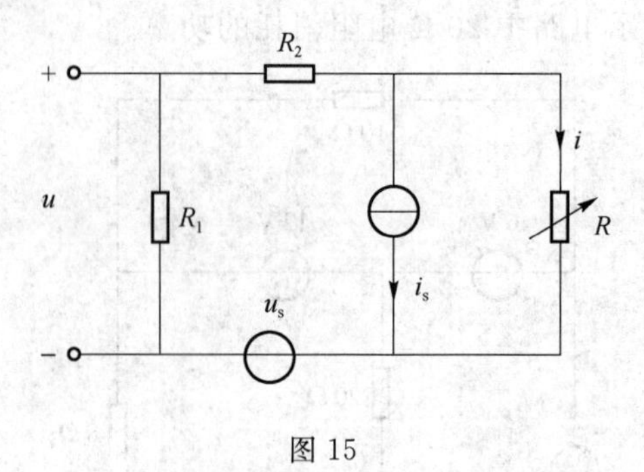

图 15

八、(10 分)求图 16 所示电路的戴维南等效电路参数,并画出其等效电路图。

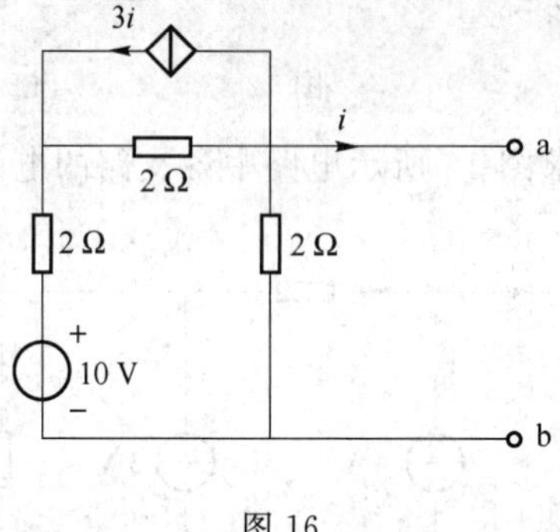

图 16

九、(8 分)电路如图 17 所示,已知 $u_C(0^-)=2$ V,$t=0$ 时,开关打开,由 0.5 A 电流源开始给电容充电。在 $t=10$ s 时,电容端电压 $u_C(10)=52$ V。求:(1)电容 C;(2)在 0~10 s 时间段电容储存的能量。

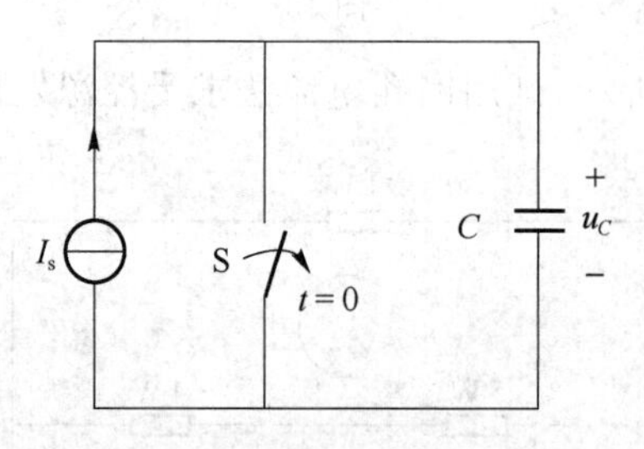

图 17

十、(12 分)假设 $R_L=8\ \Omega$ 的负载电阻接在图 18 所示含源单口网络的 a、b 端,试确定该负载能否获得最大功率?如果不能获得最大功率,则需要在 R_L 与含源单口网络之间连接什么元件才可以获得最大功率?元件参数值是多少?画出连接图。

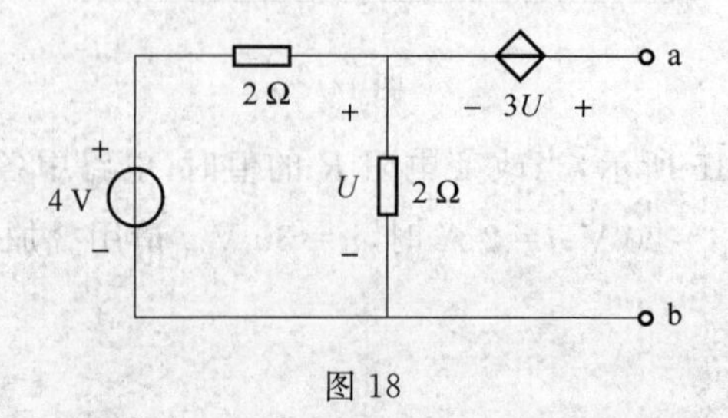

图 18

期中试题答案和解析

一、填空题

1. 2.5 W

此题考查功率的计算，注意该题问的是供出功率大小，所以如果回答－2.5 W就错了，－2.5 W是吸收的功率。

2. －7 A，15 A

此题考查基尔霍夫电流定律。

3. 4 Ω

此题考查电阻的串并联等效。

4. 2 A

此题考查欧姆定律、KVL等知识。

5. $\frac{1}{3}$ S，$\frac{4}{3}$ A

此题考查诺顿定理。

6. 3 A，5 A

此题考查电位和电压的概念以及叠加定理。

7. $-40\mathrm{e}^{-2t}-3\,\frac{10\,\mathrm{d}\mathrm{e}^{-2t}}{\mathrm{d}t}=20\mathrm{e}^{-2t}$ A

此题考查电感的电压电流关系。

8. 0.5 W

此题考查功率的计算。

9. $b-n+1$

此题考查电路结构与网孔电流方程数的关系。

10. 0 Ω，0.25 W

此题考查功最大功率传输定理。

11. $u=2-2i$

此题考查单口网络端口处的电压电流关系。

二、此题考查特勒根定理，将两种情况看作是拓扑结构相同的两个电路，列写似功率平衡方程求解。

解答：根据特勒根定理2，对于两种情况列似功率平衡表达式

$$U_1(-I'_s)+U_2I'_2+\sum_{k=3}^{b}U_kI'_k=0$$

$$U'_1(-I_s)+U'_2I_2+\sum_{k=3}^{b}U'_kI_k=0$$

由于 $\sum_{k=3}^{b}U_kI'_k=\sum_{k=3}^{b}U'_kI_k$，所以

$$-U_1I'_s+U_2I'_2=-U'_1I_s+U'_2I_2$$

$$U_2=U_s+3I_2=8+3=11\ \text{V}$$

$$U'_2=U'_s+3I'_2=9+3\times3=18\ \text{V}$$

代入上式得

$$-2\times3+11\times3=-4\times U_1'+18$$

$$U_1'=-\frac{9}{4}=-2.25\ \text{A}$$

三、此题考查动态电路初始值的求解。先根据 0^- 时刻的等效电路求出 $i_L(0^-)$，然后根据换路定则得到 $i_L(0^+)$，并根据 0^+ 时刻的等效电路求得相关电路变量。

解答：$i_L(0^-)=3\times\frac{20}{20+30}=1.2\ \text{A}$

在 0^+ 时刻，电感元件用 1.2 A 的电流源替代，电流方向向下，则

$$i(0^+)=3\ \text{A},\quad u(0^+)=-15\times i_L(0^+)=-18\ \text{V}$$

$$u_L(0^+)=-(30+15)\times i_L(0^+)=-54\ \text{V}$$

四、此题可用网孔分析法求解，也可用节点分析法求解，还可以直接利用基尔霍夫定律和元件的 VCR 列方程求解，但用节点分析法更简单。下面给出利用节点电压法进行求解的方法。设定任意节点为参考节点后，列写节点电压方程求解，然后根据节点电压与所求电路变量的关系求解电路变量。

解答：根据本题的电路结构，如题解图 1 所示，设 0 为参考节点，列写节点 3 的节点电压方程为

$$\left(\frac{1}{8}+\frac{1}{20}\right)u_{n3}-\frac{1}{20}u_{n1}-\frac{1}{8}u_{n2}=-5$$

解得

$$u_{n3}=-14\ \text{V}$$

$$u=u_{n1}-u_{n3}=6+14=20\ \text{V}$$

$$p=\frac{u^2}{R}=20\ \text{W}$$

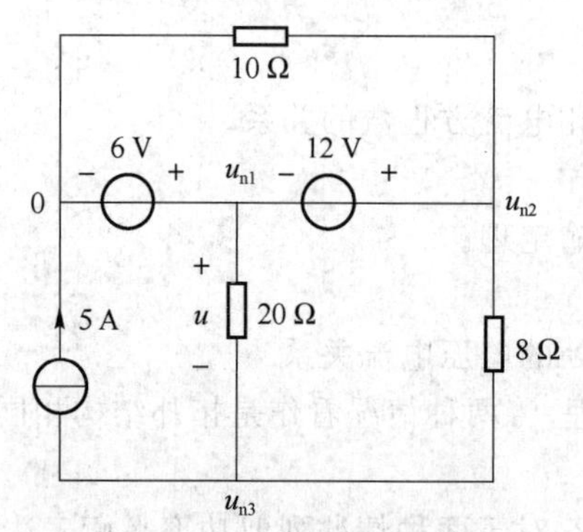

题解图 1

五、此题考查利用节点电压法分析电路。题中已经给定参考节点和其他节点标号，据此列写节点方程求解。

解答：节点电压方程为

$$\begin{cases}\frac{u_1}{2}+\frac{u_1}{2}-\frac{u_2}{2}=4\\ \frac{u_2}{2}+\frac{u_2}{1}-\frac{u_1}{2}=-3\end{cases}$$

整理得
$$\begin{cases}2u_1-u_2=8\\-u_1+3u_2=-6\end{cases}$$

解得
$$u_1=\frac{18}{5}\text{V},\quad u_2=-\frac{4}{5}\text{ V}$$

所以
$$i_1=\frac{u_1}{2}=1.8\text{ A},\quad i_2=\frac{u_1-u_2}{2}=2.2\text{A},\quad i_3=\frac{-u_2}{1}=0.8\text{ A}$$

六、此题考查利用网孔电流法求解电路。欲求受控源的功率，需要求出受控源的电压和电流。首先根据图4所示网孔电流方向，列写网孔电流方程求解出网孔电流，然后根据控制量 i 与网孔电流的关系求出 i，最后求出受控源的电压和功率。

解答：列写网孔电流方程如下：
$$\begin{cases}(5+20)i_1-20i_2-5i_3=50\\-20i_1+(20+4)i_2-4i_3=-15i\\-5i_1-4i_2+(5+4+1)i_3=0\end{cases}$$

由于电路中有受控源，需要补充方程。根据电路形式可得控制电流 i 与网孔电流的约束方程为
$$i=i_1-i_2$$

将其代入网孔电流方程，整理得
$$\begin{cases}25i_1-20i_2-5i_3=50\\-5i_1+9i_2-4i_3=0\\-5i_1-4i_2+10i_3=0\end{cases}$$

解得
$$i_1=29.6\text{ A},\quad i_2=28\text{ A},\quad i_3=26\text{ A}$$

所以
$$i=i_1-i_2=29.6-28=1.6\text{ A}$$
$$u=15i=15\times1.6=24\text{ V}$$

通过受控源的电流即为 i_2，且其与受控源两端的电压为关联参考方向，所以受控源发出的功率为
$$p=-ui_2=-24\times28=-672\text{ W}$$

七、此题考查替代定理和叠加定理的应用。将右端可变电阻看作一个激励源，并把电压源和电流源看作一组激励一起作用。

解答：电阻 R 用电流源 i 替代，则根据叠加定理，有如下关系：
$$u=k_1i_s+k_2u_s+k_3i$$

将已知数据带入得
$$\begin{cases}20=k_1i_s+k_2u_s+k_3\\30=k_1i_s+k_2u_s+2k_3\end{cases}$$

解得
$$\begin{cases}k_1i_s+k_2u_s=10\\k_3=10\end{cases}$$

当 $i=3$ 时，$u=k_1i_s+k_2u_s+k_3i=10+10\times3=40\text{ V}$。

八、此题考查戴维南定理。对于有受控源的单口网络，用短路电流法求等效电阻。

解答：先求开路电压。由于a、b端开路，所以 $i=0$，进而受控源 $3i=0$，相当于开路，此时三个 $2\ \Omega$ 的电阻与10 V电压源串联。
$$u_{oc}=u_{ab}=10\times\frac{2}{6}=\frac{10}{3}\text{ V}$$

再求短路电流。将受控电流源与电阻的并联组合等效变换为受控电压源与电阻的串联组合，电路如题解图 2 所示。

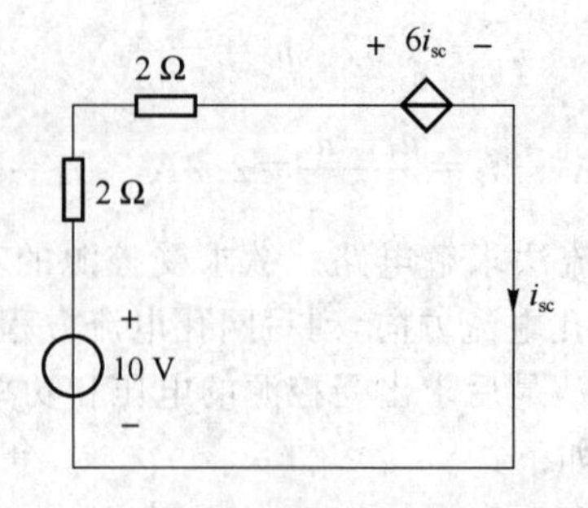

题解图 2

$$4i_{sc}+6i_{sc}=10,\quad i_{sc}=1$$

根据开路电压和短路电流的参考方向可知

$$R_{eq}=\frac{u_{oc}}{i_{sc}}=\frac{10}{3}\ \Omega$$

等效电路如题解图 3 所示。

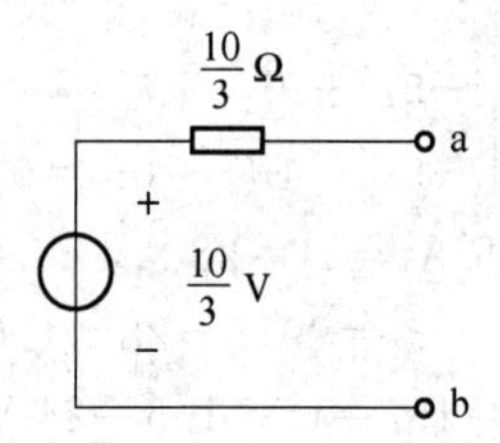

题解图 3

九、此题考查电容的电压电流关系和储能，利用相关公式求解。

解答：由电容的电压电流关系可得

$$u_C(t)=u_C(0^-)+\frac{1}{C}\int_{0^-}^{t}i_s\mathrm{d}t$$

$t=10$ s 时，

$$u_C(10)=u_C(0^-)+\frac{1}{C}i_s\times(10-0)$$

$$52=2+\frac{0.5\times10}{C}$$

所以
$$C=0.1\ \mathrm{F}$$

$$w(0,10)=w(10)-w(0)=\frac{1}{2}\times0.1\times(52^2-2^2)=135\ \mathrm{J}$$

十、此题考查戴维南定理和最大功率传输定理。先求单口网络的戴维南等效电路，由于电路中有受控源，所以不能用电阻串并联的方法求等效电阻，可用外加电源法或短路电流法求等效电阻，然后利用最大功率传输定理分析负载电阻的功率情况。

解答： 利用外加电源法求含源单口网络的戴维南等效电阻，如题解图4所示。

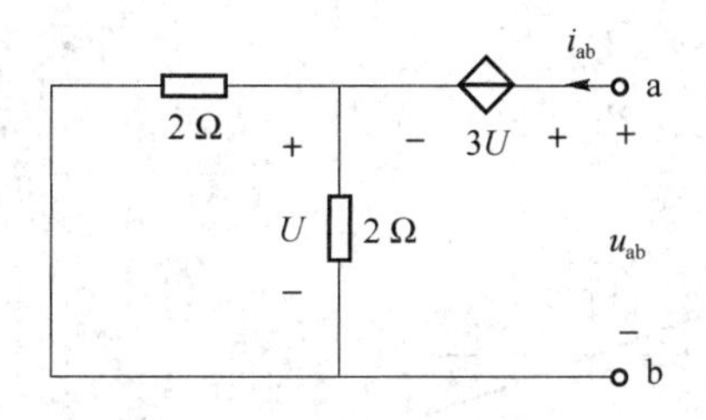

题解图4

$$u_{ab}=3U+U=4U$$

$$U=\frac{2\times 2}{2+2}i_{ab}=i_{ab}$$

$$u_{ab}=4i_{ab}$$

$$R_{eq}=\frac{u_{ab}}{i_{ab}}=4\ \Omega$$

或利用短路电流法求含源单口网络的戴维南等效电阻。

$$u_{oc}=3U+U=4U=4\times 2=8\ \text{V}\ (\text{极性上正下负})$$

$$i_{sc}=\frac{4}{2}=2\ \text{A}(\text{方向由 a 到 b})$$

$$R_{eq}=\frac{u_{oc}}{i_{sc}}=4\ \Omega$$

由于负载电阻与等效电阻不相等，所以负载电阻不能获得最大功率。

在 R_L 与单口网络之间接任何电阻元件都不能使 R_L 获得最大功率。因为负载电阻与电源内阻相等时获得最大功率的前提条件是：电源及其内阻不变。所以，如果串联正值电阻，就改变了电源内阻，而此时开路电压不变，串联电阻的分压作用会使 R_L 的功率减小；如果并联正值电阻，则分流作用也将使 R_L 的功率减小。

进一步讨论：如果串联 −4 Ω 的负值电阻，使电源内阻为零，负载可以获得大功率，但实际上没有负值电阻，负值电阻只能通过受控源和电阻的连接实现；如果串联 $4U$ 的受控电压源，且与 $3U$ 极性一致，则可使内阻变为 8 Ω，同时开路电压也增大为 16 V，负载功率增大。串联的受控源控制系数越大，功率越大。

期末试题

一、选择、填空题(每空2分，共32分)

1. 图1(a)所示元件的伏安关系曲线如图1(b)所示，则该元件的模型和参数为(　　)。

A. 电阻，$R=-3\ \Omega$　　B. 电阻，$R=3\ \Omega$

C. 电容，$C=-3$ F　　D. 电感，$L=3$ H

2. 图2所示电路中，电流 i 等于(　　)。

A. 1 A　　B. 2 A　　C. 3 A　　D. 4 A

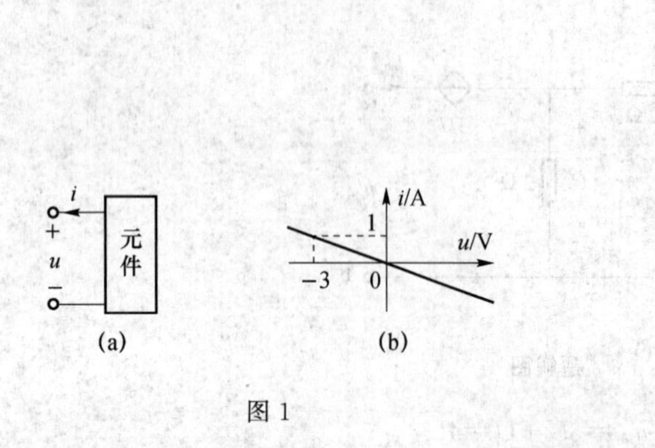

图 1

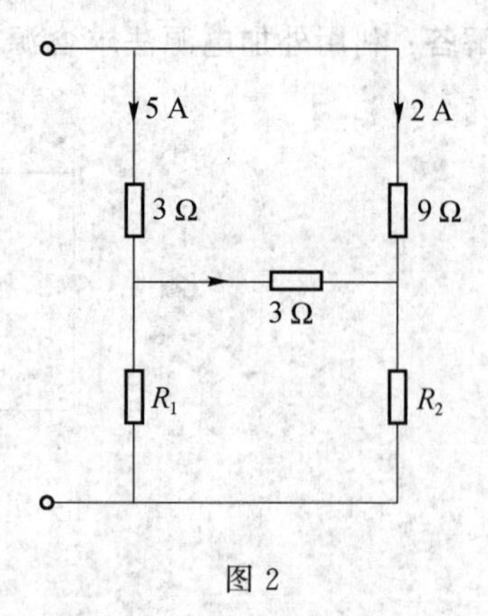

图 2

3. 图 3 所示电路已经处于稳态，在 $t=0$ 时刻开关 S 闭合，则 $i_L(0^+)$ 等于(　　)。

A. 0 A　　　　B. 2 A　　　　C. 5 A　　　　D. 10 A

4. 对图 4 所示二端网络 N，已知 $u=\sqrt{2}\cos 10t$ V，$i=\sqrt{2}\cos(10t-60°)$ A，则其吸收的平均功率为(　　)。

A. 2 W　　　　B. 0.5 W　　　　C. 1 W　　　　D. $\sqrt{3}$ W

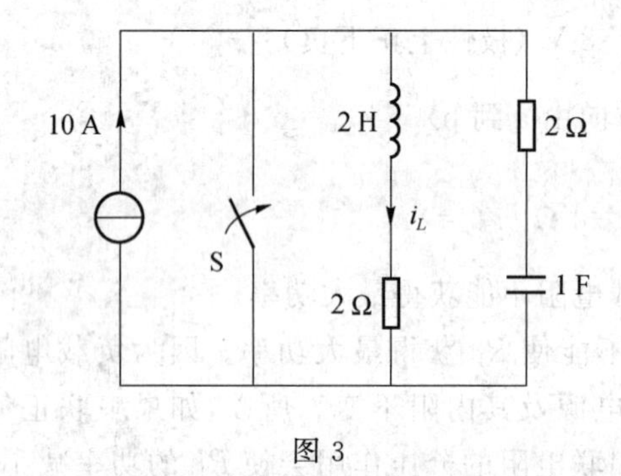

图 3

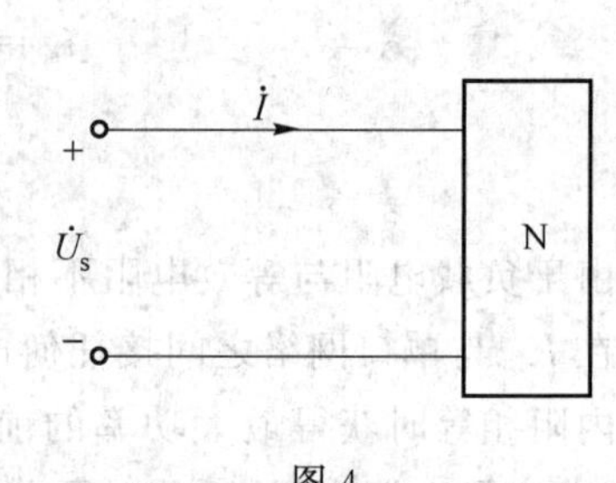

图 4

5. 图 5 所示串联电路谐振时的品质因数等于(　　)。

A. 50　　　　B. 40　　　　C. 80　　　　D. 100

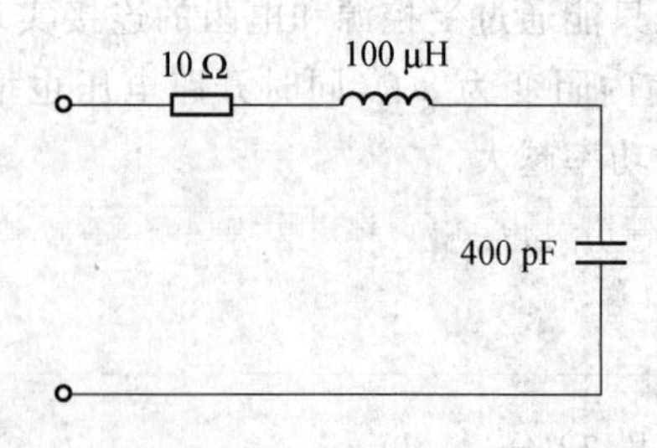

图 5

6. 正弦电压 $u_1(t)=8\cos(2\,513t-70°)$ V，$u_2(t)=4\cos(2\,513t-30°)$ V，它们的频率 f 是(　　)，它们之间的相位关系是：$u_2(t)$ 超前 $u_1(t)$(　　)。

A. 400 Hz；−40°　　　　B. 200 Hz；40°

C. 300 Hz；−40°　　　　D. 400 Hz；40°

7. 图 6 所示电路中，10 V 电压源提供的功率等于(　　)。

A. −6 W　　B. −12 W　　C. 12 W　　D. 6 W

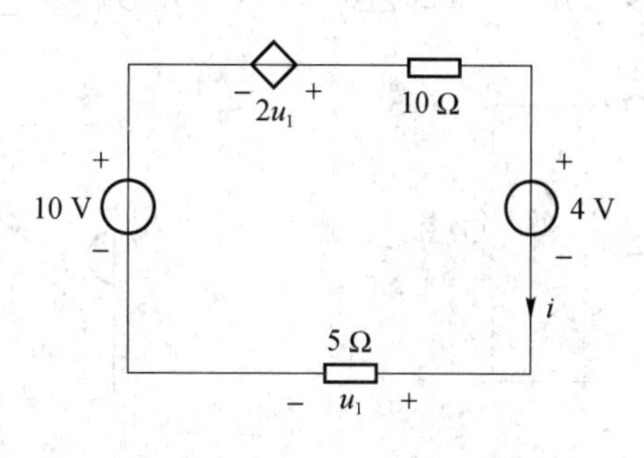

图 6

8. 已知某二阶动态电路的微分方程为 $\frac{d^2u}{dt^2}+8\frac{du}{dt}+12u=0$，则该电路过渡过程的响应性质为(　　)。

A. 非振荡　　B. 衰减振荡　　C. 临界振荡　　D. 等幅振荡

9. 图 7 所示电路已经处于稳态，在 $t=0$ 时刻开关 S 闭合，则 $i_C(0^+)=$ ________。

10. 图 8 所示电路中，已知 $R=2\ \Omega$，$\frac{1}{\omega C}=2\ \Omega$，$I=10$ A，则 $I_C=$ ________。

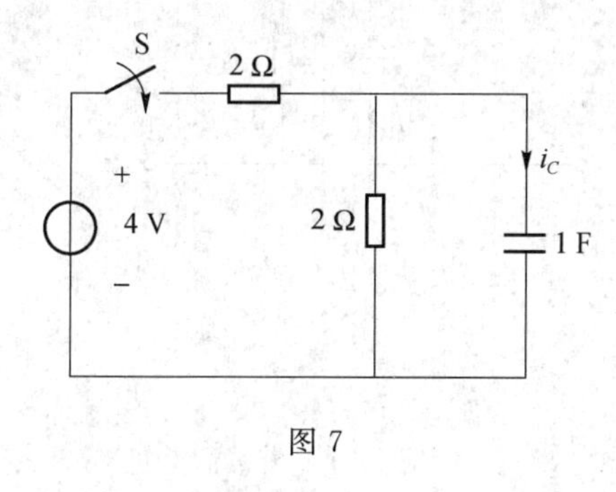

图 7

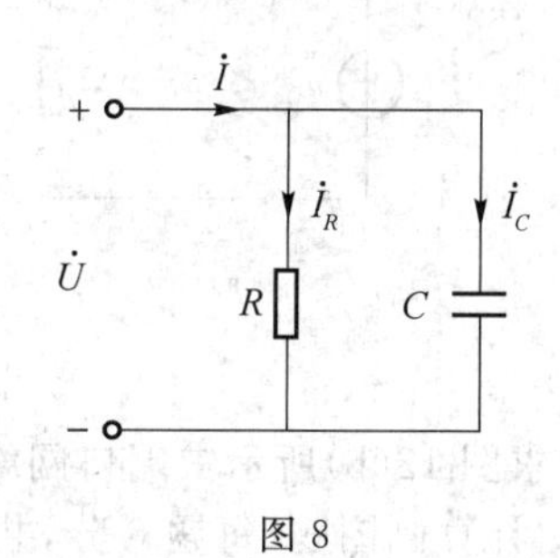

图 8

11. 正弦电流 $i_1(t)=1\,250\cos(314t+175°)$ A 和 $i_2(t)=-10\sin(70t+25°)$ A 的初相位分别为________和________。

12. 对称三相电源为星形连接，相电压 $\dot{U}_A=220\angle 0°$V，则线电压 $\dot{U}_{AB}=$ ________。

13. 图 9 所示电路中，开关闭合后电路的时间常数 τ 为________。

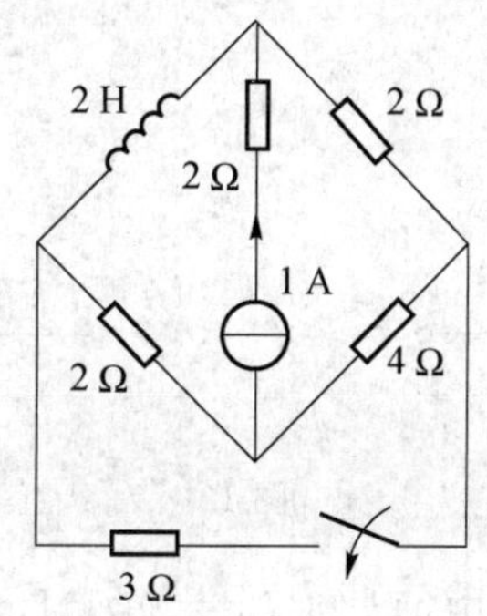

图 9

14. 图 10 所示电路 a、b 端的等效阻抗 Z_{ab} 为________。

15. 图 11 所示电路中，已知 $\dot{U}_s = 220\angle 0°$ V，电流 $\dot{I}_1$ 为________。

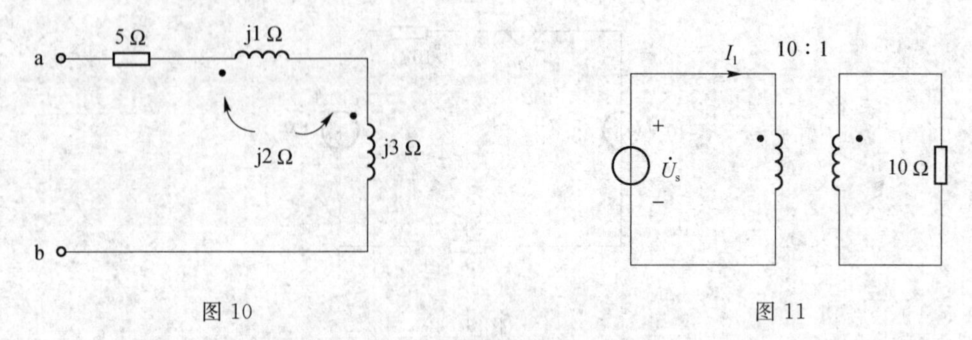

图 10　　图 11

以下为计算题，必须写出求解步骤，只有答案不得分。

二、计算题(每题 6 分，共 12 分)

1. 图 12(a)所示电路中，已知 $u_{s1}(t) = \cos t$ V，$u_{s2}(t) = \cos 2t$ V，求：(1)电流 $i(t)$；(2)电流$i(t)$的有效值；(3)电阻元件消耗的功率。

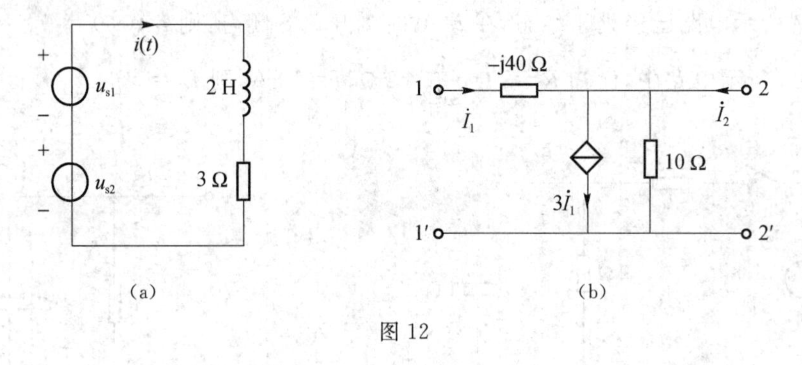

图 12

2. 求图 12(b)所示二端口网络的 Z 参数。

三、计算画图题(每题 6 分，共 12 分)

1. 图 13(a)所示电路中 $R = 1\ \Omega$，$\dfrac{1}{\omega C} = 1\ \Omega$，用相量图法求各电流表的读数。

2. 求图 13(b)所示电路的电压转移函数，并确定是高通还是低通系统，绘制幅频响应草图。

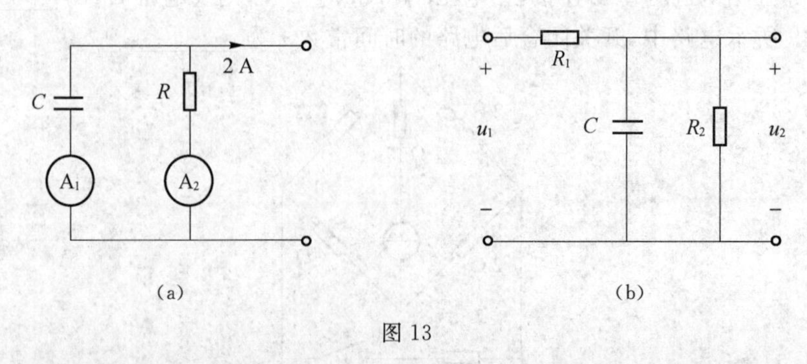

图 13

四、(8 分)图 14 所示电路中，已知 $L_1 = 0.1$ H，$L_2 = 0.4$ H，$M = 0.12$ H，$\omega = 1\,000$ rad/s，求：(1)副边的反映阻抗 Z_f；(2)画出图 14 的去耦等效电路；(3)求 a、b 端的等

效电感。

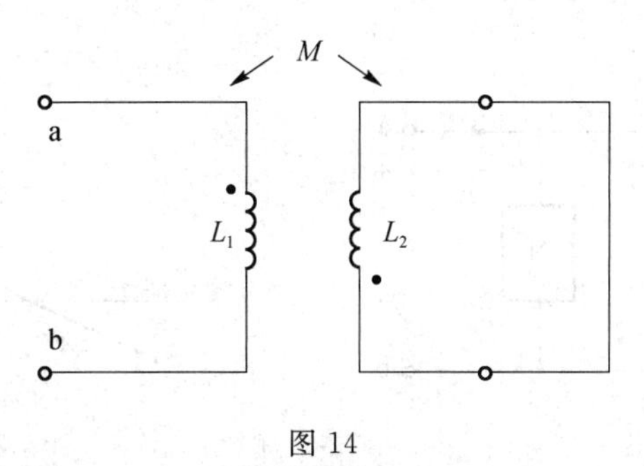

图 14

五、(8 分)图 15 电路中的理想变压器的变比为 $n:1$,其中,$n=0.1$,$Z=(300+\text{j}400)\ \Omega$,求电压$\dot{U}_2$。

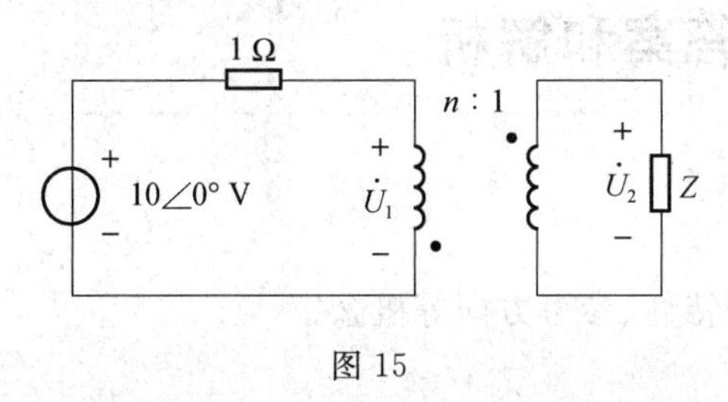

图 15

六、(10 分)电路如图 16 所示,已知电压源的有效值相量为$\dot{U}_s=10\angle 0°$ V,为使负载 Z_L 上的功率最大,分别求如下两种情况下的 Z_L 值及其最大功率:(1)负载为纯电阻;(2)负载是复阻抗,实部和虚部均可改变。

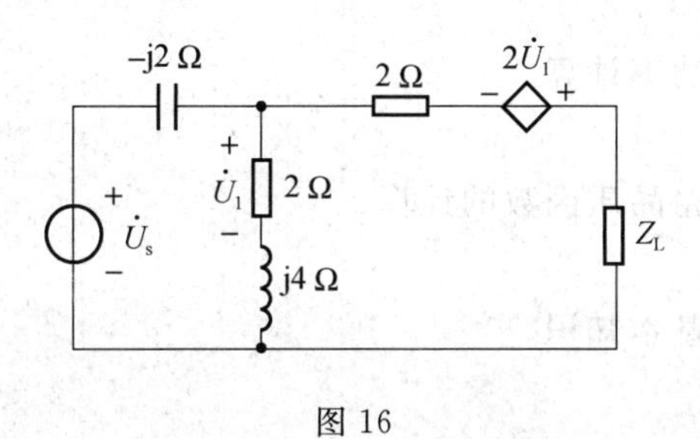

图 16

七、(10 分)如图 17 所示电路已处于稳态,$t=0$ 时刻开关由 1 拨向 2。用三要素法求 $t\geqslant 0$时 $u_C(t)$的全响应,指出零输入响应和零状态响应,并画出三种响应的波形。

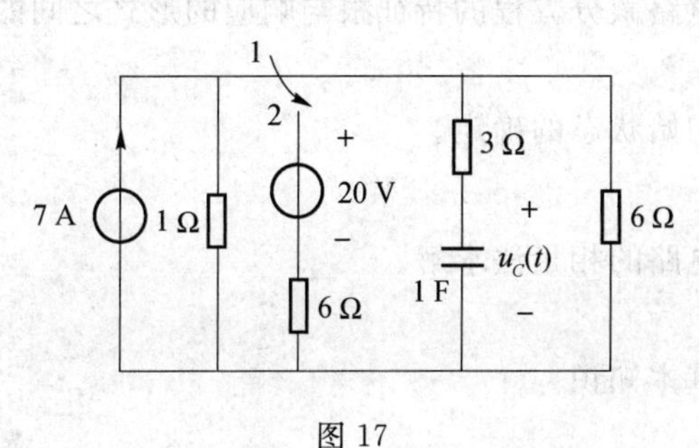

图 17

八、(8 分)电路如图 18(a)所示,已知 a、b 端的 VCR 如图 18(b)所示,求网络 N 的戴维南等效电路。

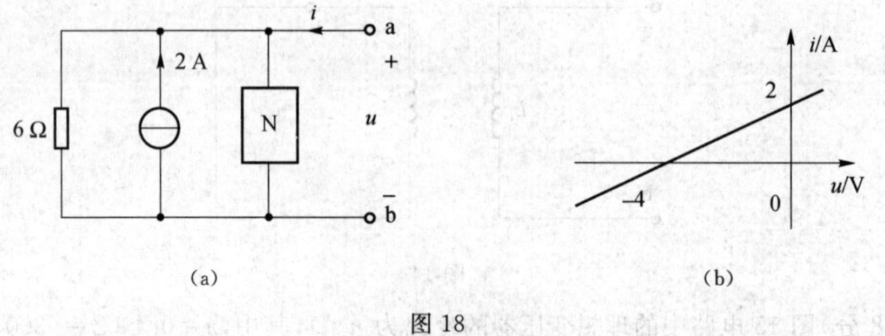

图 18

期末试题答案和解析

一、选择、填空题

1. B

此题考查电阻的伏安特性、参考方向等概念。

2. A

此题考查 KVL 的应用。

3. D

此题考查换路定则。

4. B

此题考查交流电路的功率计算。

5. A

此题考查串联谐振电路品质因数的计算。

6. D

此题考查交流信号的基本知识。

7. C

此题考查功率的计算。

8. A

此题考查二阶动态电路微分方程的特征根与响应的形式之间的关系。

9. 2 A

此题考查动态电路初始状态的确定。

10. $5\sqrt{2}$ A

此题考查正弦稳态电路的相量法求解。

11. 175,115

此题考查正弦量的基本知识。

12. $380\angle 30^\circ$ V

此题考查星形连接的对称三相电路相电压和线电压的关系。

13. 0.5 s

此题考查 RL 动态电路时间常数的计算。

14. (5+j8) Ω

此题考查耦合电感的去耦等效。

15. 0.22∠0° A

此题考查理想变压器电路的分析。

二、计算题

1. 此题考查多个不同频率的正弦激励的电路分析，基本方法是利用叠加的概念。先求两个不同频率的独立源分别单独作用时的响应，然后进行时域相加求得全响应。注意：一定要时域相加，因为不同频率的信号不能进行相量运算。

解答： 求解两个独立电压源分别单独作用时的电流相量。

u_{s1} 单独作用时的电流为

$$\dot{I}_{1m}=\frac{\dot{U}_{s1m}}{3+j1\times 2}=\frac{1\angle 0^\circ}{3+j2}=0.278\angle -33.7^\circ\ A$$

$$i_1(t)=0.278\cos(t-33.7^\circ)\ A$$

u_{s2} 单独作用时的电流为

$$\dot{I}_{2m}=\frac{\dot{U}_{s2m}}{3+j2\times 2}=\frac{1\angle 0^\circ}{3+j4}=0.2\angle -53.1^\circ\ A$$

$$i_2(t)=0.2\cos(2t-53.1^\circ)\ A$$

(1) $i(t)=i_1(t)+i_2(t)=[0.278\cos(t-33.7^\circ)+0.2\cos(2t-53.1^\circ)]\ A$

(2) $I=\sqrt{I_1^2+I_2^2}=\sqrt{\left(\frac{0.278}{\sqrt{2}}\right)^2+\left(\frac{0.2}{\sqrt{2}}\right)^2}=0.242\ A$

(3) $P=I_1^2R+I_2^2R=I_1^2+I_2^2=I^2R=0.242^2\times 3=0.18\ W$

由上式可以看出，总电流有效值的平方等于各不同频率激励作用下电流有效值的平方，这是因为两个正弦量正交。所以在这种情况下，计算电阻元件的功率时可以直接用总电流进行计算。

2. 此题考查双口网络 Z 参数的求解，按公式计算即可。

解答： 假设 11′端口电压为 $\dot{U}_1$，极性为上正下负，22′端口电压为 $\dot{U}_2$，极性为上正下负，则有

$$Z_{11}=\left.\frac{\dot{U}_1}{\dot{I}_1}\right|_{\dot{I}_2=0}=\frac{-j40\ \dot{I}_1+10(\dot{I}_1-3\dot{I}_1)}{\dot{I}_1}=(-20-j40)\ \Omega$$

$$Z_{21}=\left.\frac{\dot{U}_2}{\dot{I}_1}\right|_{\dot{I}_2=0}=\frac{10(\dot{I}_1-3\dot{I}_1)}{\dot{I}_1}=-20\ \Omega$$

$$Z_{12}=\left.\frac{\dot{U}_1}{\dot{I}_2}\right|_{\dot{I}_1=0}=10\ \Omega$$

$$Z_{22}=\left.\frac{\dot{U}_2}{\dot{I}_2}\right|_{\dot{I}_1=0}=10\ \Omega$$

三、计算画图题

1. 此题考查用相量图法分析正弦稳态交流电路。

解答： 首先应明确电流表测量的是电流的有效值。电路中两元件并联，所以其电压相同。设定电压的初相角为0°，则根据各元件的电压电流相量关系，电阻元件的电流与电压同相，所有电流的初相角也为0°，而电容元件的电流超前电压90°，所以电阻元件的电流 $\dot{I}_R$ 与电容元件的电流 $\dot{I}_C$ 的相位相差90°，二者相加即为总电流。又由于电阻和电容两者阻抗相同，所以 $\dot{I}_R$ 与 $\dot{I}_C$ 的有效值相同。相量图如题解图1所示。所以有

$$I=\sqrt{I_R^2+I_C^2}=\sqrt{2I_R^2}=2$$

由此求得两个电流表的读数都为1.414 A。

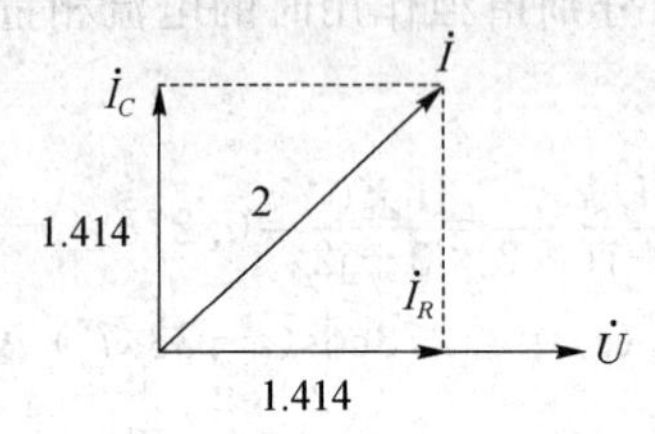

题解图1

2. 此题考查电路的系统函数及滤波特性。

解答： 利用分压公式可得出系统函数为

$$H(j\omega)=\frac{\dot{U}_2}{\dot{U}_1}=\frac{R_2/\!/\frac{1}{\mathrm{j}\omega C}}{R_1+R_2/\!/\frac{1}{\mathrm{j}\omega C}}=\frac{R_2}{R_1+R_2+\mathrm{j}R_1R_2\omega C}$$

幅频特性表达式为

$$|H(\mathrm{j}\omega)|=\frac{R_2}{\sqrt{(R_1+R_2)^2+(R_1R_2\omega C)^2}}$$

由上式可知，当 $\omega=0$ 时，系统函数的幅值达到最大，此后随着 ω 增大，幅值减小，所以该系统为低通系统。

幅频响应草图如题解图2所示。

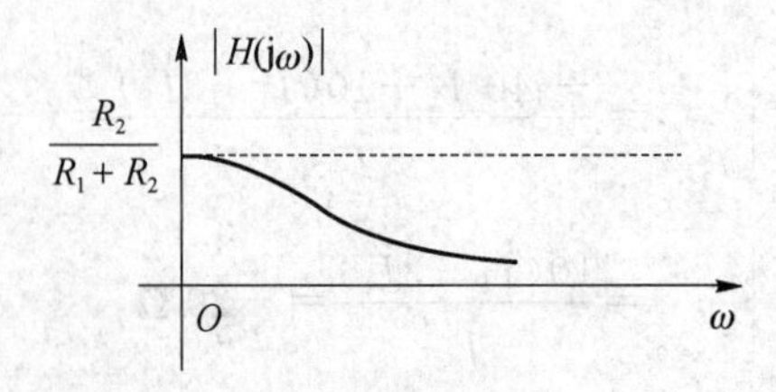

题解图2

四、此题考查含耦合电感元件电路的分析，利用反映阻抗和去耦等效的方法进行求解。

解答： (1) $Z_{\mathrm{f}}=\frac{\omega^2M^2}{\mathrm{j}\omega L_2}=-\mathrm{j}36\ \Omega$

(2) 由于耦合电感为异名端相接，所以去耦合后的等效电路如题解图 3 所示。

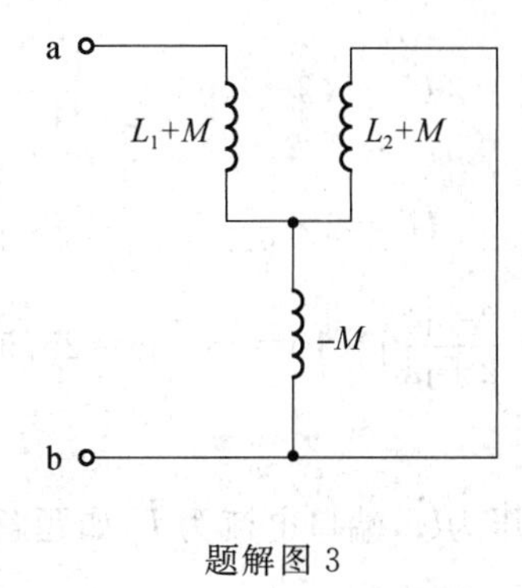

题解图 3

(3) 由题解图 3 可求得

$$L_{ab}=L_1+M+\frac{(L_2+M)(-M)}{L_2+M-M}=L_1+M-\frac{M(L_2+M)}{L_2}=0.064\ \text{H}$$

五、此题考查含理想变压器电路的分析，可采用折合阻抗的方法先求出初级回路的电流，然后再根据理想变压器的电压电流关系求出次级回路的电压和电流。

解答： 画出初级回路的等效电路，如题解图 4 所示。其中

$$Z_f=n^2Z=(3+j4)\ \Omega$$

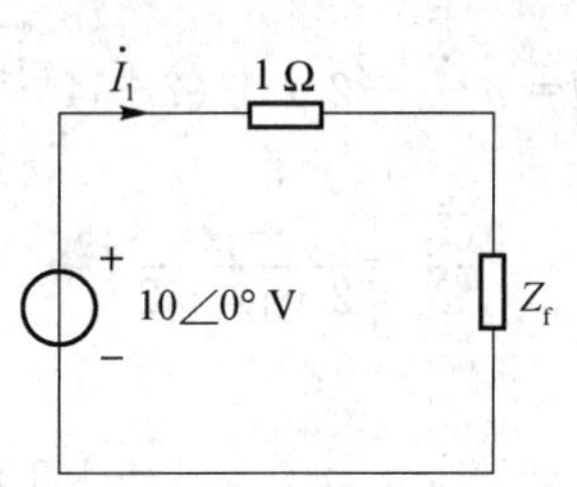

题解图 4

$$\dot{I}_1=\frac{10\angle 0^\circ}{1+Z_f}=\frac{10\angle 0^\circ}{4+j4}=\frac{5}{4}\sqrt{2}\angle -45^\circ\ \text{A}$$

$$\dot{I}_2=-n\dot{I}_1=-0.1\dot{I}_1=-\frac{1}{8}\sqrt{2}\angle -45^\circ\ \text{A}$$

$$\dot{U}_2=Z\dot{I}_2=(300+400j)\times\left(-\frac{1}{8}\sqrt{2}\angle -45^\circ\right)=-62.5\sqrt{2}\angle 8^\circ\ \text{V}$$

还有一种方法是，在求出$\dot{I}_1$之后，在初级回路求 Z_f 两端的电压$\dot{U}_1$，假设方向为上正下负，然后利用初次级的电压关系求$\dot{U}_2$。

$$\dot{U}_2=-10\dot{U}_1=-10[\dot{I}_1(3+4j)]=-62.5\sqrt{2}\angle 8^\circ\ \text{V}$$

六、此题考查正弦稳态电路的最大功率传输定理。首先求出与负载连接的单口网络的戴维南等效电路，然后根据模匹配和共轭匹配两种方式得到两种情况下负载可获得的最大功率。

在求戴维南等效电路时，开路电压的计算可以先根据分压公式求出$\dot{U}_1$和电阻电感串联支路的电压，然后加上受控源电压即可。等效阻抗的计算可采用外加电源法或短路电流法。

解答：(1)计算$\dot{U}_{oc}$

$$\dot{U}_{oc}=2\dot{U}_1+(2+j4)\times\frac{\dot{U}_s}{2+j4-j2}$$

$$\dot{U}_1=2\times\frac{\dot{U}_s}{2+j4-j2}$$

所以 $$\dot{U}_{oc}=\left(\frac{4}{2+j2}+\frac{2+j4}{2+j2}\right)\times 10=25-j5=25.5\angle-11.3^\circ\ \text{V}$$

(2) 计算 Z_{eq}

利用外加电源法，设端口电压为$\dot{U}$，端口电流为 $\dot{I}$，如题解图 5 所示。

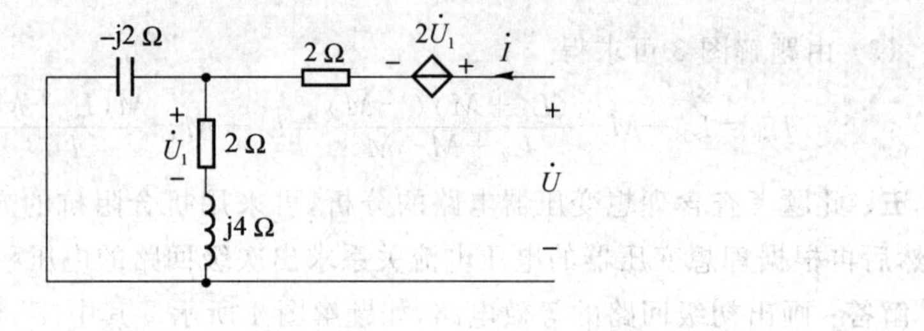

题解图 5

$$\dot{U}=2\dot{U}_1+2\dot{I}+(2+j4)\frac{\dot{U}_1}{2}$$

$$\frac{\dot{U}_1}{2}=\frac{-j2}{2+j4-j2}\dot{I}$$

由以上两个方程可得

$$\dot{U}=\left[2+(3+j2)\frac{-j4}{2+j2}\right]\dot{I}$$

所以 $$Z_{eq}=2+(3+j2)\frac{-j4}{2+j2}=(1-j5)\Omega=5.1\angle-78.7^\circ\ \Omega$$

(3) 当负载为纯电阻时，按照模匹配考虑，此时 $R_L=5.1\ \Omega$。

$$\dot{I}=\frac{\dot{U}_{oc}}{R_L+Z_L}=\frac{25-j5}{6.1-j5}=\frac{25.5\angle-11.3^\circ}{7.9\angle-39.3^\circ}=3.2\angle 28^\circ\ \text{A}$$

$$P_{max}=I^2\text{Re}[Z_L]=(3.23)^2\times 5.1=53.2\ \text{W}$$

(4) 当负载为复阻抗时，按照共轭匹配考虑，此时 $Z_L=Z_{eq}^*=(1+j5)\ \Omega$。

$$P_{max}=\frac{U_{oc}^2}{4\text{Re}[Z_{eq}]}=\frac{25.5^2}{4\times 1}=163\ \text{W}$$

七、此题考查利用三要素法求解一阶动态电路的全响应。

解答：首先根据 0^- 时刻的等效电路(如题解图 6 所示)求电容两端电压的初始值，此时电容开路，电路为电流源与 1 Ω 和 6 Ω 三个元件的并联，所以有

$$u_C(0^-)=7\times\frac{1\times 6}{1+6}=6\ \text{V}$$

根据换路定则， $$u_C(0^+)=u_C(0^-)=6\ \text{V}$$

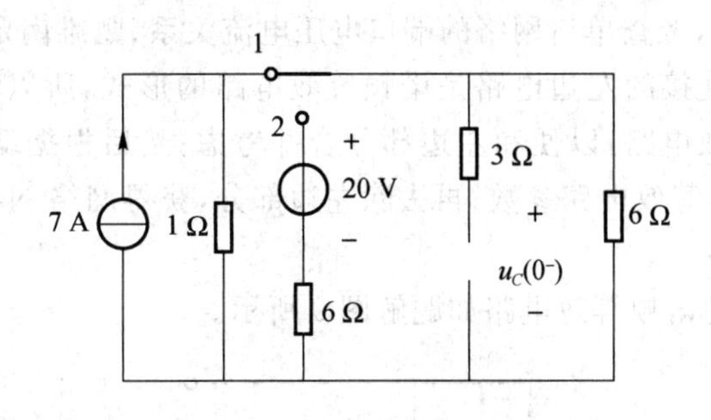

题解图 6

换路后的电路如题解图 7 所示。

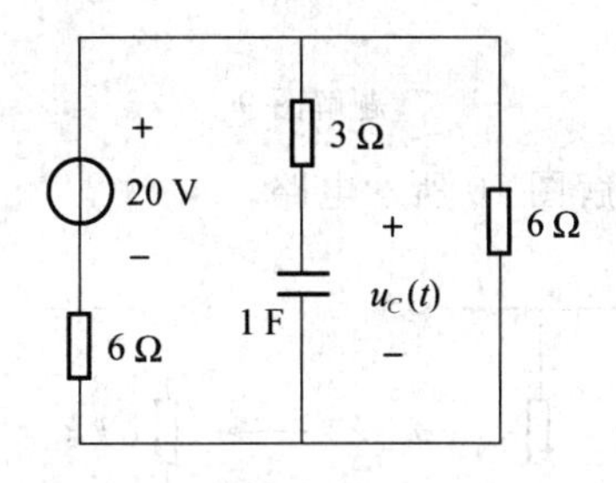

题解图 7

与电容连接的等效电阻为

$$R_{eq}=6/\!/6+3=6\ \Omega$$

所以,电路的时间常数为

$$\tau=R_{eq}C=6\times1=6\ \mathrm{s}$$

电路再达稳态时,电容开路,所以电容电压的稳态值为

$$u_C(\infty)=\frac{1}{2}\times20=10\ \mathrm{V}$$

将初始值、稳态值和时间常数带入三要素公式,得

$$u_C(t)=u_C(\infty)+[u_C(0^+)-u_C(\infty)]\mathrm{e}^{-\frac{t}{\tau}}=(10-4\mathrm{e}^{-\frac{1}{6}t})\ \mathrm{V}$$

零输入响应为：　$u_{zs}(t)=u_C(0)\mathrm{e}^{-\frac{1}{\tau}t}=6\mathrm{e}^{-\frac{1}{6}t}\ \mathrm{V}$

零状态响应为：　$u_{zi}(t)=u_C(\infty)(1-\mathrm{e}^{-\frac{1}{\tau}t})=10(1-\mathrm{e}^{-\frac{1}{6}t})\ \mathrm{V}$

波形如题解图 8 所示。

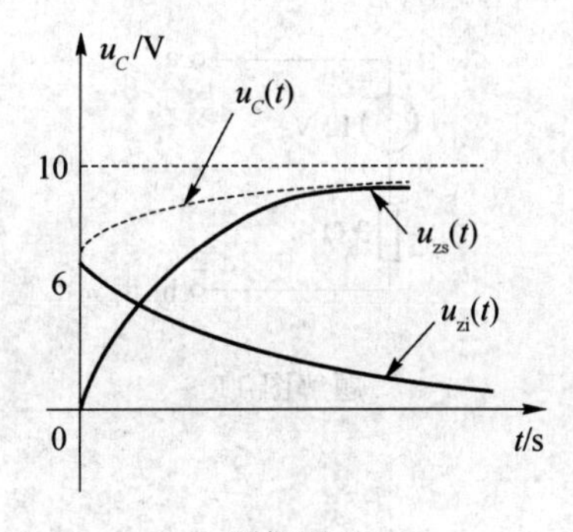

题解图 8

八、本题为综合题，考查单口网络的端口电压电流关系、戴维南定理和诺顿定理。由于单口网络中与网络 N 连接的左边电路是诺顿等效电路的形式，所以解题思路是：首先假设给出网络 N 的诺顿等效电路，以便和左边部分合并考虑；然后根据端口的伏安特性曲线得出整个单口网络的诺顿等效电路参数；再去除左边部分，获得网络 N 的诺顿等效电路；最后转换为戴维南等效电路。

解答： 设网络 N 的诺顿等效电路如题解图 9 所示。

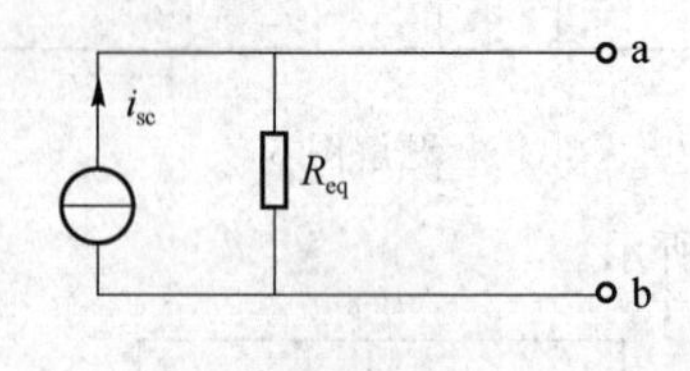

题解图 9

所以整个单口网络可等效为题解图 10 所示电路。

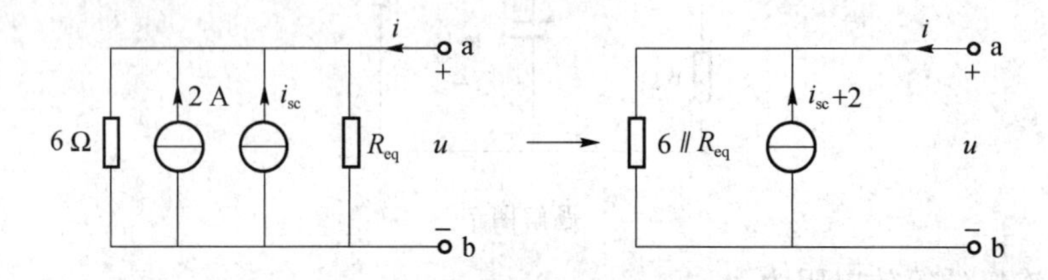

题解图 10

所以有

$$u=\frac{6R_{eq}}{6+R_{eq}}\times(i+i_{sc}+2)=\frac{6R_{eq}}{6+R_{eq}}\times i+\frac{6R_{eq}}{6+R_{eq}}\times(i_{sc}+2) \tag{1}$$

由 a、b 端的 VCR 可得

$$u=2i-4 \tag{2}$$

式(1)和式(2)描述的是同一个单口网络，所以

$$\begin{cases}\dfrac{6R_{eq}}{6+R_{eq}}=2\\[2ex]\dfrac{6R_{eq}}{6+R_{eq}}\times(i_{sc}+2)=-4\end{cases}\Rightarrow\begin{cases}R_{eq}=3\ \Omega\\ i_{sc}=-4\ \text{A}\end{cases}$$

因此，网络 N 的戴维南等效电路如题解图 11 所示。

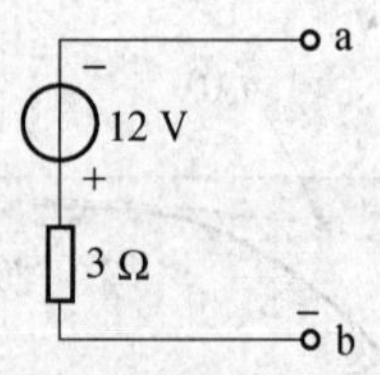

题解图 11

2016年考试试题、答案和解析

期中试题

一、填空题:请把答案填写在题中空格处(每空 2 分,共 30 分)

1. 电压表的内阻为 3 kΩ,最大量程为 3 V,现将它串联一个电阻,改装成一个 15 V 的电压表,则串联电阻的阻值为________。

2. 若某电路包含 6 个节点、8 条支路,则能够列写出的独立节点电压方程有________个,独立网孔电流方程有________个。

3. 图 1 所示电路中,电流 i_2 为________,100 Ω 电阻上的电压为________。

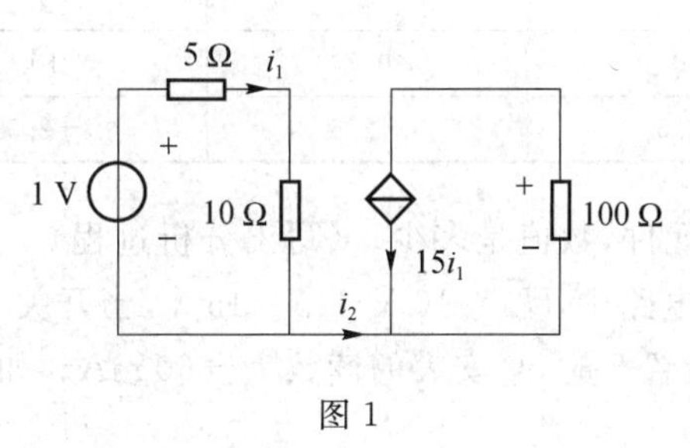

图 1

4. 当复杂电路的支路数较多、节点数较少时,应用节点电压法可以适当减少方程式数目。节点电压法是以节点电压为未知量,直接应用________定律和________定律求解电路的方法。

5. 图 2 所示的线性含源单口网络,负载上获得最大功率的条件是________,获得的最大功率 P_{max}=________。

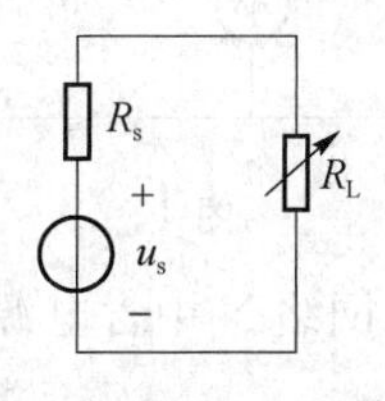

图 2

6. 理想电压源输出的________值恒定,输出的________值由它本身和外电路共同决定。

7. 判断以下两个芯片是否满足集总参数原则,已知芯片中电磁波的传播速度为 15 cm/ns。

(1) 某款 MIPS 芯片边长为 1 cm,芯片主频为 20 MHz。________

(2) 2004 年奔腾 IV 芯片边长为 1 cm,芯片主频为 3.4 GHz。________

8. KVL 的本质是________,特勒根定理的本质是________。

以下为计算题，必须有解题步骤，否则不得分。

二、(20分)现有四种元件A、B、C、D。为测定其“身份”，依次放置在两个含有电源的、不同的复杂电路网络N1、N2两端，如图3所示。图中以X表示四种元件中的任一个，测得数据如表1所示。

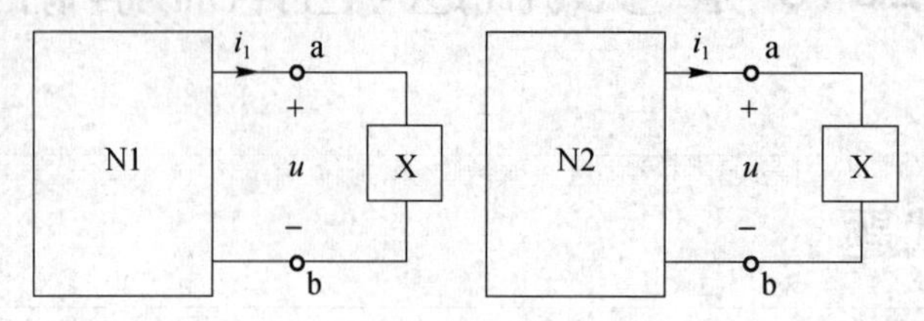

图3

表1

元件	与N1相接		与N2相接	
	u/ V	i/ mA	u/ V	i/ mA
A	5	1	−2.5	−0.5
B	5	5	5	−10
C	10	0.1	10	−15
D	12.5	−2.5	−2.5	−2.5

试确定它们各为什么元件，数值是多少。(写出分析过程)

三、(20分)图4所示电路中，$U_{s1}=10$ V，$U_{s2}=15$ V，当开关S在位置1时，毫安表的读数为40 mA；当开关S在位置2时，毫安表的读数为−60 mA。如果开关在位置3，则毫安表的读数为多少？

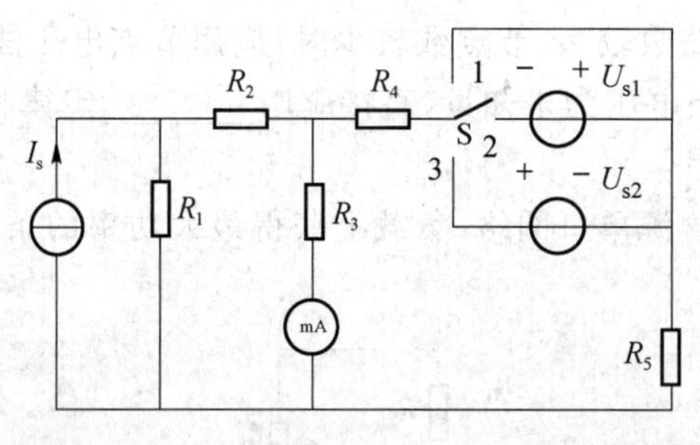

图4

四、(30分)图5、图6和图7所示网络N中含电源及线性电阻，试根据图5、图6中的电压、电流数据确定图7中的电压u。

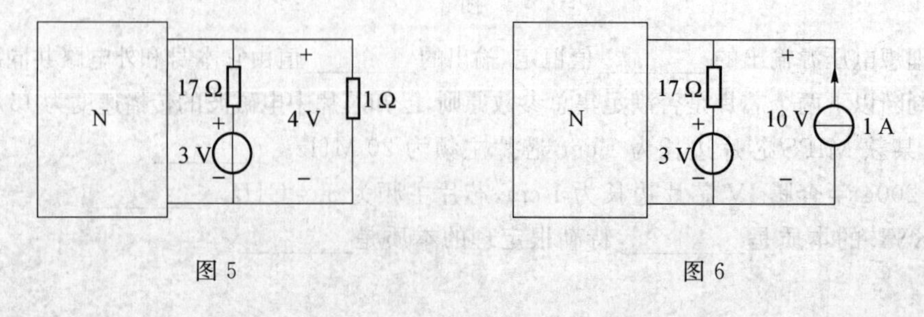

图5　　　　图6

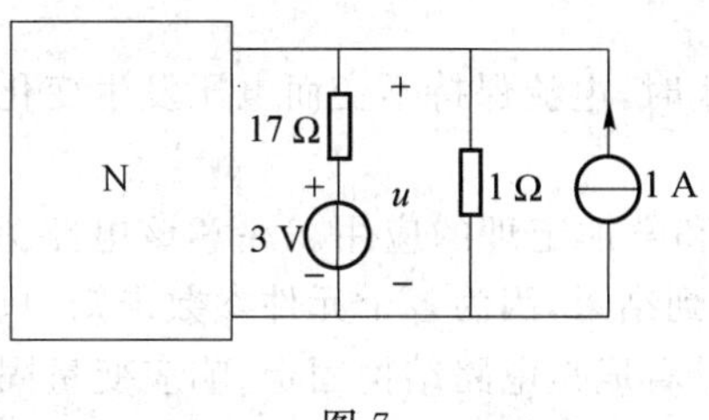

图 7

期中试题答案和解析

一、填空题

1. 12 kΩ

此题考查电阻的基本串并联特性。

2. 5,3

此题考查电路的拓扑结构与独立方程的关系。

3. 0,−100 V

此题考查含受控源电路的分析。

4. KCL,欧姆

此题考查节点电压法的基本原理。

5. $R_L=R_s$,$\frac{u_s^2}{4R_s}$

此题考查最大功率传输定理的基本应用。

6. 电压,电流

此题考查独立电压源的基本性质。

7. 满足,不满足

此题考查集总电路假设的基本使用条件。

8. 能量守恒,功率守恒

此题考查电路基本定理的物理本质。

二、此题考查电阻元件和独立电源的伏安特性关系。对于电阻元件,由于其为无源元件,所以任何时刻都消耗功率;而对于独立源而言,可以作为负载消耗功率,也可以作为电源供出功率。

解答:(1)元件 A 接到网络 N1 和 N2 时,电压、电流同时变化,且倍数相同。

对 N1:
$$\frac{5}{1\times10^{-3}}=5\ \text{k}\Omega$$

对 N2:
$$\frac{-2.5}{-0.5\times10^{-3}}=5\ \text{k}\Omega$$

由此可知 A 是 5 kΩ 的电阻。

(2) 元件 B 接 N1 和 N2 时,电压保持不变而电流发生变化,由此可判断 B 是 5 V 的电压源。

(3) 元件 C 接 N1 和 N2 时,电压保持不变而电流发生变化,由此可判断 C 是 10 V 的电压源。

(4) 元件 D 接 N1 和 N2 时，电流保持不变而电压发生变化，由此可判断 D 是 $-2.5\ \text{mA}$ 电流源。

三、此题考查齐性定理和叠加定理的应用。注意该电路为线性电阻电路，如果按照具体电路结构进行求解无法得到结果，因为各个元件参数未知，只能根据相关定理进行分析求解。由已知条件知，本题可以看成是电路结构固定、响应变量固定、激励是变化的情况，因此可利用叠加定理进行求解。

解答： 设毫安表的读数为 I，根据齐性定理和叠加定理有

$$I=k_1I_s+k_2U_x$$

开关位于 1 时，

$$40=k_1I_s$$

开关位于 2 时，

$$-60=k_1I_s+k_2U_{s2}$$

因此

$$k_2=-10$$

开关位于 3 时，

$$I=k_1I_s+k_2U_{s3}=40+(-10)\times(-15)=190\ \text{mA}$$

四、此题考查戴维南定理的应用。由于电路 N 本身的参数未知，而要求问题的数值则需要对电路 N 进行适当表示。由题目可知，网络 N 本身可以用戴维南等效电路表示，这样只需要求解开路电压和等效电阻即可等效表示网络 N。而题目恰恰给出了两组数据，可以列方程组求解参数。

解答： 将 N 用戴维南等效电路来表示，分别如题解图 1(a)、(b)、(c)所示。

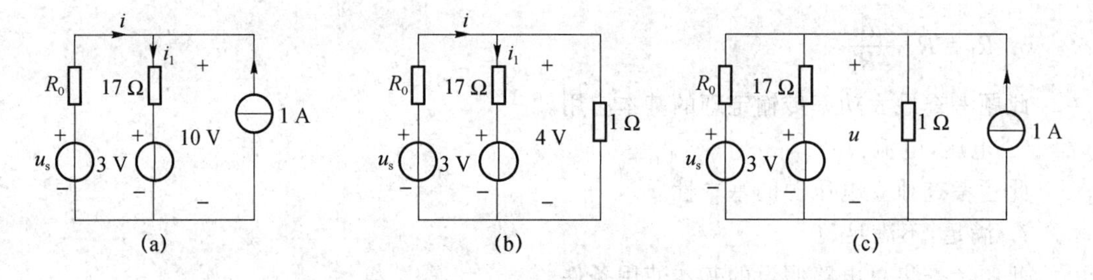

题解图 1

对图(a)所示电路： $i_1=\dfrac{10-3}{17}=\dfrac{7}{17}\ \text{A},i=i_1-1=-\dfrac{10}{17}\ \text{A}$

$$u_s+R_0i=u_s+\frac{10}{17}R_0=10 \tag{1}$$

对图(b)所示电路： $i_1=\dfrac{4-3}{17}=\dfrac{1}{17}\ \text{A},i=i_1+4=\dfrac{69}{17}\ \text{A}$

$$u_s-R_0i=u_s-\frac{69}{17}R_0=4 \tag{2}$$

式(1)、式(2)联立求解可得

$$R_0=1.29\ \Omega,\quad u_s=9.24\ \text{V}$$

对图(c)所示电路可列节点电压方程：

$$\left(\frac{1}{R_0}+\frac{1}{17}+1\right)u=\frac{u_s}{R_0}+\frac{3}{17}+1$$

解得

$$u=4.547\ \text{V}$$

期末试题

一、填空题(每空 1 分,共 22 分)

1. 已知某电阻电路中可列写的独立 KCL 方程个数为 3 个,独立的 KVL 方程个数为 5 个,则该电路中节点为________个,网孔为________个。

2. 某 RLC 串联电路已经处于谐振状态,当电源工作频率升高时,电路将呈现出________(电感性/电容性/电阻性)。此时,端口电压与电流间的相位关系是电压________(超前/滞后)电流。

3. 图 1 所示电路中,流过元件 B 的电流为________,该元件在电路中吸收的功率为________。

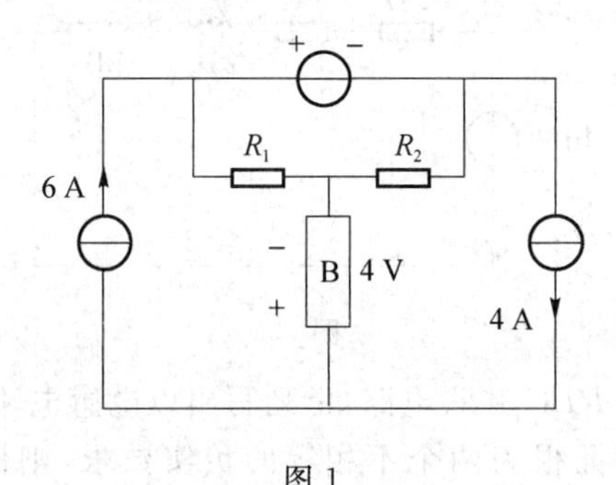

图 1

4. 应用叠加定理求支路电压或支路电流时,当某独立电源单独作用时,其他独立电源应该置零,即电压源应________,电流源应________(开路/短路/保留)。

5. 已知理想变压器如图 2 所示,初级电压为 $u_1 = 220$ V,初级电流为 $i_1 = 1$ A,初级线圈匝数 $N_1 = 660$,为了得到 20 V 的次级电压,则次级匝数应为________,次级电流为________。

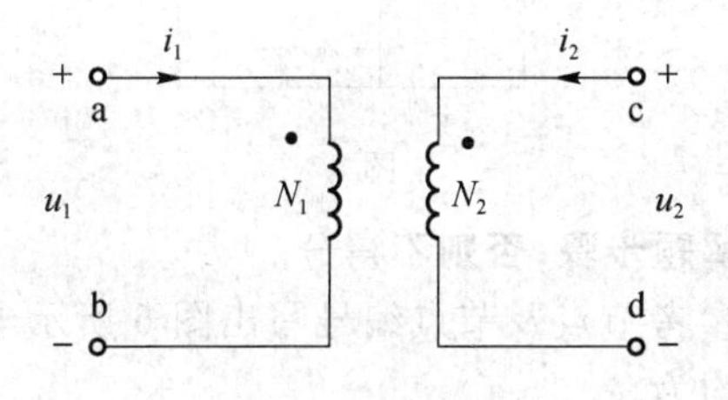

图 2

6. 图 3 所示稳态电路中,电感中储能为________,电容中储能为________。

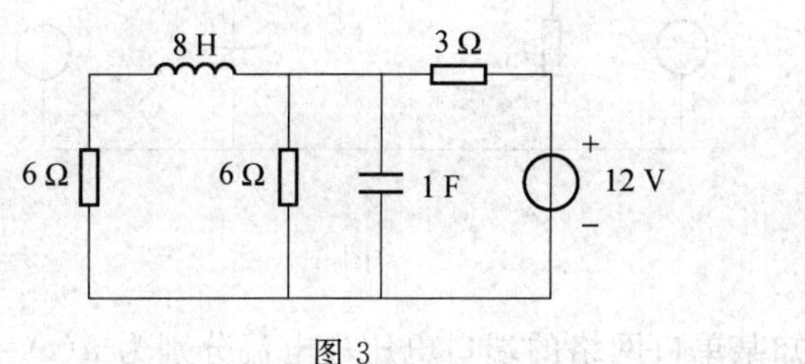

图 3

7. 三相电路进行星形连接时，线电压 U_l 是相电压 U_p 的________倍，在相位上 $\dot{U}_{AB}$ 超前 $\dot{U}_A$ ________。

8. 已知某非正弦周期电流中只含有直流分量、一次谐波和二次谐波分量，且直流分量为 1 A，一次和二次谐波分量的有效值分别为 $3\sqrt{2}$ A 和 $\sqrt{6}$ A，则该非正弦周期电流的有效值为________。

9. 为了使谐振电路具有较高的选择性，则带宽应________（较宽/较窄），电路的品质因数应________（较大/较小）。

10. 并联一个合适的电容可以提高感性负载电路的功率因数。并联后电路的有功功率________，电路的总电流________。

11. 一阶电路如图 4 所示，其时间常数为________。

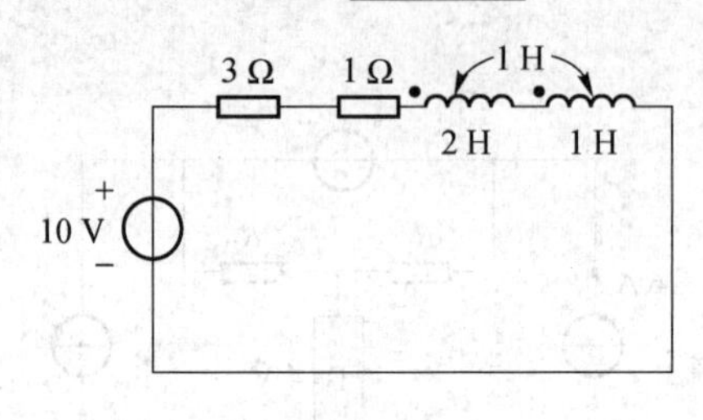

图 4

12. 如图 5 所示的二阶 RLC 并联电路，请列写出以电感电流作为状态变量的微分方程________。如果该方程的特征根为两个不相等的负实数根，则该电路处于________（过阻尼/欠阻尼/无阻尼）状态。

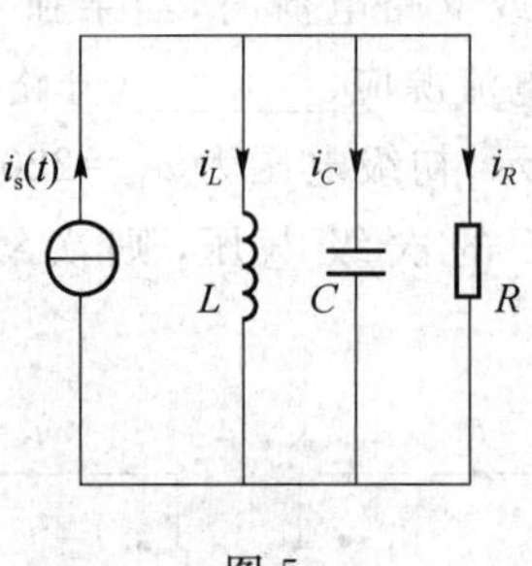

图 5

以下为计算题，必须有解题步骤，否则不得分。

二、(8 分)按照指定的参考节点及节点编号写出图 6 所示电路的节点电压方程。假设电压源和电流源频率相同，均为 ω。

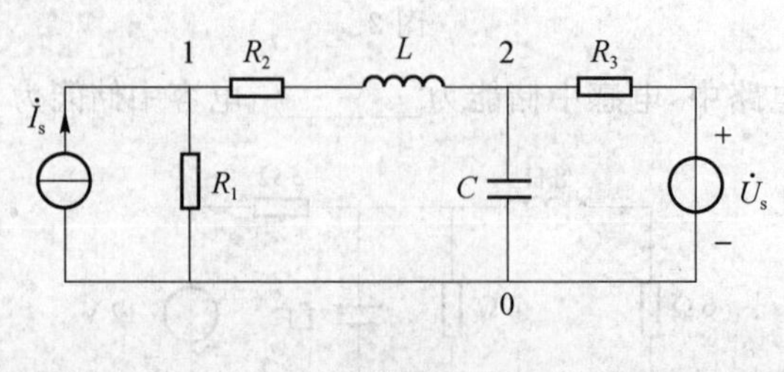

图 6

三、(8 分) 已知某单口网络的端口电压和电流分别为 $u(t)=10\sqrt{2}\cos 100t$ V，$i(t)=$

$2\sqrt{2}\cos(100t+60^\circ)$ A，且二者为关联参考方向。求该单口网络的有功功率 P、无功功率 Q 和等效阻抗 Z，并判断该单口网络是何种性质的电路。

四、(12 分) 电路如图 7 所示，已知 N 为纯电阻电路，$I_s=2$ A。(1)若在 2-2′端接 2 Ω 的电阻 R，则 $U_1=3$ V，$I_2=1$ A；(2)若 2-2′端开路，则 $\hat{U}_1=5$ V。试求 2-2′以左电路的诺顿等效电路。

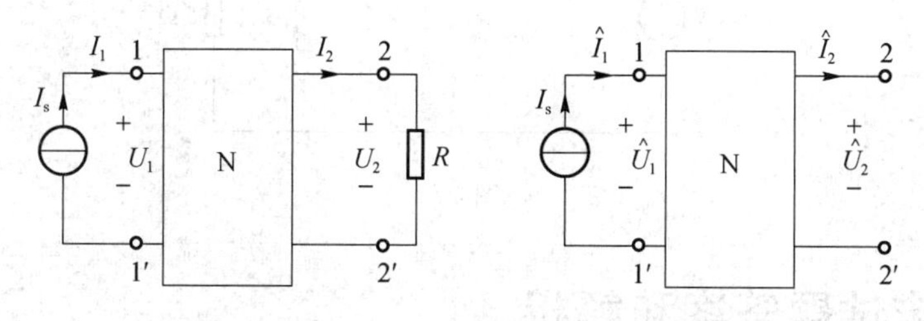

图 7

五、(12 分) 图 8 所示电路中，$i_L(0^-)=1$ A，2 A 和 3 A 的电流源在 0 时刻接入，开关原处于打开状态。当 $t=2$ s 时开关闭合，求 $0\leqslant t<2$ s 和 $t\geqslant 2$ s 的 $i_L(t)$。

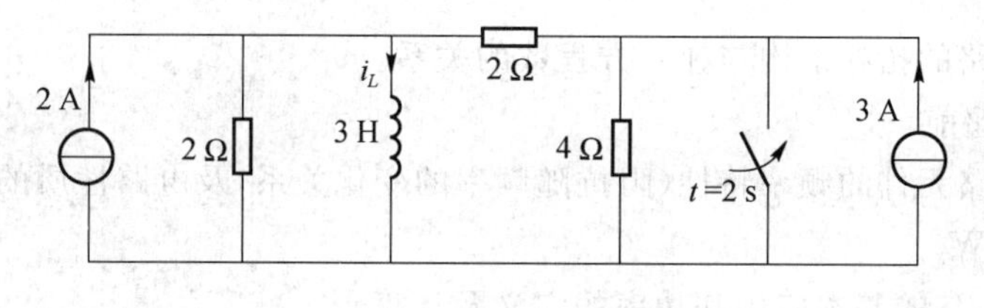

图 8

六. (12 分) 电路如图 9 所示，已知 $R_1=10$ Ω，$R_2=20$ Ω，$R_3=5$ Ω，$r=4$ Ω，试求该二端口网络的 Z 参数。

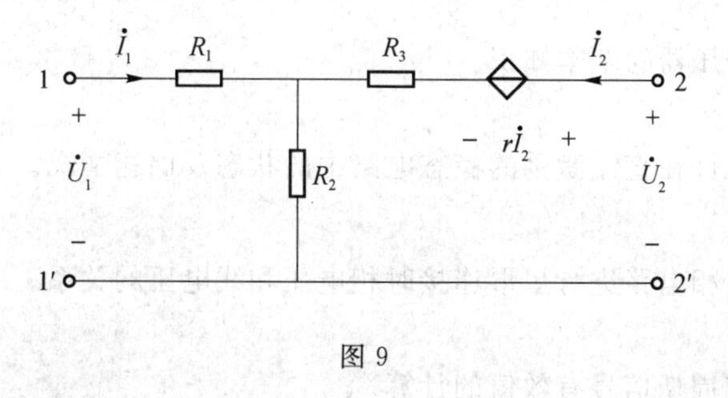

图 9

七、(12 分)电路如图 10 所示。(1) 求电压转移函数$\dfrac{\dot{U}_2}{\dot{U}_1}$；(2) 判断该系统具有何种滤波特性；(3) 画出该系统的幅频响应曲线示意图。

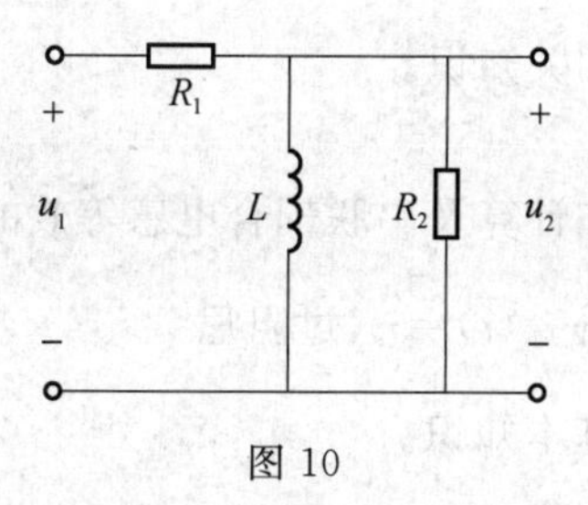

图 10

八、(14 分)已知图 11 所示电路处于谐振状态,试求:(1)去耦后的等效电路图;(2)互感系数 M;(3)电压 $u_1(t)$。

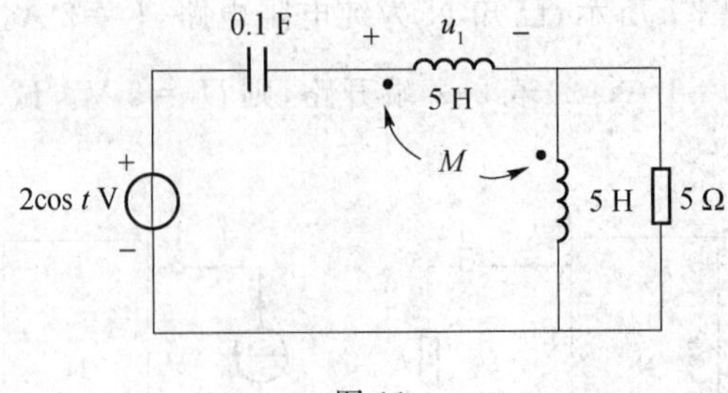

图 11

期末试题答案和解析

一、填空题

1. 4,5

此题考查电路的拓扑结构与独立方程数的关系。

2. 电感性,超前

此题考查电路元件的频率特性(阻抗随频率的变化关系)及电路性质的定义。

3. 2 A,−8 W

此题考查 KCL 的基本应用和功率的定义及计算。

4. 短路,开路

此题考查叠加定理的基本知识。

5. 60,−11 A

此题考查理想变压器的基本知识。

6. 4 J,18 J

此题考查动态元件在直流激励的稳态电路中的状态及储能情况。

7. $\sqrt{3}$,30°

此题考查对称三相电路进行星形连接时相电压和线电压的关系。

8. 5

此题考查非正弦周期信号有效值的计算。

9. 较窄,较大

此题考查谐振电路的通频带和选择性的关系。

10. 不变,变小

此题考查功率因数提高的相关知识。

11. 1.25 s

此题考查时间常数的定义和计算及串联耦合电感等效的基本知识。

12. $LC\frac{\mathrm{d}^2 i_L(t)}{\mathrm{d}t^2}+\frac{L}{R}\frac{\mathrm{d}i_L(t)}{\mathrm{d}t}+i_L(t)=i_s$,过阻尼

此题考查二阶动态电路的基本知识。

二、此题考查节点电压方程的基本列写方法。由于是正弦稳态电路，所以要注意电路变量为相量形式。此外，电阻和电感串联支路的导纳等于总阻抗的倒数，而不是两个元件的导纳之和。

解答：

$$\left(\frac{1}{R_1}+\frac{1}{R_2+\mathrm{j}\omega L}\right)\dot{U}_{\mathrm{n1}}-\frac{1}{R_2+\mathrm{j}\omega L}\dot{U}_{\mathrm{n2}}=\dot{I}_{\mathrm{s}}$$

$$-\frac{1}{R_2+\mathrm{j}\omega L}\dot{U}_{\mathrm{n1}}+\left(\frac{1}{R_2+\mathrm{j}\omega L}+\mathrm{j}\omega C+\frac{1}{R_3}\right)\dot{U}_{\mathrm{n2}}=\frac{\dot{U}_{\mathrm{s}}}{R_3}$$

三、此题考查正弦稳态电路各种功率的定义和计算以及电路性质的判断。

解答：

$$P=UI\cos\varphi=10\times2\times\cos(-60^\circ)=10\ \mathrm{W}$$

$$Q=UI\sin\varphi=10\times2\times\sin(-60^\circ)=-10\sqrt{3}\ \mathrm{Var}\approx-17.3\ \mathrm{Var}$$

$$Z=\frac{\dot{U}}{\dot{I}}=\frac{10\angle0^\circ}{2\angle60^\circ}=5\angle-60^\circ\ \Omega=(2.5-\mathrm{j}2.5\sqrt{3})\ \Omega$$

由于阻抗的虚部为负值，所以电路为容性电路。

四、此题考查诺顿等效电路的求解以及特勒根定理的应用。不知道网络 N 的具体内容，所以不能按照常规的诺顿等效电路的求解方法进行求解。由图可知，两个电路拓扑结构完全相同，只是电路参数有所区别，因此可以用特勒根定理 2 求解。应用特勒根定理时要注意同一支路上电压电流的参考方向，特别要注意：不能使用某种特定的等效电路如 T 形等效电路替代 N，因为不能用一个特殊电路去代替一般电路。

解答：先求戴维南等效电路的参数。根据特勒根定理 2 列方程求开路电压。

$$-I_1\hat{U}_1+I_2\hat{U}_2=-\hat{I}_1U_1+\hat{I}_2U_2$$

$$-2\times5+1\times\hat{U}_2=-2\times3+0$$

代入已知数据可求得

$$\hat{U}_2=4\ \mathrm{V}$$

$$U_{\mathrm{oc}}=\hat{U}_2=4\ \mathrm{V}$$

根据第一种情况求等效电阻，列方程如下：

$$I_2=\frac{U_{\mathrm{oc}}}{R+R_{\mathrm{eq}}}$$

$$R_{\mathrm{eq}}=\frac{U_{\mathrm{oc}}}{I_2}-R=\frac{4}{1}-2=2\ \Omega$$

所以

$$I_{\mathrm{sc}}=\frac{U_{\mathrm{oc}}}{R_{\mathrm{eq}}}=\frac{4}{2}=2\ \mathrm{A}$$

诺顿等效电路如题解图 1 所示。

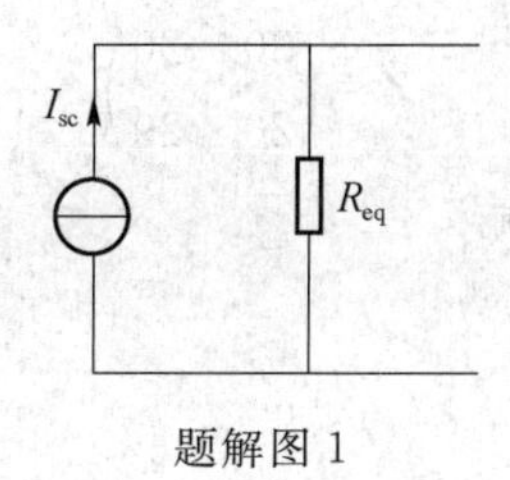

题解图 1

五、此题考查一阶动态电路的瞬态分析。此题需要注意的是电源在 $t=0$ 时刻接入，但开关不是在 $t=0$ 时刻动作，所以分两个阶段分析，分别利用三要素法求解，并注意两个阶段初始值的确定以及第二阶段的时域表示。

解答：$0\leqslant t<2$ s 时，此时开关处于打开状态，电路达到稳态时电感短路，所以通过电感元件的电流等于 2 A 电流源的全部电流和 3 A 电流源在 2 Ω 电阻上的分流之和，即

$$i_L(\infty)=2+3\times\frac{2}{3}=4\ \text{A}$$

与电感连接的等效电阻为

$$R_{eq}=2\,/\!/\,(2+4)=\frac{2\times(2+4)}{2+2+4}=1.5\ \Omega$$

$$\tau=\frac{L}{R_{eq}}=\frac{3}{1.5}=2\ \text{s}$$

所以，根据三要素公式可得

$$i_L(t)=i_L(\infty)+[i_L(0^+)-i_L(\infty)]e^{-\frac{t}{\tau}}=4+(1-4)e^{-\frac{t}{2}}=(4-3e^{-\frac{t}{2}})\ \text{A},\quad 0\leqslant t<2\ \text{s}$$

$t\geqslant 2$ s 时，开关闭合，此阶段电感电流的初始值为

$$i_L(2^+)=4-3e^{-\frac{2}{2}}=(4-3e^{-1})\ \text{A}$$

电路再达稳态时，电感元件相当于短路，通过电感元件的电流等于 2 A 电流源的电流，即

$$i_L(\infty)=2\ \text{A}$$

与电感连接的等效电阻为

$$R_{eq}=2\,/\!/\,2=\frac{2\times2}{2+2}=1\ \Omega$$

$$\tau=\frac{L}{R_{eq}}=\frac{3}{1}=3\ \text{s}$$

根据三要素公式可得

$$\begin{aligned}i_L(t)&=i_L(\infty)+[i_L(0^+)-i_L(\infty)]e^{-\frac{t-2}{\tau}}=2+(4-3e^{-1}-2)e^{-\frac{t-2}{3}}\\&=(2+0.9e^{-\frac{1}{3}(t-2)})\ \text{A},\quad t\geqslant 2\ \text{s}\end{aligned}$$

六、此题考查二端口网络 Z 参数的含义和求解。Z 参数既可以根据端口的电压电流关系列写方程求得，也可以根据 Z 参数的定义求得。

解答：方法一：根据端口的电压电流关系列方程求解。

$$\dot{U}_1=R_1\dot{I}_1+R_2(\dot{I}_1+\dot{I}_2)=30\dot{I}_1+20\dot{I}_2$$

$$\dot{U}_2=r\dot{I}_2+R_3\dot{I}_2+R_2(\dot{I}_1+\dot{I}_2)=20\dot{I}_1+29\dot{I}_2$$

与 Z 参数方程对照可知：

$$\boldsymbol{Z}=\begin{pmatrix}30 & 20\\20 & 29\end{pmatrix}$$

方法二：根据 Z 参数的定义求解。

$$Z_{11}=\frac{\dot{U}_1}{\dot{I}_1}\bigg|_{\dot{I}_2=0}=R_1+R_2=30\ \Omega$$

$$Z_{21}=\frac{\dot{U}_2}{\dot{I}_1}\bigg|_{\dot{I}_2=0}=R_2=20\ \Omega$$

$$Z_{12}=\frac{\dot{U}_1}{\dot{I}_2}\bigg|_{\dot{I}_1=0}=R_2=20\ \Omega$$

$$Z_{22}=\frac{\dot{U}_2}{\dot{I}_2}\bigg|_{\dot{I}_1=0}=R_3+R_2+r=29\ \Omega$$

七、此题考查网络函数的定义及频率特性。

解答：(1) $H(\mathrm{j}\omega)=\dfrac{\dot{U}_2}{\dot{U}_1}=\dfrac{R_2 /\!/ \mathrm{j}\omega L}{R_1+R_2 /\!/ \mathrm{j}\omega L}=\dfrac{\mathrm{j}\omega R_2 L}{R_1R_2+\mathrm{j}\omega(R_1+R_2)L}$

(2) 根据电压转移函数的幅频特性判断系统的滤波特性。

$$|H(\mathrm{j}\omega)|=\frac{\omega R_2 L}{\sqrt{(R_1R_2)^2+\omega^2\ (R_1+R_2)^2L^2}}$$

分析得知：当 ω 等于零时，$|H(\mathrm{j}\omega)|=0$；随着频率 ω 逐渐增大时，$|H(\mathrm{j}\omega)|$ 逐渐增大，当 $\omega\to\infty$ 时，$|H(\mathrm{j}\omega)|$ 趋于 $\dfrac{R_2}{R_1+R_2}$。综上分析可知，该系统具有高通特性。

(3) 根据 $|H(\mathrm{j}\omega)|$ 的表达式，画出幅频响应曲线，如题解图 2 所示。

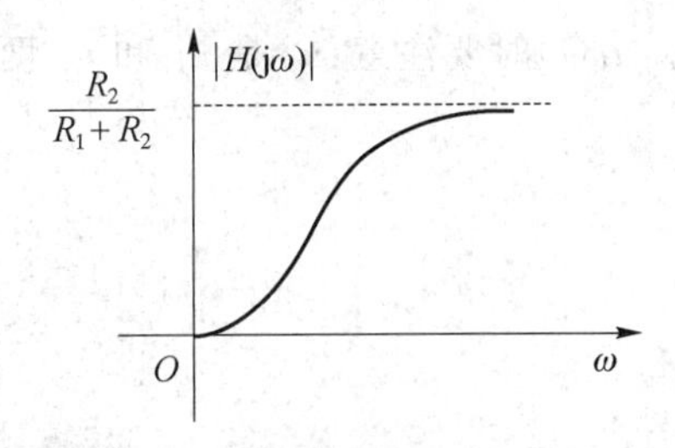

题解图 2

八、此题是耦合电感和谐振的结合，主要考查耦合电感电路去耦和谐振的知识。首先进行耦合电感的去耦，然后再利用谐振时电路的特点计算电路参数。

解答：(1) 耦合电感是异名端连接，去耦后的等效电路如题解图 3 所示。

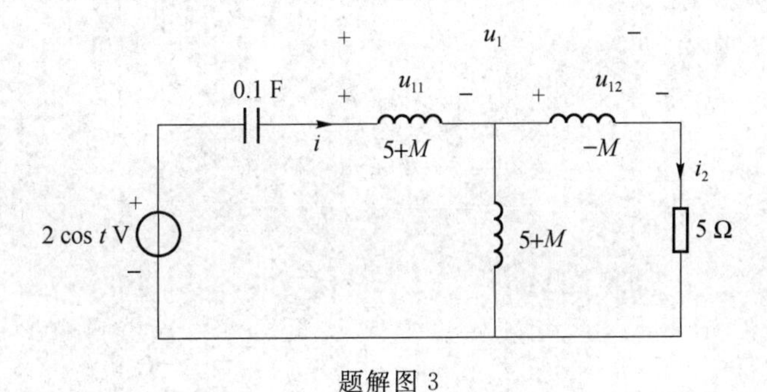

题解图 3

(2) 由电压源表达式可知 $\omega=1$ rad/s,电路的阻抗为

$$Z=\frac{1}{\mathrm{j}C}+\mathrm{j}(5+M)+\frac{(5-\mathrm{j}M)\mathrm{j}(5+M)}{5-\mathrm{j}M+\mathrm{j}(5+M)}=-5\mathrm{j}+\mathrm{j}M+\frac{(5\mathrm{j}+M)(5+M)}{5+5\mathrm{j}}$$

$$=\frac{(5+M)^2}{10}-5\mathrm{j}+\mathrm{j}M+\mathrm{j}\,\frac{25-M^2}{10}$$

由于电路处于谐振状态,所以电路为纯电阻性,故

$$-5+M+\frac{25-M^2}{10}=0,\quad (M-5)^2=0$$

求得

$$M=5\ \mathrm{H}$$

(3) 由(2)得

$$Z=\frac{(5+M)^2}{10}=10\ \Omega$$

所以电路的总电流

$$\dot{I}=\frac{\sqrt{2}}{10}\angle 0^\circ\ \mathrm{A},\ i(t)=0.2\cos t\ \mathrm{A}$$

$$\dot{I}_2=\frac{\mathrm{j}10}{5-5\mathrm{j}+10\mathrm{j}}\dot{I}=\frac{\mathrm{j}2}{1+\mathrm{j}}\dot{I}=\frac{1}{5}\angle 45^\circ\ \mathrm{A}$$

$$\dot{U}_1=\dot{U}_{11}+\dot{U}_{12}=\mathrm{j}(5+M)\dot{I}-\mathrm{j}M\dot{I}_2=\mathrm{j}10\ \dot{I}-\mathrm{j}5\ \dot{I}_2$$

$$=\mathrm{j}\sqrt{2}-\mathrm{j}\angle 45^\circ=\frac{\sqrt{2}}{2}+\mathrm{j}\frac{\sqrt{2}}{2}=\angle 45^\circ\ \mathrm{V}$$

所以

$$u_1(t)=\sqrt{2}\cos(t+45^\circ)\ \mathrm{V}$$

根据去耦后的等效电路求 $u_1(t)$ 时要注意:u_1 是 u_{11} 和 u_{12} 两部分电压之和。

2017 年考试试题、答案和解析

期中试题

一、填空题(每空 2 分,共 30 分)

1. 某电路可列写独立 KCL 方程的个数为 5 个,独立 KVL 方程的个数为 4 个,则该电路中节点数是________个,网孔数是________个。

2. 某含源单口网络伏安特性曲线如图 1 所示,则该含源单口网络的开路电压为________,等效电阻为________。

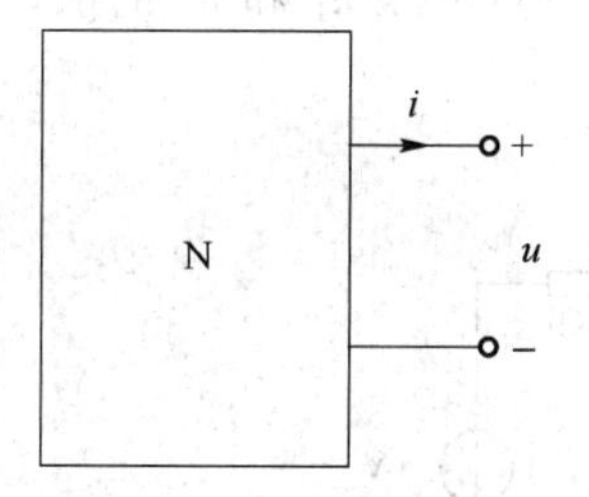

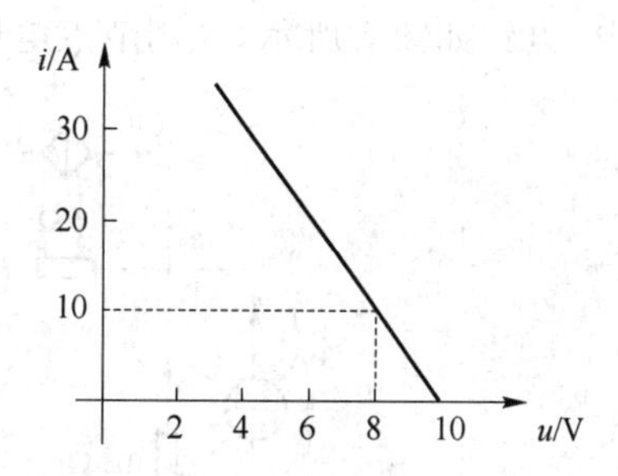

图 1

3. 电路如图 2 所示,电压表和电流表均为理想电压表和电流表,则电阻 R 为________,电压源吸收的功率为________。

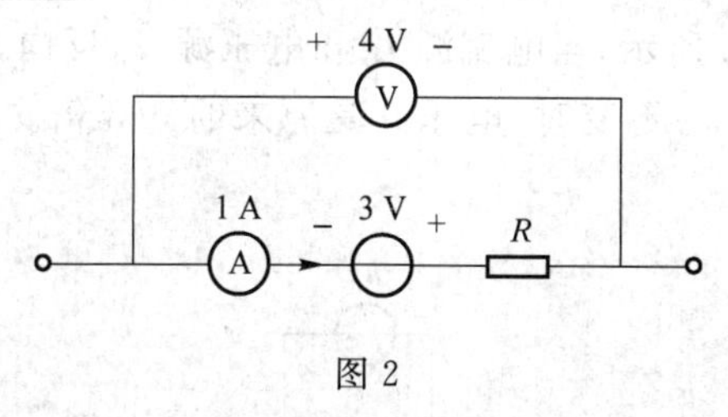

图 2

4. 在使用叠加定理时,某一独立源单独作用,其他独立源应该置零,即独立电压源________,独立电流源________。

5. 电路如图 3 所示,则 I 为________,U 为________。

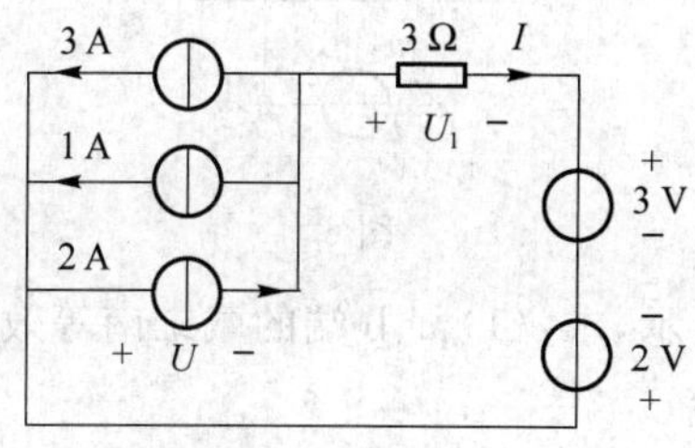

图 3

6. 物理尺寸为 1 cm 数量级的电路，其工作频率是 300 MHz，则该元件________(满足/不满足)集总参数假设。

7. KVL 是________在电路分析中的具体体现，KCL 是________在电路分析中的具体体现，特勒根定理是________在电路分析中的具体体现。

8. 图 4 所示电路中 N 仅由电阻组成。已知图 4(a)中电压 $u_1=1$ V，电流 $I_2=0.5$ A，则图 4(b)中 $\hat{I}_1$ 为________。

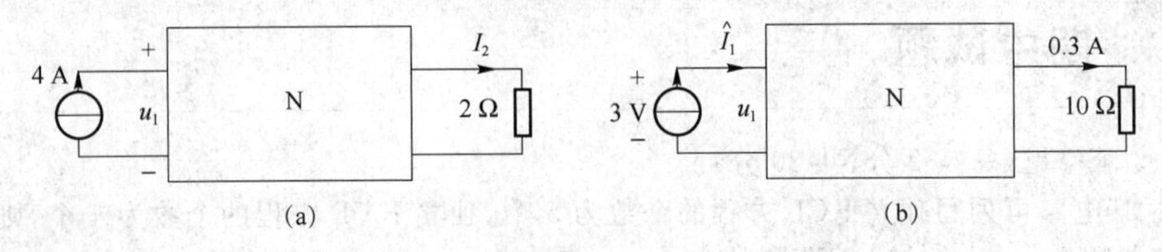

图 4

以下为计算题，必须有解题步骤，否则不得分。

二、(20 分)电路如图 5 所示，试用节点电压法求节点电压 u_1 和 u_2 的值。

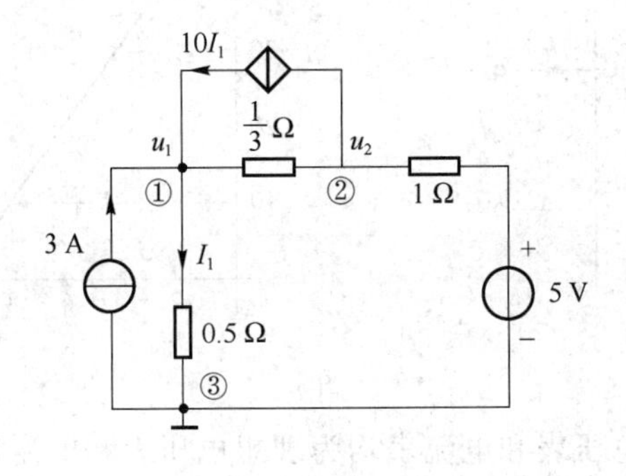

图 5

三、(20 分)电路如图 6 所示，当电流源 i_{s1} 和电压源 u_{s1} 反向，u_{s2} 不变时，电压 u 是原来的 0.5 倍；当 i_{s1} 和 u_{s2} 反向，u_{s1} 不变时，电压 u 是原来的 0.3 倍。若仅 i_{s1} 反向，u_{s1}、u_{s2} 不变，电压 u 是原来的多少倍？

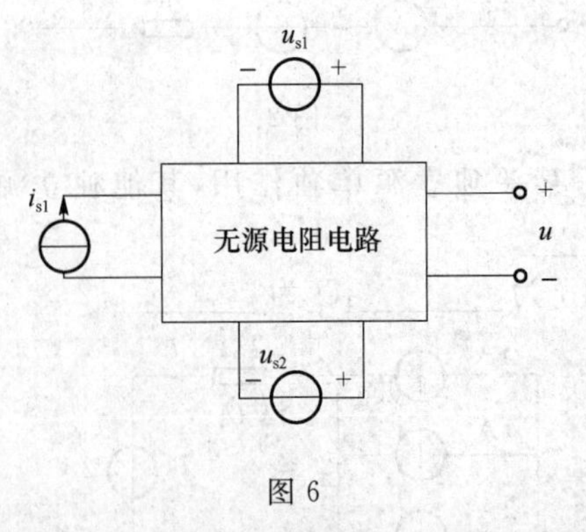

图 6

四、(30 分)电路如图 7 所示，求：(1) a、b 端的戴维南等效电路；(2) R_L 为多大时，它获得的功率最大，并求此最大功率。

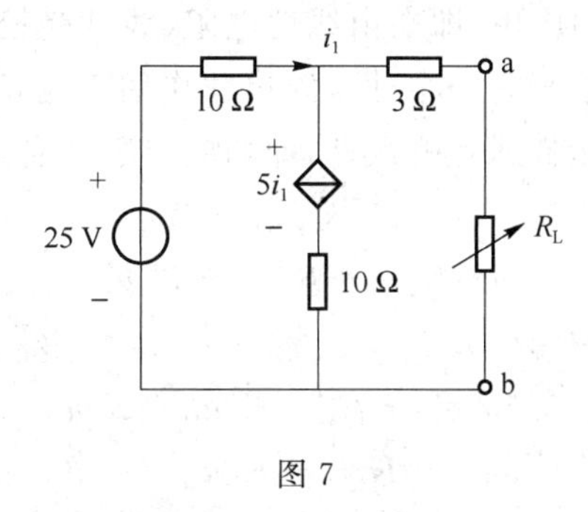

图 7

期中试题答案和解析

一、填空题

1. 6,4

此题考查网孔数与独立 KVL 方程个数的关系,以及节点数与独立 KCL 方程个数的关系。网孔电流是一组完备的独立电流变量,节点电压是一组完备的独立电压变量。

2. 10 V,0.2 Ω

此题考查对伏安特性曲线的理解以及等效电阻的计算。

3. 7 Ω,−3 W

此题考查支路的 VCR、电阻值的计算,以及功率的概念和计算。

4. 短路,开路

此题考查电源"单独作用"和"置零"的含义。

5. −2 A,5 V

此题考查电流源与电压源的等效变换和回路的 KVL 方程。

6. 满足

此题考查集总参数元件的定义。

7. 能量守恒,电荷守恒,能量守恒

此题考查 KVL 的理论依据(能量守恒)、KCL 的理论依据(电荷守恒)和特勒根定理的理论依据。

8. 10.8 A

此题考查特勒根定理。

二、此题考查利用节点电压法求解节点电压。

解答: 如图所示,选节点③为参考节点。节点电压方程为

$$(2+3)u_1-3u_2=3+10I_1$$

$$-3u_1+(1+3)u_2=5-10I_1$$

补充方程:

$$I_1=2u_1$$

解得

$$\begin{cases}u_1=-3\text{V}\\ u_2=14\text{V}\end{cases}$$

三、此题考查叠加定理的应用，即在由线性电阻、线性受控源和独立源组成的电路中，每一元件的电流或电压可以看成每一个独立源单独作用于电路时，在该元件上产生的电流或电压的代数和。并且线性电路满足齐次性，即响应与激励成正比。

解答：根据叠加定理

$$u=K_1 i_{s1}+K_2 u_{s1}+K_3 u_{s2} \tag{1}$$

由已知条件可得

$$0.5u=-K_1 i_{s1}-K_2 u_{s1}+K_3 u_{s2} \tag{2}$$

$$0.3u=-K_1 i_{s1}+K_2 u_{s1}-K_3 u_{s2} \tag{3}$$

$$xu=-K_1 i_{s1}+K_2 u_{s1}+K_3 u_{s2}$$

式(1)、式(2)、式(3)相加可得

$$x=1.8$$

四、此题考查戴维南等效电路及最大功率传输定理。

解答：(1)先求开路电压，如题解图 1(a)所示。

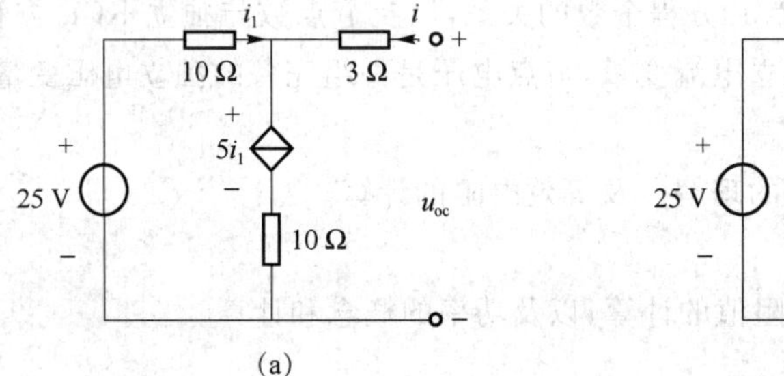

题解图 1

对左边回路列 KVL 方程：

$$10i_1+5i_1+10i_1=25$$

$$i_1=1\text{ A}$$

$$u_{oc}=5i_1+10i_1=15\text{ V}$$

利用短路电流法求等效电阻。求解短路电流的电路如题解图 1(b)所示。

对两个网孔列 KVL 方程：

$$10i_2+5i_2+10(i_2-i_{sc})=25$$

$$10i_2+3i_{sc}=25$$

解得

$$i_{sc}=\frac{15}{7}\text{ A}$$

$$R_{eq}=\frac{u_{oc}}{i_{sc}}=7\ \Omega$$

(2) $R=R_{eq}=7\Omega$ 时获得最大功率，最大功率为

$$P_{max}=\frac{u_{oc}^2}{4R_{eq}}=8.04\text{ W}$$

期末试题

一、填空题(每空 2 分,共 40 分)

1. 图 1 所示支路的电压 u 和电流 i 之间的关系式为________。

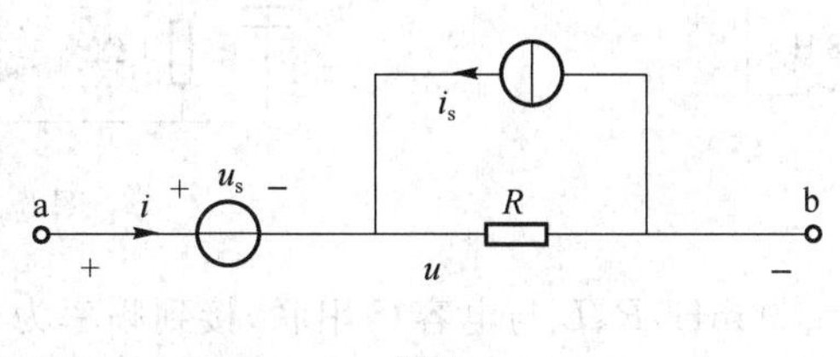

图 1

2. 某含源单口网络端口接有可变负载 R_L,当 $R_L=9\ \Omega$ 时可以获得最大功率,且最大功率 $P_{Lmax}=1$ W,则该含源单口网络的戴维南等效电路的开路电压为________。

3. 在一阶 RL 电路中,若电感不变,电阻越大,则换路后过渡过程越________。

4. 图 2 所示电路 u 和 i 的关系式为________。

5. 电路如图 3 所示,以 a、b 端为输入,c、d 端为输出时的截止频率是________。

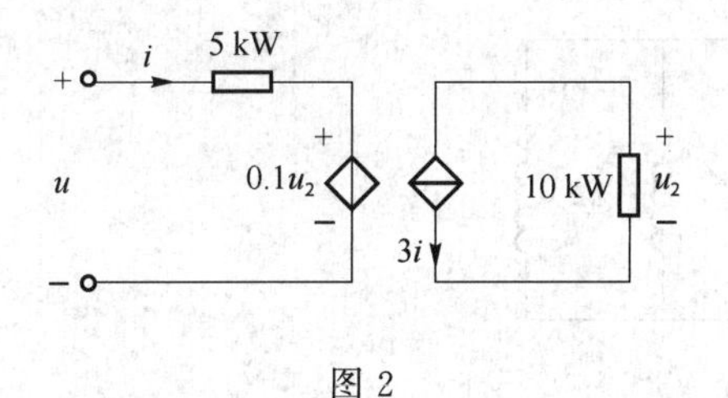

图 2

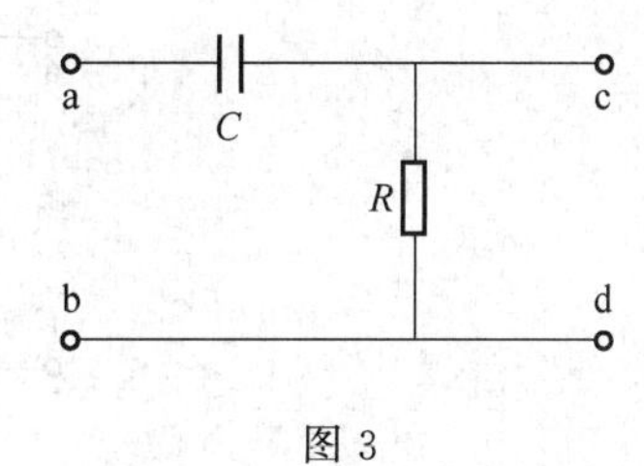

图 3

6. 若流过 2 H 电感的电流 $i(t)=1.5t$ A,则在 $t=2$ s 时电感的储能为________。

7. 一阶 RC 串联动态电路中,已知电容电压的全响应为 $u_C(t)=(8+6e^{-5t})$ V,$t\geqslant 0$,则其零输入响应为________。

8. 已知某 RC 并联电路的等效导纳 $Y=(10+j5)$ S,若 $C=0.1$ F,则电阻的阻值为________,电路的频率为________。

9. 已知某单口网络在正弦激励下的端口电压为(3+j4)V,电流为(1−j2)A,且二者为关联参考方向,则该网络的无功功率为________。

10. 在 RLC 串联电路中,当电源频率超过谐振频率并继续升高时,电路将呈现________(电阻/电容/电感)特性。

11. 已知电路如图 4 所示,电路在开关闭合后将发生过渡过程,电路的时间常数等于________。

12. 已知电路如图 5 所示,电路原已达稳态,$t=0$ 时开关 S 打开,则 $\left.\frac{du_C}{dt}\right|_{t=0^+}=$________。

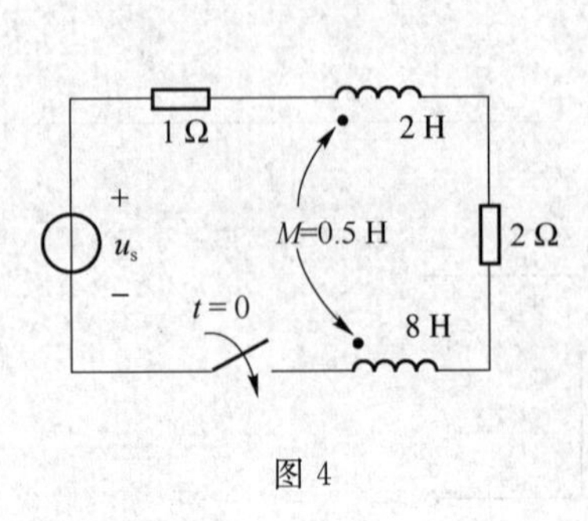

图 4

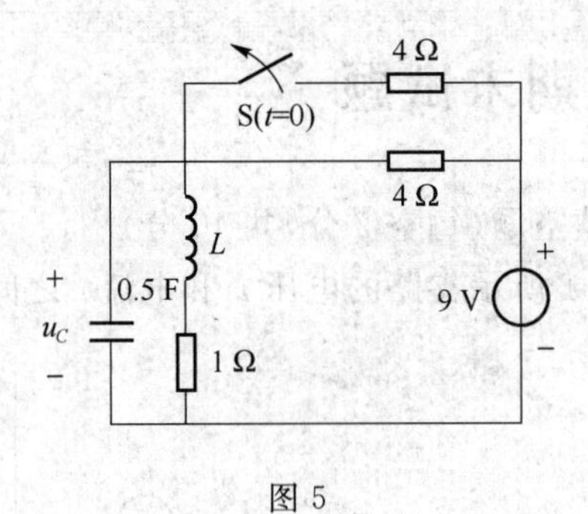

图 5

13. 已知 $R=5\ \Omega$，$L=50\ \text{mH}$，R、L 与电容 C 串联，接到频率为 1 kHz 的正弦电压源上，为使电阻两端电压达到最大，电容应为________。

14. 具有耦合的两个电感串联接在某正弦电压源上，已知 $L_1=0.8\ \text{H}$，$L_2=0.7\ \text{H}$，$M=0.5\ \text{H}$，不计电感线圈的电阻，且正弦电压源的电压有效值不变，则两者反接串联时的电流为顺接串联时电流的________倍。

15. 电路如图 6 所示，每个线圈的自感均为 2 H，线圈之间的互感均为 1 H，则 a、b 间的等效电感为________。

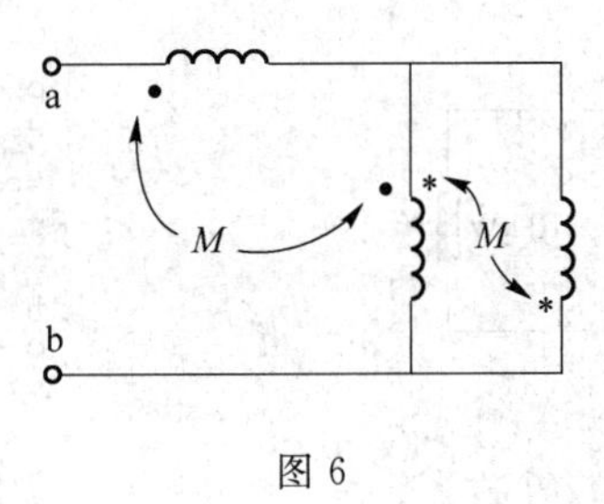

图 6

16. 若正序对称三相电源电压 $u_A=U_m\cos\left(\omega t+\dfrac{\pi}{4}\right)$，则 $u_B=$________。

17. 已知描述某二阶动态电路的微分方程为 $\dfrac{d^2 i}{dt^2}+4\dfrac{di}{dt}+4i=0$，则该电路具有的阻尼特性为________________。

18. 已知通过 10 Ω 电阻的电流为 $i=[100\cos(t-120°)+10\cos(5t-30°)]$ A，则该电阻吸收的功率为________________。

19. 图 7 所示电路中，已知 Z_L 为电感性元件，则副边回路在原边回路的反映阻抗具有________________（电感性/电容性/电阻性/不确定）。

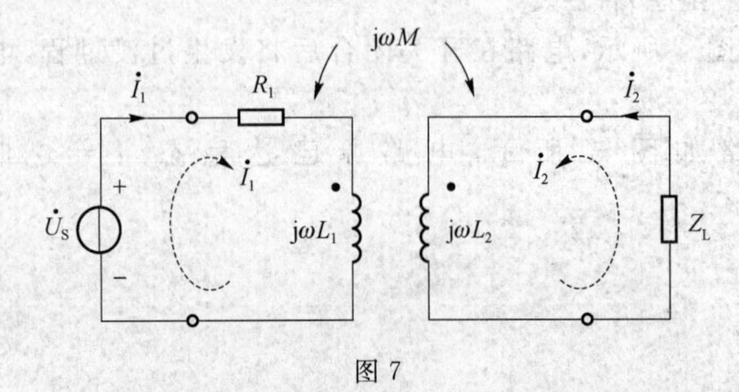

图 7

以下为计算题，必须有解题步骤，否则不得分。

二、(10分)用叠加定理求图8所示电路中的电流 I。

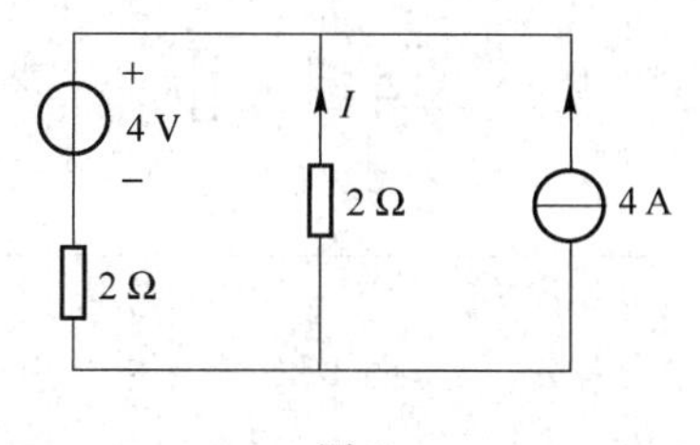

图8

三、(10分)图9所示电路在换路前已达稳态。当 $t=0$ 时开关接通，求 $t>0$ 的 $u_C(t)$。

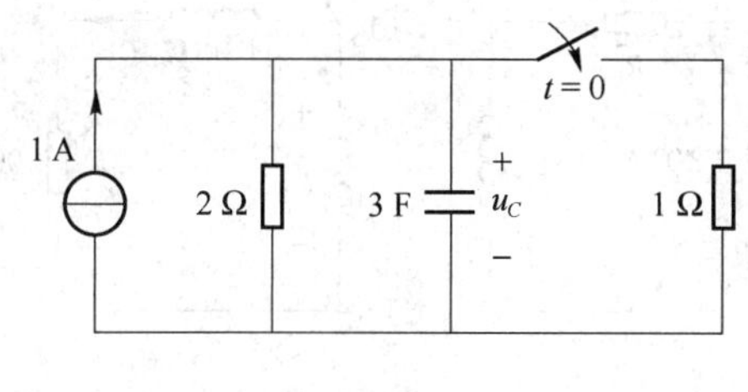

图9

四、(12分)正弦交流稳态电路如图10所示，负载 Z_L 为何值时可获得最大功率，并求此最大功率。

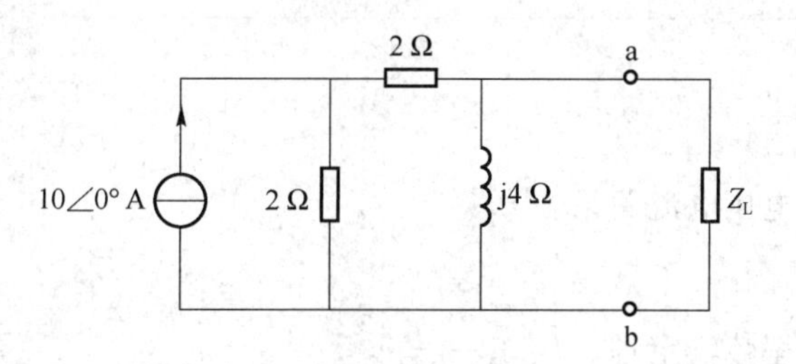

图10

五、(8分)求图11所示二端口网络的 Y 参数。

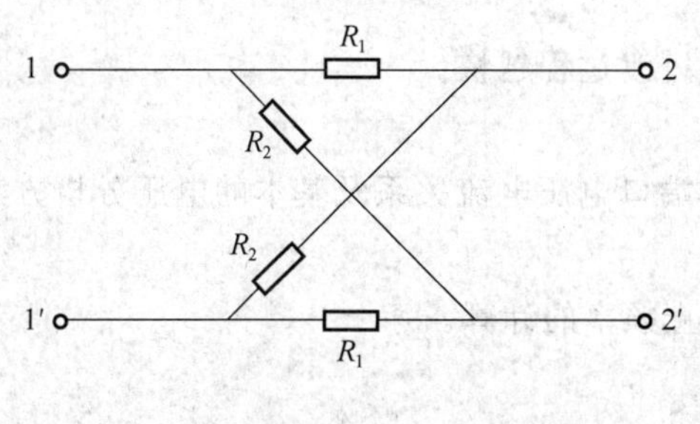

图11

六、(10分)试求图12所示电路的转移电压比 $\dfrac{\dot{U}_2}{\dot{U}_1}$，并说明该电路具有何种频率特性(指出滤波类型，如高通、低通、带通等)。

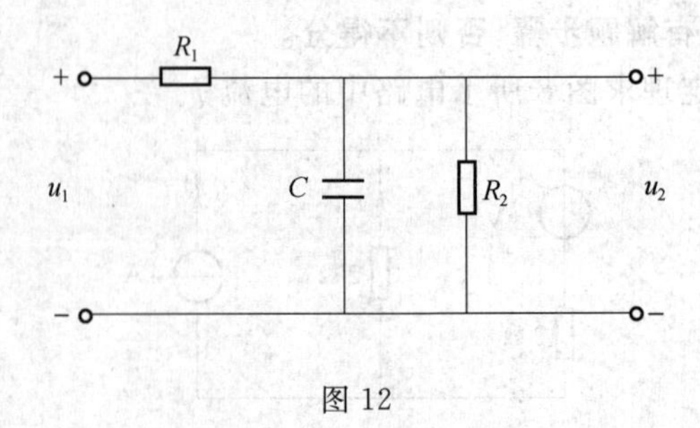

图 12

七、(10 分)求在图 13 所示含有理想变压器的电路中的 $\dot{I}_2$、$\dot{U}_2$、$\dot{U}_1$。

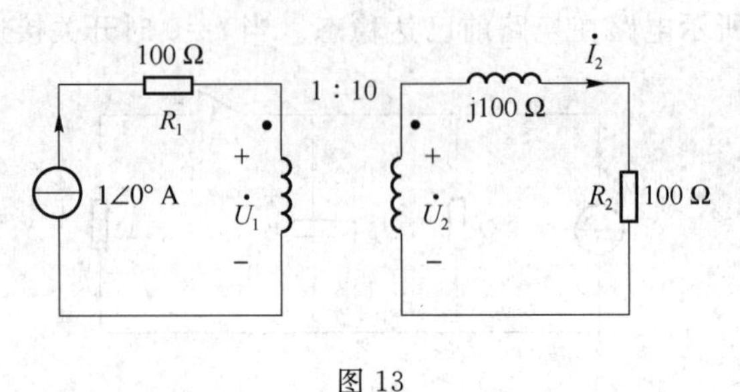

图 13

期末试题答案和解析

一、填空题

1. $u=u_s+R(i+i_s)$

此题考查支路的电压电流关系。

2. 6 V

此题考查最大功率传输定理。$P_{\mathrm{Lmax}}=\dfrac{u_s^2}{4R_s}$。

3. 快

此题考查一阶 RL 电路的时间常数计算以及时间常数与过渡过程快慢的关系。$\tau=\dfrac{L}{R}$，电阻越大，时间常数越小，过渡过程越快。

4. $u=2\,000i$

此题考查单口网络的端口电压电流关系及基本的电压分析方法。

5. $u=1/RC$

此题考查 RC 电路截止频率的计算。

6. 9 J

此题考查电感储能的计算。某一时刻的电感储能为 $w_L(t)=\dfrac{1}{2}Li_L^2(t)$。

7. $14\mathrm{e}^{-5t}$ V

此题考查全响应与零输入响应和零状态响应的关系，以及零输入响应和零状态响应的定义。其中零输入响应为：$u_C(0^+)\mathrm{e}^{-\frac{t}{\tau}}, t\geqslant 0^+$，零状态响应为：$u_C(\infty)(1-\mathrm{e}^{-\frac{t}{\tau}}), t\geqslant 0^+$，全

响应为：$u_C(0^+)e^{-\frac{t}{\tau}}+u_C(\infty)(1-e^{-\frac{t}{\tau}}),t\geqslant 0^+$。

8. 0.1 Ω，$\frac{25}{\pi}$ Hz

此题考查电阻和电容的导纳及电阻与电容并联的导纳计算。$Y_R=\frac{1}{R}$，$Y_C=j\omega C$。

9. 10 Var

此题考查单口网络无功功率的计算。

10. 电感

此题考查元件的阻抗随频率变化的知识以及 *RLC* 串联电路的谐振条件。

11. 3 s

此题考查耦合电感电路的去耦以及 *RL* 串联电路的时间常数计算。

12. −3 V/s

此题考查动态电路中一些物理量初始值的确定。

13. 0.506 6 μF

此题考查 *RLC* 串联电路的谐振条件以及谐振时电路的特点。

14. 5

此题考查耦合电感在顺接串联和反接串联情况下等效电感的计算。

15. $\frac{10}{3}$ H

此题考查串联和并联情况下耦合电感的去耦。

16. $u_B=U_m\cos\left(\omega t-\frac{5\pi}{12}\right)$

此题考查对称三相电源的基本知识。

17. 临界阻尼

此题考查如何根据二阶动态电路微分方程的特征根判断电路过渡过程的性质。

18. 50 500 W

此题考查非正弦周期稳态电路中功率的计算。

19. 电容性

此题考查线性变压器反映阻抗的定义，以及副边回路阻抗与反映阻抗的关系。

二、此题考查应用叠加定理对电路进行分析求解。

解答： 设 I' 为 4 V 电压源单独作用时产生的响应，I'' 为 4 A 电流源单独作用时产生的响应。

电压源单独作用时，电流源相当于开路，此时的电路是一个简单的单回路(串联)电路。

$$I'=-\frac{4}{2+2}=-1\text{ A}$$

电流源单独作用时，电压源相当于短路，此时的电路是一个简单的并联电路。

$$I''=-4\times\frac{2}{2+2}=-2\text{ A}$$

两个独立源共同作用时的总电流为

$$I=I'+I''=(-1)+(-2)=-3\text{ A}$$

三、此题考查一阶动态电路的分析方法，重点掌握利用三要素法求解动态电路。

解答：开关闭合前电容开路，再根据换路定则可得

$$u_C(0^+)=u_C(0^-)=1\times 2=2\ \text{V}$$

换路后电路再达稳态时，电容又开路，所以

$$u_C(\infty)=1\times\frac{1\times 2}{1+2}=\frac{2}{3}\ \text{V}$$

换路后电路的时间常数为

$$\tau=R_{eq}C=(1/\!/2)\times 3=\frac{1\times 2}{1+2}\times 3=2\ \text{s}$$

根据三要素公式可得

$$u_C(t)=u_C(\infty)+[u_C(0^+)-u_C(\infty)]\text{e}^{-\frac{t}{\tau}}=\left(\frac{2}{3}+\frac{4}{3}\text{e}^{-0.5t}\right)\text{V},\quad t>0$$

四、此题考查使用戴维南定理进行电路分析的能力，并综合考查了最大功率传输定理。

解答：先求与负载连接的单口网络的戴维南等效电路。

开路电压：$$\dot{U}_{oc}=10\angle 0^\circ\times\frac{2\times(2+\text{j}4)}{2+(2+\text{j}4)}\times\frac{\text{j}4}{2+\text{j}4}=10\sqrt{2}\angle 45^\circ\ \text{V}$$

等效阻抗：$$Z_{eq}=\frac{4\times\text{j}4}{4+\text{j}4}=(2+\text{j}2)\ \Omega$$

当 $Z_L=Z_{eq}^*=(2-\text{j}2)\ \Omega$ 时获得最大功率。最大功率为

$$P_{max}=\frac{U_{oc}^2}{4\text{Re}[Z_{eq}]}=\frac{(10\sqrt{2})^2}{4\times 2}=25\ \text{W}$$

五、此题考查二端口网络 Y 参数的定义及计算。

解答：
$$Y_{11}=\left.\frac{\dot{I}_1}{\dot{U}_1}\right|_{\dot{U}_2=0}=\frac{R_1+R_2}{2R_1R_2},\qquad Y_{21}=\left.\frac{\dot{I}_2}{\dot{U}_1}\right|_{\dot{U}_2=0}=\frac{R_1-R_2}{2R_1R_2}$$

$$Y_{12}=\left.\frac{\dot{I}_1}{\dot{U}_2}\right|_{\dot{U}_1=0}=\frac{R_1-R_2}{2R_1R_2},\qquad Y_{22}=\left.\frac{\dot{I}_2}{\dot{U}_2}\right|_{\dot{U}_1=0}=\frac{R_1+R_2}{2R_1R_2}$$

由于该二端口网络是对称网络，所以实际上只需求出 Y_{11} 和 Y_{21}，就可根据对称性得到另外两个 Y 参数。

六、此题考查网络函数的概念及根据网络函数判断系统的滤波特性。

解答：
$$H(\text{j}\omega)=\frac{\dot{U}_2}{\dot{U}_1}=\frac{\dfrac{\dfrac{R_2}{\text{j}\omega C}}{R_2+\dfrac{1}{\text{j}\omega C}}}{R_1+\dfrac{\dfrac{R_2}{\text{j}\omega C}}{R_2+\dfrac{1}{\text{j}\omega C}}}=\frac{R_2}{R_1+R_2+\text{j}\omega R_1R_2C}$$

网络函数的幅频特性表达式为

$$|H(\text{j}\omega)|=\frac{R_2}{\sqrt{(R_1+R_2)^2+(R_1R_2\omega C)^2}}$$

由上式可知，当 $\omega=0$ 时，系统函数的幅值达到最大，此后随着 ω 增大，幅值减小，所以

该系统具有低通滤波特性。

七、此题考查含理想变压器电路的分析，主要知识点是理想变压器原副边的电压、电流关系以及阻抗变换性质。

解答： 由图知：

$$\frac{\dot{I}_1}{\dot{I}_2}=10$$

$$\dot{I}_2=\dot{I}_1\times\frac{1}{10}=\frac{1}{10}\angle 0^\circ\ \text{A}$$

折合阻抗

$$Z_L=(100+\text{j}100)\times\frac{1}{100}=(1+\text{j}1)\ \Omega$$

所以

$$\dot{U}_1=1\times(1+\text{j}1)=\sqrt{2}\angle 45^\circ\ \text{V}$$

因为

$$\frac{\dot{U}_1}{\dot{U}_2}=\frac{1}{10}$$

所以

$$\dot{U}_2=\dot{U}_1\times 10=10+\text{j}10=10\sqrt{2}\angle 45^\circ\ \text{V}$$

2018 年考试试题、答案和解析

期中试题

一、填空题：请把答案填写在题中空格处(每空 2 分，共 40 分)

1. 某电路可列写 6 个独立的 KCL 方程，5 个独立的 KVL 方程，则该电路的独立节点数是________个，基本回路数是________个。

2. 图 1 所示电路为某电路的一部分，已知 $i_1=4$ A，$i_2=7$ A，$i_4=10$ A，$i_5=-2$ A，则电流 $i_6=$________，3 Ω 电阻上的电压 $u=$________。

3. 电路如图 2 所示，其端口的伏安关系表达式为________。

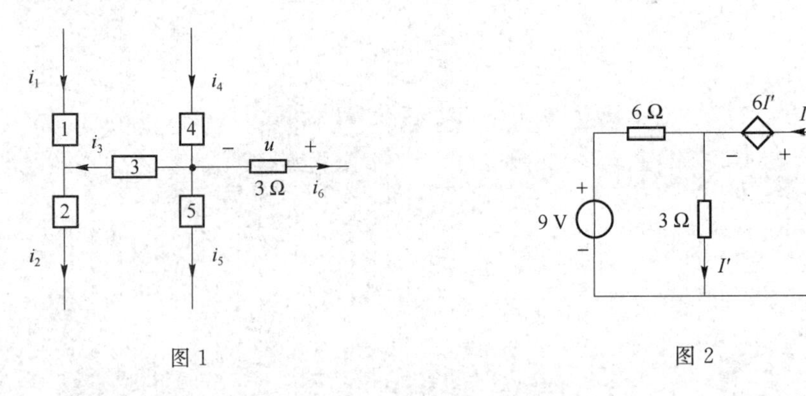

图 1　　　　图 2

4. 某含源单口网络的伏安特性曲线如图 3 所示，则该含源单口网络的开路电压为________，等效电阻为________。

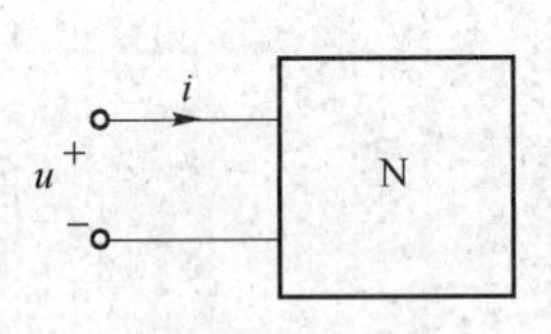

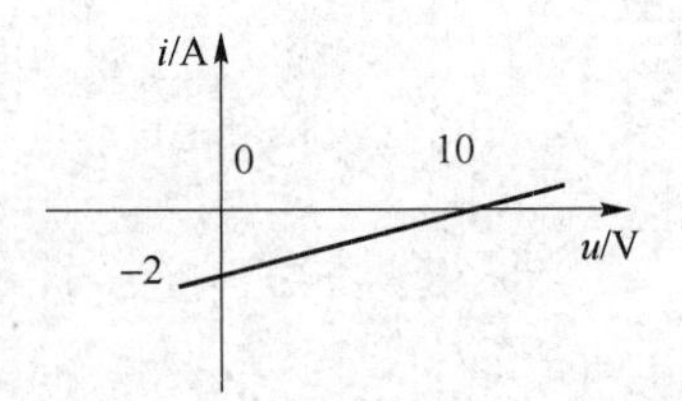

图 3

5. 电路如图 4 所示，已知 $I=1$ A，则电阻 R_2 等于________，电阻 R_2 消耗的功率为________。

6. 在单一激励的线性电路中，如果激励增加 K 倍，则响应也________(增加/减小)K 倍。

7. 具有 n 个节点、b 条支路的连通图，其树支数等于________，连支数等于________。

8. 对于理想直流电流源，其输出电流________(能/不能)随外电路变化，其端电压

________(能/不能)随外电路变化。

9. 图 5 所示电路中,U_{cd}=________,U_{ab}=________。

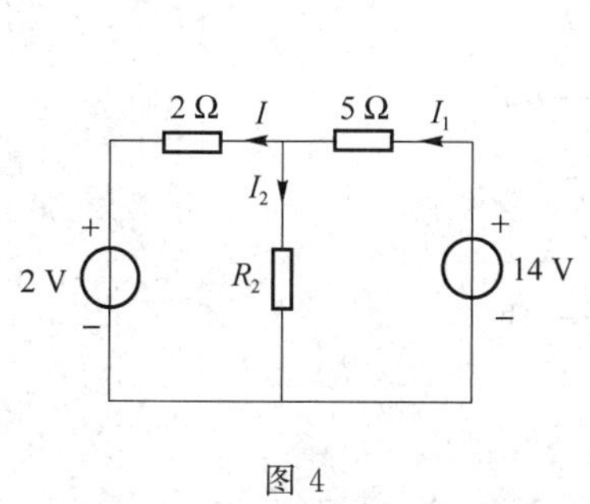

图 4

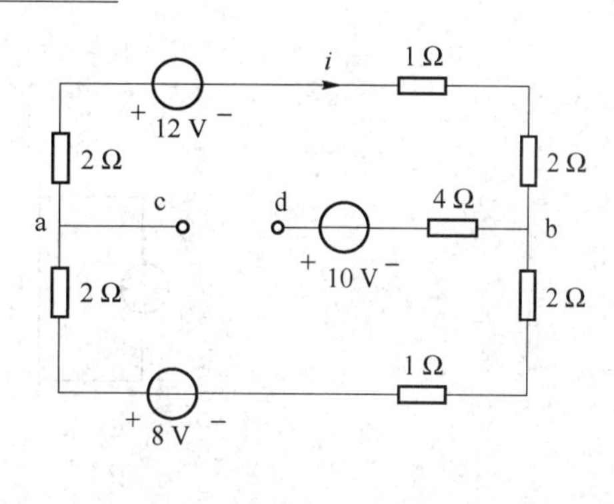

图 5

10. 基尔霍夫定律在所有________参数电路中都成立,就其约束关系的特点而言,基尔霍夫定律只取决于电路的空间连接形式,而与组成电路的元件无关,这种约束关系称为____________约束。

11. 图 6 所示电路中,a、b 端等效电流源的电流值为________,并联的电阻值为________。

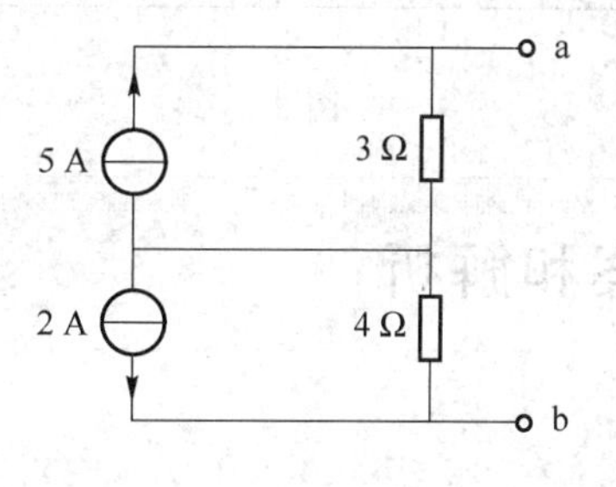

图 6

以下为计算题,必须有解题步骤,否则不得分。

二、(20 分)电路如图 7 所示,试用节点电压法求各节点电压。

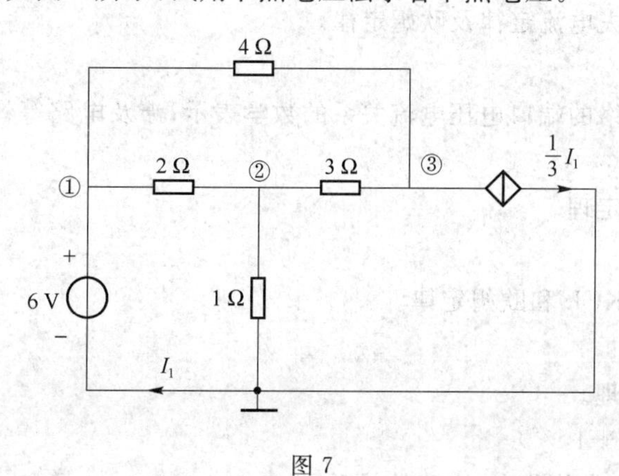

图 7

三、(20 分)图 8 所示电路中,N_R 为无独立电源的纯电阻电路,已知当 U_s=18 V,I_s=

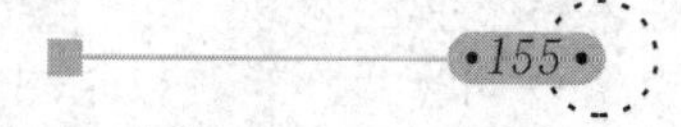

2 A时,$U_{ab}=0$ V;当$U_s=18$ V,$I_s=0$ A时,$U_{ab}=-6$ V。试求:当$U_s=30$ V,$I_s=4$ A时,U_{ab}的值。

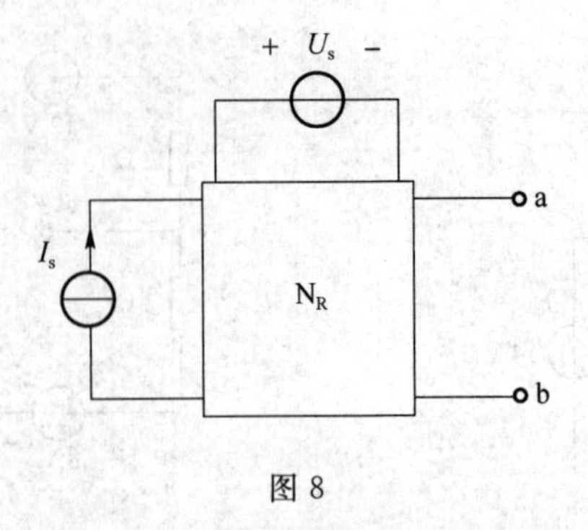

图 8

四、(20 分)求图 9 所示电路的戴维南等效电路。

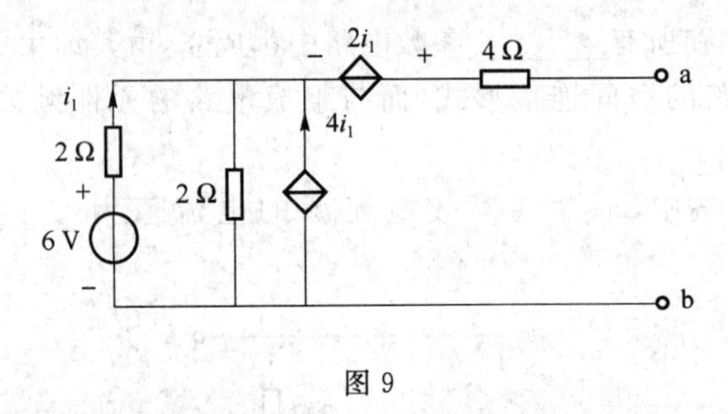

图 9

期中试题答案和解析

一、填空题

1. 6,5

此题考查电路结构与独立电压变量和独立电流变量的关系。

2. 9 A,−27 V

此题考查基尔霍夫电流定律及欧姆定律。

3. $6I+9$

此题考查单口网络的端口电压电流关系的数学表示,涉及电路等效简化和 KVL 知识。

4. 10 V,5 Ω

此题考查戴维南定理。

5. 4 Ω,4 W

此题考查 KVL、KCL 和欧姆定律。

6. 增加

此题考查齐性定理。

7. $n-1$, $b-n+1$

此题考查树支、连支与节点、支路的关系。

8. 不能,能

此题考查理想电流源的基本特性。

9. 0 V,10 V

此题考查欧姆定律和 KVL。

10. 集总,拓扑

此题考查基尔霍夫定律成立的约束条件。

11. 1 A,7 Ω

此题考查实际电源模型的等效变换。

二、此题考查节点电压分析法,涉及含独立电压源和含受控源的节点电压方程的列写。

解答: 列写节点电压方程如下:

$$\begin{cases} u_{n1}=6 \\ -\frac{1}{2}u_{n1}+\left(\frac{1}{2}+\frac{1}{3}+\frac{1}{1}\right)u_{n2}-\frac{1}{3}u_{n3}=0 \\ -\frac{1}{4}u_{n1}-\frac{1}{3}u_{n2}+\left(\frac{1}{3}+\frac{1}{4}\right)u_{n3}=-\frac{1}{3}I_1 \end{cases}$$

补充方程:
$$I_1=\frac{u_{n2}}{1}+\frac{1}{3}I_1$$

解得
$$\begin{cases} u_{n1}=6\text{ V} \\ u_{n2}=2\text{ V} \\ u_{n3}=2\text{ V} \end{cases}$$

三、此题考查齐性定理和叠加定理的应用。

解答: 根据齐性定理和叠加定理可知

$$U_{ab}=k_1I_s+k_2U_s$$

代入已知条件得

$$0=2k_1+18k_2$$
$$-6=0k_1+18k_2$$

联立解以上两个方程可得

$$k_1=3,k_2=-\frac{1}{3}$$

当 $U_s=30$ V,$I_s=4$ A 时,$U_{ab}=3\times4-\frac{1}{3}\times30=2$ V。

四、此题考查戴维南定理的应用,涉及开路电压或短路电流以及等效电阻的求解。

解答: 先求 a、b 端口的开路电压。对 a、b 端口和左边网孔分别列写 KVL 方程,可得

$$u_{oc}=2i_1+2\times(i_1+4i_1)$$
$$6=2i_1+2\times(i_1+4i_1)$$

联立求解,得

$$u_{oc}=6\text{ V},i_1=0.5\text{ A}$$

利用短路电流法求等效电阻。根据题解图 1 求短路电流。对左边网孔和最外边的回路分别列写 KVL 方程,可得

$$2(5i_1-i_{sc})=6-2i_1$$
$$4i_{sc}-2i_1=6-2i_1$$

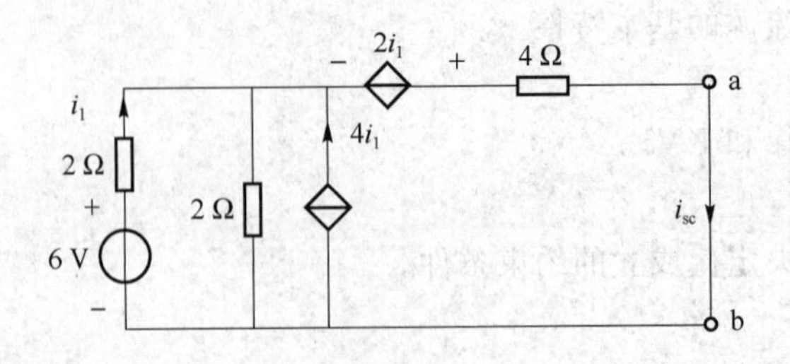

题解图 1

联立求解，得
$$i_{sc}=1.5\ \text{A}$$

等效电阻为
$$R_{eq}=\frac{u_{oc}}{i_{sc}}=\frac{6}{1.5}=4\ \Omega$$

戴维南等效电路如题解图 2 所示。

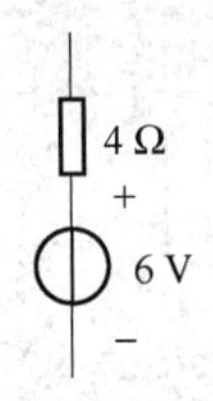

题解图 2

期末试题

一、填空题：请把答案填写在题中空格处（每空 2 分，共 32 分）

1．线性电路线性性质的最重要体现就是________性和________性，它们反映了电路中激励和响应的内在关系。

2．时间常数和固有频率是一阶电路本身的特性参数，若希望过渡过程尽量短，则应取较________（大/小）的时间常数。

3．应用叠加定理时，某一独立电源单独作用，其他独立电源置零，即独立电压源________（短路/断路）。

4．电路如图 1 所示，若复阻抗 $Z=10\angle 0^\circ\ \Omega$，则正弦信号源 $u(t)$ 的角频率 ω 为________。

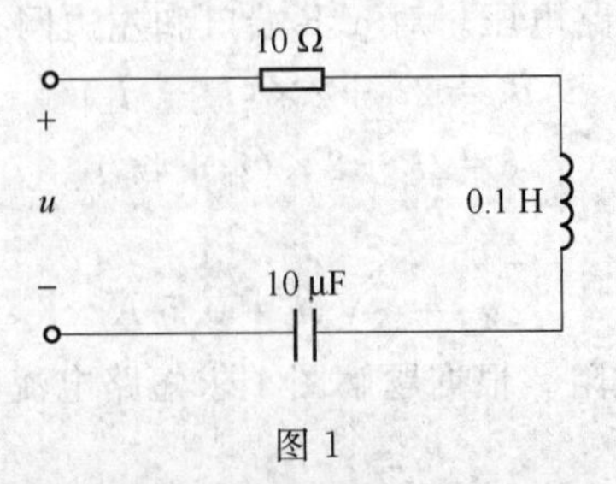

图 1

5．描述 RLC 并联的二阶动态电路的微分方程为 $LC\frac{\mathrm{d}^2 i_L(t)}{\mathrm{d}t^2}+\frac{L}{R}\frac{\mathrm{d}i_L(t)}{\mathrm{d}t}+i_L(t)=0$，则

电路的阻尼系数 $\alpha=$________，电路的谐振频率 $\omega_0=$________。

6. 图 2 所示电路中，$i=$________。

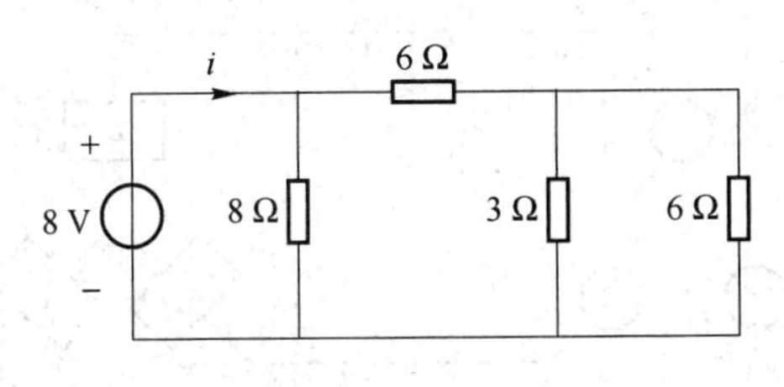

图 2

7. 戴维南定理可以将含源电路等效为________和________串联的形式。

8. 已知某单口网络的端口电流 $i=10\sqrt{2}\sin(314t+90°)$ A，端口电压 $u=10\sqrt{2}\cos(314t+30°)$ V，则该单口网络的端口电压超前端口电流的角度为________，单口网络的有功功率为________，无功功率为________。

9. 电路如图 3 所示，a、b 两端的等效电感 $L_{ab}=$________。

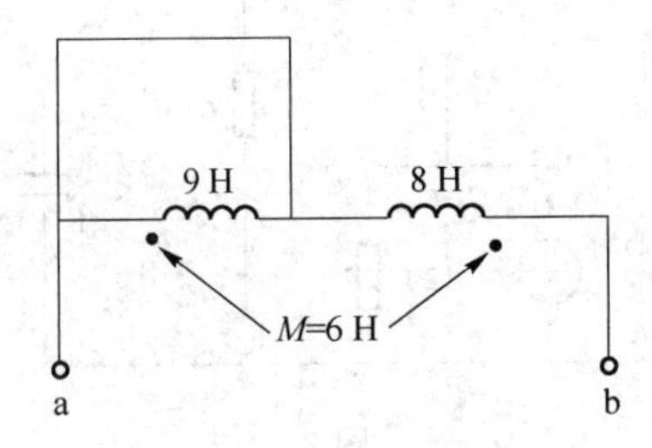

图 3

10. 对于理想电压源而言，不允许________（短/断）路。

11. 电路如图 4 所示，受控源吸收的功率为________。

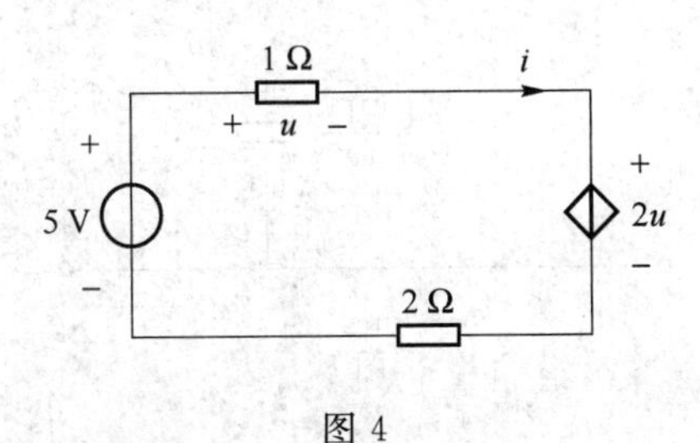

图 4

以下为计算题，必须有解题步骤，否则不得分。

二、（8 分）电路如图 5 所示，$u_s(t)=(10\cos 10t+15\cos 30t)$ V，试求电压 $u(t)$。

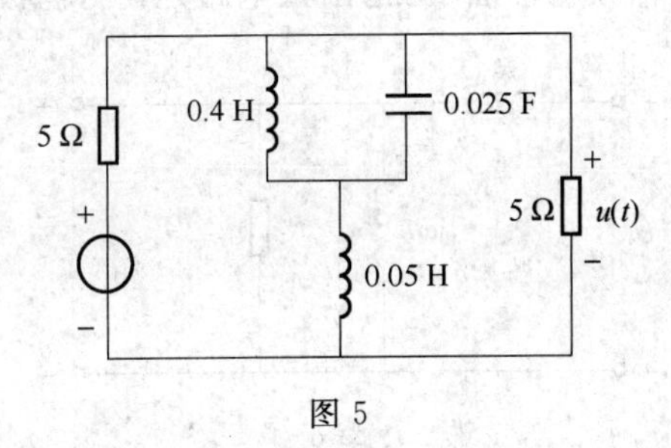

图 5

三、(8 分)图 6 所示为 Y-Y 连接的对称三相电路,已知线电流 $I_l=4$ A,$\cos\varphi=0.5$,三相负载总平均功率 $P=200$ W,求该电路的电源相电压 U_p 和每一相的平均功率。

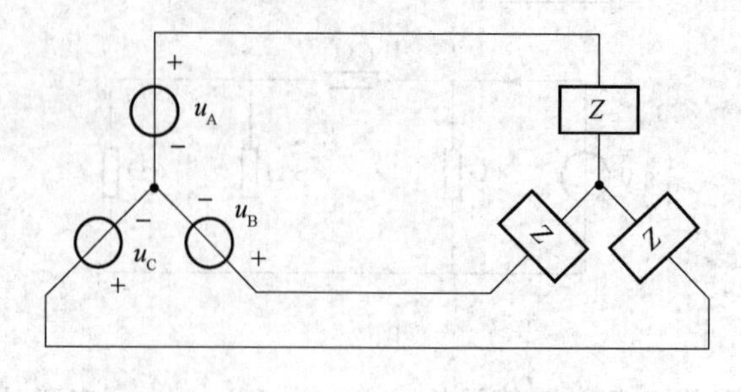

图 6

四、(10 分)电路如图 7 所示,$t<0$ 时,电路已经稳定。$t=0$ 时,开关由 1 合向 2。求 $t\geqslant 0$ 时的 $u_C(t)$。

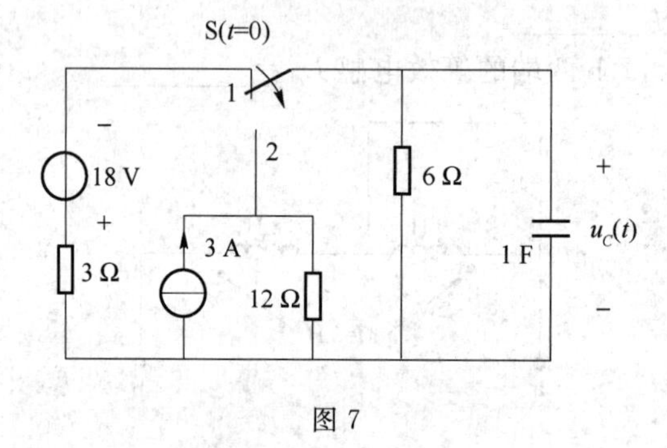

图 7

五、(10 分)求图 8 所示二端口网络的 Y 参数。

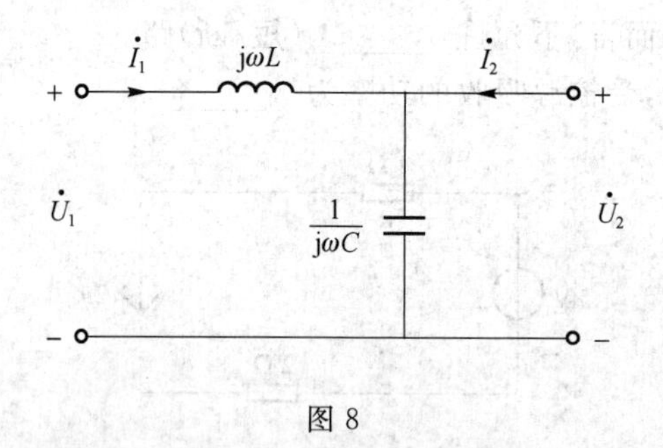

图 8

六、(10 分)电路如图 9 所示,$R_1=R_2=2\ \Omega$,$L=1$ H。试求:(1)转移函数 $H(\mathrm{j}\omega)=\dfrac{\dot{U}_2}{\dot{U}_1}$;(2)画出转移函数 $H(\mathrm{j}\omega)$ 的幅频特性曲线,指出该电路是何种滤波电路。

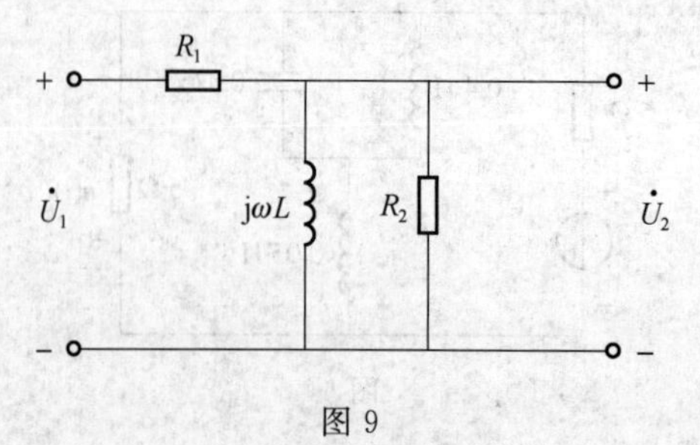

图 9

七、(10 分)已知图 10 所示电路中，$\dot{U}_s = 10\angle 0°$ V，$\omega L_1 = 4\ \Omega$，$\dfrac{1}{\omega C_1} = 2\ \Omega$，$R_1 = 2\ \Omega$，$\omega L_2 = 6\ \Omega$，$\dfrac{1}{\omega C_2} = 16\ \Omega$，$R_L = 10\ \Omega$，$\omega M = 10\ \Omega$。求：(1)副边回路阻抗；(2)引入阻抗；(3)原边回路阻抗；(4)原边电路电流 $\dot{I}_1$。

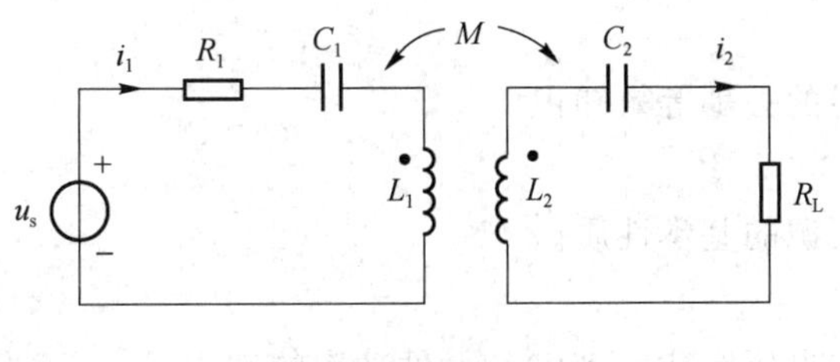

图 10

八、(12 分)电路如图 11 所示，已知 $\omega L_1 = \omega L_2 = \omega L_3 = 5\ \Omega$，$R_1 = R_2 = 6\ \Omega$，$\dot{U}_1 = 60\angle 0°$ V。(1) 试求 a、b 端口的戴维南等效电路的参数；(2) 如果在 a、b 端接入一负载 Z_L，则 Z_L 为何值时获得最大功率？最大功率是多少？

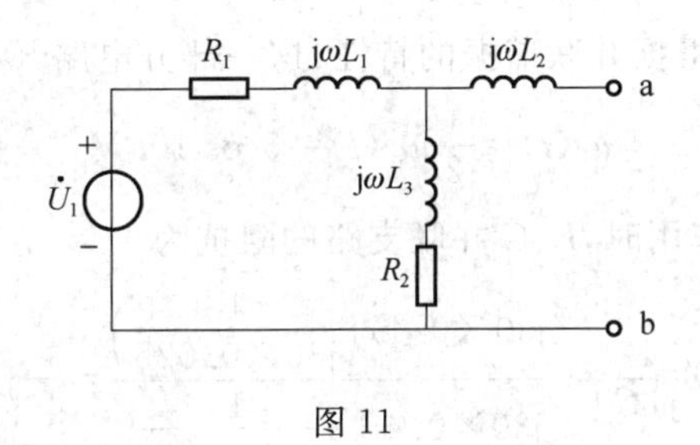

图 11

期末试题答案和解析

一、填空题

1. 齐次，叠加

此题考查线性电路的基本属性。

2. 小

此题考查一阶动态电路的过渡过程与系统的固有特性和时间常数之间的关系。

3. 短路

此题考查独立源置零的处理方式。电源置零是使独立电压源的端电压为零、独立电流源的电流为零，在电路中分别看作短路和开路。

4. 1 000 rad/s

此题考查正弦稳态电路中总阻抗与各元件阻抗的关系问题，以及容抗和感抗的计算。

5. $\dfrac{1}{2RC}$，$\dfrac{1}{\sqrt{LC}}$

此题考查二阶电路的基本特性。

6. 2 A

此题考查基本电阻电路的分析,涉及电路的等效化简、电阻的串并联等效知识。

7. 电阻,独立电压源

此题考查戴维南定理的具体内容。

8. 30°, 86.6 W,50 Var

此题考查同频率正弦量的相位关系及正弦稳态电路中功率的知识。

9. 4 H

此题考查耦合电感的去耦等效知识。

10. 短路

此题考查理想电压源的基本性质。

11. 2 W

此题考查基尔霍夫电压定律(KVL)和元件功率的知识。

二、此题考查非正弦周期稳态电路的分析。注意元件阻抗与频率的关系。

解答: $u_{s1}(t)=10\cos 10t$ V 单独作用时

$$\frac{1}{\sqrt{L_1C}}=\frac{1}{\sqrt{0.4\times0.025}}=10\ \text{rad/s}$$

L、C 并联支路发生谐振。根据并联谐振的特性,这一部分电路开路,所以

$$u_1(t)=\frac{1}{2}u_{s1}(t)=5\cos 10t\ \text{V}$$

$u_{s2}(t)=15\cos 30t$ V 单独作用时,L、C 并联支路的阻抗为

$$\mathrm{j}\omega L_1 /\!/ \frac{1}{\mathrm{j}\omega C}=\frac{(\mathrm{j}30\times0.4)\left(\dfrac{1}{\mathrm{j}30\times0.025}\right)}{\mathrm{j}30\times0.4+\dfrac{1}{\mathrm{j}30\times0.025}}=-\mathrm{j}1.5\ \Omega$$

$$\mathrm{j}\omega L_2=\mathrm{j}1.5\ \Omega$$

所以 L_1、C、L_2 支路的等效阻抗为零。

$$u_2(t)=0\ \text{V}$$

所以,总电压为

$$u(t)=u_1(t)+u_2(t)=5\cos 10t\ \text{V}$$

三、此题考查对称三相电路中线电压与相电压的关系、线电流与相电流的关系、总功率的计算及与每相负载功率的关系。

解答:

$$P=\sqrt{3}U_lI_l\cos\varphi$$

$$U_l=\frac{P}{\sqrt{3}I_l\cos\varphi}=\frac{200}{\sqrt{3}\times4\times0.5}=\frac{100}{3}\sqrt{3}\ \text{V}$$

$$U_p=\frac{1}{\sqrt{3}}U_l=\frac{100}{3}\ \text{V}$$

$$I_p=I_l=4\ \text{A}$$

$$P_p=\frac{P}{3}=\frac{200}{3}\ \text{W}$$

四、此题考查一阶动态电路的分析。可应用三要素法求解,即求初始值、时间常数和稳态值,然后代入三要素公式。

解答：开关动作前，电路处于稳态，此时电容开路，所以

$$u_C(0^-)=-\frac{6}{6+3}\times 18=-12\ \text{V}$$

根据换路定则，

$$u_C(0^+)=u_C(0^-)=-12\ \text{V}$$

换路后电路再达稳态时，电容由开路，所以

$$u_C(\infty)=\frac{12}{12+6}\times 3\times 6=12\ \text{V}$$

换路后电路的时间常数为

$$\tau=R_{\text{eq}}C=(12/\!/6)\times 1=4\ \text{s}$$

根据三要素公式可得

$$u_C(t)=u_C(\infty)+[u_C(0^+)-u_C(\infty)]\text{e}^{-\frac{t}{\tau}}$$
$$=12+(-12-12)\text{e}^{-\frac{t}{\tau}}=(12-24\text{e}^{-\frac{t}{4}})\ \text{V},\quad t\geqslant 0$$

五、此题考查二端口网络 Y 参数的定义和计算，可以通过直接列写端口的电压电流关系求解，也可以利用定义式求解。

解答：解法一：根据端口的电压电流关系求解。

$$\dot{I}_1=\frac{\dot{U}_1-\dot{U}_2}{\text{j}\omega L}=\frac{1}{\text{j}\omega L}\dot{U}_1-\frac{1}{\text{j}\omega L}\dot{U}_2$$

$$\dot{I}_2=\frac{\dot{U}_2-\dot{U}_1}{\text{j}\omega L}+\text{j}\omega C\dot{U}_2=-\frac{1}{\text{j}\omega L}\dot{U}_1+\left(\text{j}\omega C+\frac{1}{\text{j}\omega L}\right)\dot{U}_2$$

将以上二式与 Y 参数方程对比可得

$$\boldsymbol{Y}=\begin{pmatrix}\frac{1}{\text{j}\omega L} & -\frac{1}{\text{j}\omega L}\\ -\frac{1}{\text{j}\omega L} & \text{j}\omega C+\frac{1}{\text{j}\omega L}\end{pmatrix}$$

解法二：根据 Y 参数的定义式求解。

$$Y_{11}=\left.\frac{\dot{I}_1}{\dot{U}_1}\right|_{\dot{U}_2=0}=\frac{1}{\text{j}\omega L}$$

$$Y_{21}=\left.\frac{\dot{I}_2}{\dot{U}_1}\right|_{\dot{U}_2=0}=-\frac{1}{\text{j}\omega L}$$

$$Y_{12}=\left.\frac{\dot{I}_1}{\dot{U}_2}\right|_{\dot{U}_1=0}=-\frac{1}{\text{j}\omega L}$$

$$Y_{22}=\left.\frac{\dot{I}_2}{\dot{U}_2}\right|_{\dot{U}_1=0}=\text{j}\omega C+\frac{1}{\text{j}\omega L}$$

由于此二端口为互易二端口，$Y_{12}=Y_{21}$，所以求出 Y_{21} 就不必再求 Y_{12} 了。

六、此题考查网络函数的定义及特性，特别是幅频特性及通过其判断系统的滤波特性。

解答：(1) 电阻与电感并联支路的阻抗为

$$Z_p=\frac{j\omega R_2 L}{R_2+j\omega L}$$

根据分压公式：

$$\dot{U}_2=\frac{Z_p}{R_1+Z_p}\dot{U}_1=\frac{\dfrac{j\omega R_2 L}{R_2+j\omega L}}{R_1+\dfrac{j\omega R_2 L}{R_2+j\omega L}}\dot{U}_1$$

$$H(j\omega)=\frac{\dot{U}_2}{\dot{U}_1}=\frac{j\omega R_2 L}{R_1 R_2+j\omega R_1 L+j\omega R_2 L}=\frac{j2\omega}{4+j4\omega}=\frac{1}{2}\times\frac{j\omega}{1+j\omega}$$

(2) 幅频特性为

$$|H(j\omega)|=\frac{1}{2}\frac{\omega}{\sqrt{1+\omega^2}}$$

幅频特性曲线如题解图 1 所示。

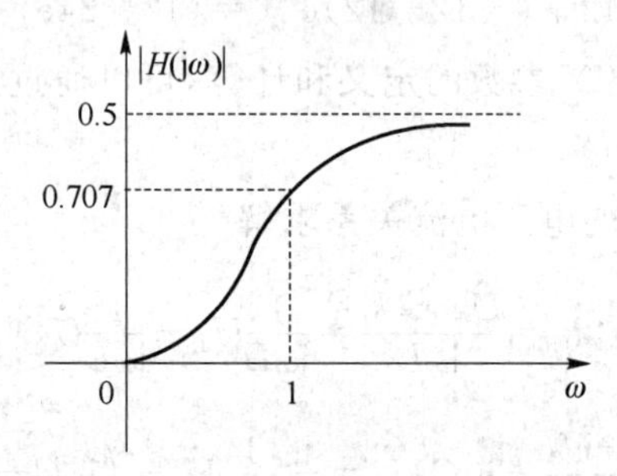

题解图 1

由幅频特性曲线可知，此为高通滤波电路。

七、此题考查线性变压器电路的分析，涉及原副边等效电路、引入阻抗和原副边回路阻抗的知识。

解答： (1) $Z_{22}=R_L+j(\omega L_2-\dfrac{1}{\omega C_2})=10+j(6-16)$

$$=10-j10=10\sqrt{2}\angle-45^\circ\ \Omega$$

(2) $Z_f=\dfrac{(\omega M)^2}{Z_{22}}=\dfrac{100}{10\sqrt{2}\angle-45^\circ}=5+j5=7.07\angle45^\circ\ \Omega$

(3) $Z_{11}=R_1+j(\omega L_1-\dfrac{1}{\omega C_1})=2+j2=2\sqrt{2}\angle45^\circ\ \Omega$

(4) $\dot{I}_1=\dfrac{\dot{U}_s}{Z_{11}+Z_f}=\dfrac{10\angle0^\circ}{2+j2+5+j5}=\dfrac{10\angle0^\circ}{7\sqrt{2}\angle45^\circ}=1.01\angle-45^\circ\ A$

八、此题考查戴维南定理和最大功率传输定理。

解答： (1) 先求开路电压。

$$\dot{U}_{oc}=\frac{\dot{U}_1}{R_1+R_2+j\omega L_1+j\omega L_3}\times(R_2+j\omega L_3)$$

$$=\frac{60\angle0^\circ}{6+6+j5+j5}\times(6+j5)=30\angle0^\circ\ V$$

再求等效阻抗。

$$Z_{ab}=j\omega L_2+(R_1+j\omega L_1)/\!/(R_2+j\omega L_3)$$
$$=j5+\frac{(6+j5)(6+j5)}{(6+j5)+(6+j5)}=(3+j7.5)\ \Omega$$

（2）当 $Z_L=Z_{ab}^*=(3-j7.5)\ \Omega$ 时获得最大功率，最大功率为

$$P_{max}=\frac{U_{oc}^2}{4\mathrm{Re}[Z_{ab}]}=\frac{30^2}{4\times 3}=75\ \mathrm{W}$$

2019 年考试试题、答案和解析